现代数学基础丛书·典藏版 31

仿微分算子引论

陈恕行 仇庆久 李成章 编

科学出版社
北京

内 容 简 介

仿微分算子是近十年中发展起来的数学理论，目前已因其在非线性偏微分方程中所取得的出色成果而引人注目.本书从 Littlewood-Paley 分解开始，系统地阐述了仿微分算子的基本理论，其中包括仿积、仿微分、仿线性化以及仿复合等. 同时，本书还介绍了该理论在研究非线性方程解的正则性与奇性传播等问题中的应用.本书叙述详细、清楚，便于初学者阅读.

读者对象为大学数学系学生、研究生、教师和有关的科学工作者.

图书在版编目(CIP)数据

仿微分算子引论/陈恕行，仇庆久，李成章编.—北京：科学出版社，1990.2（2016.6 重印）

（现代数学基础丛书·典藏版；31）

ISBN 978-7-03-001501-3

I.①仿… II.①陈… ②仇… ③李… III.①微分算子 IV.①O175.3

中国版本图书馆 CIP 数据核字(2016) 第 113122 号

责任编辑：张 扬／责任校对：林青梅

责任印制：徐晓晨／封面设计：王 浩

科学出版社 出版

北京东黄城根北街 16 号

邮政编码：100717

http://www.sciencep.com

北京厚诚则铭印刷科技有限公司印刷

科学出版社发行 各地新华书店经销

*

1990 年 2 月第 一 版 开本：B5(720×1000)

2016 年 6 月印 刷 印张：13 3/4

字数：173 000

定价：98.00 元

(如有印装质量问题，我社负责调换)

序　　言

50 年代以来，偏微分方程理论的研究有了很大的发展，其中最突出的成就则是拟微分算子与 Fourier 积分算子理论的建立和发展．由于这一理论的出现，线性问题中许多经典的问题，如可解性、唯一性与亚椭圆性等问题得到了更为深刻的阐述与统一的处理．同时，随着这一理论的出现，也提出了诸如奇性传播等许多新的研究课题．今天的线性偏微分方程理论与 30 年前的经典理论相比较，则是进展巨大、面目全新．这表明线性微分算子理论已发展到了一个新的阶段．

在这三十多年中，非线性偏微分方程的理论也得到了很大的发展，但是，迄今尚没有较为统一地处理各种非线性问题的理论与方法．近些年来，科学技术的飞速发展以及线性偏微分方程理论的不断完善，更促使人们把注意力转到非线性问题上来．同时，人们发现现代微分算子理论在解决各种线性问题时发挥了巨大的威力，并为人们解决非线性问题提供了良好的借鉴及启示，正是这种情况促成了仿微分算子理论的产生．

70 年代末，J. M. Bony 提出了仿微分算子理论，他的目的就是试图用现代微分算子理论来研究非线性偏微分方程．他从研究光滑性（奇性分析）着手，分析了非线性问题的实质，认识到本质的障碍在于乘积算子中那个乘子的光滑性，于是他用了一种完全不同于通常线性化的方法去处理乘积算子．具体地说，他对函数进行 Littlewood-Paley 分解，将最简单的非线性函数——两个函数的乘积——写成两项分别关于不同因子的线性函数（称为仿积）之和，而误差与前两者相比，其光滑性更高．以此为基础，逐步地建立对一般的非线性函数与非线性偏微分方程的线性化方法——

仿线性化．十分有意义的是：在此过程中引入的仿微分算子恰是一类具特定象征类的拟微分算子．由于在仿线性化过程中总是将奇性较高的项保留下来，所以，上述理论在讨论非线性方程解的奇性分析问题中特别有效．

J. M. Bony 接着用这一工具得到了一般完全非线性方程的椭圆正则性定理及解的奇性传播定理．其后，S. Alinhac 又引入了仿复合的概念．他发展了 J. M. Bony 的技巧，处理了两个非 C^∞ 函数的复合，即在非 C^∞ 坐标变换下的仿线性化，并将此应用于讨论非线性方程解的弱奇性(或称高正则性)的传播．

以上所提及的仿积、仿微分、仿线性化、仿复合等构成了仿微分算子理论的最基本部分．该理论的深刻思想及其在偏微分方程解的奇性分析中的出色应用，引起了许多人的重视．从调和分析的角度看，这个理论将线性问题中的 Fourier 方法推广到了非线性问题，从而将 Fourier 分析发展到了一个新的阶段． 本书试图对这一理论的基本点及其应用作一个较详细的介绍．

仿微分算子理论仍在不断发展之中，目前有关的研究大体可分为两类．一类是对理论的进一步探讨，例如，研究带边区域的仿微分算子、仿微分算子与 Fourier 积分算子的复合以及更精确的仿微分运算等．另一类是扩大应用的范围，如现在已有的关于奇性干扰、守恒律方程组激波解光滑性、退缩椭圆型方程解的光滑性以及各种存在性问题的讨论等等．本书作为一本入门书，不打算逐一介绍这些不断涌现的新工作，但我们希望它对于读者在学习有关成果、掌握最新动态并从事有关研究工作等方面能起到一定的促进作用．

本书共分六章：第一章简述 Littlewood-Paley 环形分解理论．第二章介绍拟微分算子的基本理论，特别是与仿微分算子理论关系密切的部分，已熟悉这方面内容的读者可跳过它而直接阅读第三章．从第三章到第五章分别阐述仿积、仿微分、仿线性化及仿复合的概念、性质及运算． 第六章介绍仿微分算子理论在非线性方程解的奇性分析中的初步应用．附录介绍了球面上的 Laplace

算子的谱的有关知识，以便于读者查阅.

南开大学数学所1985到1986偏微分方程年的学术活动，促进与支持了作者编写这本书. 借此机会我们对倡导与主持这一学术活动的陈省身先生表示衷心的感谢. 作者还特别感谢偏微分方程年组织委员会主任王柔怀先生，他对于本书的编写曾给予很大的鼓励与关心. 此外，在本书的编写与定稿过程中我们还得到过许多同志的关心与帮助，在此一并表示深切的谢意.

由于编者水平所限，在书中难免有许多错误和不妥之处，我们殷切希望读者给予批评与指正.

目　　录

第一章 环 形 分 解

在 [CM1] 中 R. Coifman 和 Y. Meyer 运用调和分析工具成功地研究了具非正则象征的拟微分算子的有界性问题. 其中一个重要的方法就是将所研究的空间进行 Littlewood-Paley 环形分解. 这种分解在研究具非光滑系数的算子的正则性问题时往往是较为有效的. J. M. Bony 在引入仿积及仿微分算子等概念并用它们研究非线性问题时也应用了这种分解. 因而在本章中我们将首先引入环形分解, 并给出今后将经常需要的某些重要的函数类在环形分解下的特征性质以及有关结论.

§1. H^s 函数类的环形分解

记 $\boldsymbol{B}(0,1)\subset\mathbb{R}^n$ 为以原点为心的单位球. 取常数 $\kappa>1$, 作二进环体

$$\boldsymbol{C}_j=\{\xi\in\mathbb{R}^n;\ \kappa^{-1}2^j\leqslant|\xi|\leqslant\kappa 2^{j+1}\},\ j\in\mathbb{N},\qquad(1.1)$$

其中 $\xi=(\xi_1,\cdots,\xi_n)$, $|\xi|=\left(\sum\limits_{j=1}^{n}\xi_j^2\right)^{1/2}$ 且 $\mathbf{N}$ 表示所有非负整数的集合. 显然, $\boldsymbol{B}(0,1)$ 与 (1.1) 所定义的二进环体序列 $\{\boldsymbol{C}_j\}_{j=0}^{\infty}$ 一起覆盖了整个 $\mathbb{R}^n$; 并且对于其中任一环体 $\boldsymbol{C}_j$, 只有有限个环体与之相交, 而这些与之相交的环体的个数不超过某个与 j 无关的常数 N_0.

另外,在环体 $\boldsymbol{C}_j$ 内, $|\xi|\sim 2^j$.

对应于上述覆盖,有如下单位分解.

定理 1.1 存在函数 $\psi(\xi)$, $\varphi(\xi)\in C_c^\infty(\mathbb{R}^n)$, $0\leqslant\psi,\varphi\leqslant 1$, 使得

(1) $\operatorname{supp}\psi\subset\boldsymbol{B}(0,1)$, $\operatorname{supp}\varphi\subset\boldsymbol{C}_0$;

(2) $\psi(\xi)+\sum_{j=0}^{\infty}\varphi(2^{-j}\xi)=1$, $\forall\xi\in\mathbb{R}^n$; (1.2)

(3) 对任意的 $l\in\mathbb{N}$, 有

$$\psi(\xi)+\sum_{j=0}^{l-1}\varphi(2^{-j}\xi)=\psi(2^{-l}\xi),\ \forall\xi\in\mathbb{R}^n.$$

证明 取 $\psi(\xi)\in C_c^\infty(\mathbb{R}^n)$, 使 $\operatorname{supp}\psi\subset \boldsymbol{B}(0,1)$, 且在 $|\xi|\leqslant\kappa^{-1}$ 上有 $\psi(\xi)=1$. 例如可取 $\psi(\xi)=g(|\xi|)$, 此处 $g(t)\in C_c^\infty(\mathbb{R})$, $0\leqslant g(t)\leqslant 1$ 且当 $t\leqslant\kappa^{-1}$ 时, $g(t)=1$; 当 $t\geqslant 1$ 时, $g(t)=0$. 于是,显然有

$$\sum_{j=0}^{\infty}\{\psi(2^{-(j+1)}\xi)-\psi(2^{-j}\xi)\}+\psi(\xi)=1.$$

这样,只须取 $\varphi(\xi)=\psi(2^{-1}\xi)-\psi(\xi)$, 便知定理的结论 (1) 及 (2)成立.

又在结论(2)中用 $2^{-l}\xi$ 代替 ξ, 有

$$1=\psi(2^{-l}\xi)+\sum_{j=0}^{\infty}\varphi(2^{-j-l}\xi)=\psi(2^{-l}\xi)+\sum_{j=l}^{\infty}\varphi(2^{-j}\xi),$$

所以

$$\psi(2^{-l}\xi)=1-\sum_{j=l}^{\infty}\varphi(2^{-j}\xi)=1-\left\{1-\psi(\xi)-\sum_{j=0}^{l-1}\varphi(2^{-j}\xi)\right\}$$
$$=\sum_{j=0}^{l-1}\varphi(2^{-j}\xi)+\psi(\xi).$$

这就是结论(3). 证毕.

显然上述单位分解不是唯一的.

利用这个单位分解,可以定义一个分布的环形分解如下

定义 1.1 设 $u\in\mathscr{S}'(\mathbb{R}^n)$. 称下述分解为 u 的**环形分解**(或 Littlewood-Paley **分解**, 或 L-P **分解**):

$$u=\sum_{j=-1}^{\infty}u_j(x),\tag{1.3}$$

其中 $u_j(x)$ 由

$$\hat{u}_{-1}(\xi)=\psi(\xi)\hat{u}(\xi),$$
$$\hat{u}_j(\xi)=\varphi(2^{-j}\xi)\hat{u}(\xi),\ j=0,1,\cdots$$

确定，此处 $\hat{u}(\xi)$ 表示分布 u 的 Fourier 变换.

显然，$\sum\hat{u}_j(\xi)$ 在 $\mathscr{S}'(\mathbf{R}^n)$ 空间中收敛，而 Fourier 变换是 $\mathscr{S}'(\mathbf{R}^n)$ 到 $\mathscr{S}'(\mathbf{R}^n)$ 的同构映照，故(1.3)右端在 $\mathscr{S}'(\mathbf{R}^n)$ 中收敛. 以后，我们对于级数的收敛性不再加以说明.

按此定义，缓增分布 u 经(1.3)分解后，每项的谱（其 Fourier 变换的支集）都是紧集，因此每项均为整函数，并且由于这个紧集就含在相应的二进环体之内，故(1.3)实质上表示将分布 u 的谱按 $|\xi|$ 的二进增长阶数分解. 注意到 u 的正则性与它的谱及 $|\xi|$ 的增长情况有密切的联系，因而能用这种分解去研究及描述分布 u 的正则性.

下面我们就来讨论当 u 属于若干重要函数类时，它的环形分解的基本性质. 以下除非特别说明，u_{-1}，u_j 等均表示 u 在环形分解(1.3)中的相应项. 为记号简便起见，常以 $\boldsymbol{C}_{-1}$ 记 $\boldsymbol{B}(0,1)$.

本节首先讨论 Sobolev 空间 H^s 中函数的环形分解.

定义 1.2 设 $s\in\mathbf{R}$，$u(x)\in\mathscr{S}'(\mathbf{R}^n)$，若 $\langle\xi\rangle^s\hat{u}(\xi)\in L^2(\mathbf{R}^n)$[1]，则称 $u(x)\in H^s(\mathbf{R}^n)$，且它有模

$$\|u\|_s=\left\{\int\langle\xi\rangle^{2s}|\hat{u}(\xi)|^2 d\xi\right\}^{1/2}. \tag{1.4}$$

当 $s=0$ 时 $H^0=L^2$，它的模用 $\|\cdot\|_0$ 表示.

显然，如果把(1.4)看作是由内积

$$(u,v)_s=\int\langle\xi\rangle^{2s}\hat{u}(\xi)\overline{\hat{v}(\xi)}d\xi$$

诱导的，则可看出 $H^s(\mathbf{R}^n)$ 是一个 Hilbert 空间.

定理 1.2 若 $u\in H^s(\mathbf{R}^n)$，$s\in\mathbf{R}$，它有环形分解(1.3)，则存在正常数 c_j 及 C，使得

$$\|u_j\|_0\leqslant c_j 2^{-js},\ j=-1,0,1,\cdots \tag{1.5}$$

且

1) 本书中用 $\langle\xi\rangle$ 表示 $(1+|\xi|^2)^{1/2}$，用 $d\xi$ 表示 $(2\pi)^{-n}d\xi$.

$$\left(\sum_{j=-1}^{\infty} c_j^2\right)^{1/2} \leqslant C\|u\|_s. \tag{1.6}$$

证明 先设 $j \geqslant 0$,

$$2^{2js}\|u_j\|_0^2 = 2^{2js}\int |\varphi(2^{-j}\xi)|^2 |\hat{u}(\xi)|^2 d\xi$$

$$= \int [2^{2js}\langle\xi\rangle^{-2s}] \cdot [\varphi(2^{-j}\xi)]^2 \langle\xi\rangle^{2s} |\hat{u}(\xi)|^2 d\xi.$$

注意到上述积分在 $\boldsymbol{C}_j$ 上进行,故存在仅与 s, κ 有关的常数 d, d', 使得

$$d \leqslant 2^{2js}\langle\xi\rangle^{-2s} \leqslant d'.$$

另一方面,显然 $[\varphi(2^{-j}\xi)]^2 \leqslant \varphi(2^{-j}\xi)$, 所以

$$2^{2js}\|u_j\|_0^2 \leqslant d' \cdot \int \varphi(2^{-j}\xi)\langle\xi\rangle^{2s} |\hat{u}(\xi)|^2 d\xi.$$

上式右边的积分是一个依赖于 j 的常数. 记

$$c_j^2 = d' \cdot \int \varphi(2^{-j}\xi)\langle\xi\rangle^{2s} |\hat{u}(\xi)|^2 d\xi. \tag{1.7}$$

由 $\phi(\xi)$ 的性质知上述讨论对 $j = -1$ 也成立,即

$$2^{-2s}\|u_{-1}\|_0^2 \leqslant d' \cdot \int \phi(\xi)\langle\xi\rangle^{2s} |\hat{u}(\xi)|^2 d\xi (记为\ c_{-1}^2),$$

与(1.7)相结合即得

$$\sum_{j=-1}^{\infty} c_j^2 = d' \cdot \int \left[\sum_{j=0}^{\infty} \varphi(2^{-j}\xi) + \phi(\xi)\right] \langle\xi\rangle^{2s} |\hat{u}(\xi)|^2 d\xi \leqslant C^2\|u\|^2.$$

证毕.

注 条件(1.5),(1.6)也可以联合写成

$$\sum_{j=-1}^{\infty} 4^{js}\|u_j\|_0^2 < \infty. \tag{1.8}$$

上述定理之逆也是成立的, 即我们还可证明下面更为一般的结论.

定理 1.3 设 $s \in \mathbf{R}$, 若 $L^2(\mathbf{R}^n)$ 中的函数列 $\{u_j;\ j = -1, 0, 1, \cdots\}$ 具有如下性质:

(1) $\operatorname{supp}\hat{u}_j \subset \boldsymbol{C}_j$, $j = -1, 0, 1, \cdots$;

(2) $\|u_j\|_0 \leqslant c_j \cdot 2^{-js}$, 且 $\sum_{j=-1} c_j^2 \leqslant M^2$, (1.9)

则 $u=\sum_{j=-1}^{\infty} u_j\in H^s(\mathbf{R}^n)$，且存在与 u，M 无关的常数 C，使得

$$\|u\|_s\leqslant CM. \tag{1.10}$$

证明 由 C_j 的定义知，存在与 i，k 无关的正整数 N，使得当 $|i-k|>N$ 时，$C_i\cap C_k=\varnothing$。这就是说，在二进环体序列 $\{C_i\}$ 中每个二进环体 C_i 至多与另外 $2N$ 个二进环体相交，而 N 与 i 无关，于是

$$\begin{aligned}\int_{\mathbf{R}^n}\langle\xi\rangle^{2s}\left|\sum_{j=-1}^{\infty}\hat{u}_j(\xi)\right|^2 d\xi &\leqslant \sum_{l=-1}^{\infty}\int_{C_l}\langle\xi\rangle^{2s}\left|\sum_{j=-1}^{\infty}\hat{u}_j(\xi)\right|^2 d\xi\\ &=\sum_{l=-1}^{\infty}\int_{C_l}\langle\xi\rangle^{2s}\left|\sum_{j=l-N}^{l+N}\hat{u}_j(\xi)\right|^2 d\xi\\ &\leqslant C_N\sum_{l=-1}^{\infty}\left[\sum_{j=l-N}^{l+N}\int_{C_j}\langle\xi\rangle^{2s}|\hat{u}_j(\xi)|^2 d\xi\right]\\ &\leqslant C_N(N+1)\sum_{l=-1}^{\infty}\int_{C_l}\langle\xi\rangle^{2s}|\hat{u}_l(\xi)|^2 d\xi.\end{aligned}$$

又由定理 1.2 中的证明，在 C_l 上，$\langle\xi\rangle^{2s}\leqslant d^{-1}2^{2ls}$。故由上式得

$$\begin{aligned}(2\pi)^n\|u\|_s^2 &\leqslant N\cdot d^{-1}\cdot C_N\sum_{l=-1}^{\infty}\int_{C_l}|\hat{u}_l(\xi)|^2 d\xi\cdot 2^{2ls}\\ &\leqslant N\cdot d^{-1}\cdot C_N\sum_{l=-1}^{\infty}2^{2ls}\|u_l\|_0^2\leqslant N\cdot d^{-1}\cdot C_N\cdot M^2.\end{aligned}$$

取 $C=((2\pi)^{-n}\cdot N\cdot d^{-1}\cdot C_N)^{1/2}$ 即得(1.10)式。证毕。

注 对于 $u\in\mathscr{S}'(\mathbf{R}^n)$，定理 1.2 和定理 1.3 表明 $u\in H^s(\mathbf{R}^n)$，$s\in\mathbf{R}$ 的充要条件是它的环形分解 $\sum_{j=-1}^{\infty}u_j$ 满足(1.9)。此时再由(1.6)及(1.10)知，$u(x)$ 在 $H^s(\mathbf{R}^n)$ 中的模等价于

$$\left\{\sum_{j=-1}^{\infty}2^{2js}\|u_j\|_0^2\right\}^{1/2}. \tag{1.11}$$

对于最常见的 $s>0$ 的情形，我们还可建立如下的更进一步的命题。

定理 1.4 设 $s>0$，$u\in\mathscr{S}'(\mathbf{R}^n)$，则下述论断是等价的：

(1) $u\in H^s(\mathbb{R}^n)$;

(2) u 可分解为 $u=\sum_{j=-1}^{\infty}u_j$，其中 u_j 满足

$$\begin{aligned}&\operatorname{supp}\hat{u}_j\subset \boldsymbol{B}(0,\ \kappa 2^j),\ \kappa>1,\\&\|u_j\|_0\leqslant c_j\cdot 2^{-js}\ \text{且}\ \sum_{j=-1}^{\infty}c_j^2<\infty;\end{aligned}\tag{1.12}$$

(3) 存在自然数 $m>s$，使得 u 可分解为 $u=\sum_{j=-1}^{\infty}u_j$，$u_j\in C^m$，且对 $|\lambda|\leqslant m$ 有

$$\|D^\lambda u_j\|_0\leqslant c_{j\lambda}\cdot 2^{-js+j|\lambda|},\quad \sum_{j=-1}^{\infty}c_{j\lambda}^2<\infty.\tag{1.13}$$

证明 定理 1.2 说明由(1)可得(2).

现在来证明从(2)可得(3). 取 $\theta(\xi)\in C_c^\infty(\mathbb{R}^n)$，使之在 $\boldsymbol{B}(0,2\kappa)$ 上为1. 记 $\check{\theta}(x)$ 为 $\theta(\xi)$ 的 Fourier 逆变换. 因为在 $\boldsymbol{B}(0,\kappa 2^{j+1})$上有 $\theta(2^{-j}\xi)=1$，所以由(1.12)知

$$\hat{u}_j(\xi)=\hat{u}_j(\xi)\theta(2^{-j}\xi).$$

从而

$$\begin{aligned}u_j(x)&=u_j(x)*2^{jn}\check{\theta}(2^jx),\\D^\lambda u_j(x)&=u_j(x)*2^{j(n+|\lambda|)}\check{\theta}^{(\lambda)}(2^jx).\end{aligned}$$

利用 Young 不等式[1)]，有

$$\begin{aligned}\|D^\lambda u_j\|_0&\leqslant\|u_j\|_0\cdot 2^{j|\lambda|}\int 2^{jn}|\check{\theta}^{(\lambda)}(2^jx)|\,dx\\&=\|u_j\|_0\cdot 2^{j|\lambda|}\int|\check{\theta}^{(\lambda)}(t)|\,dt\leqslant M_\lambda 2^{j|\lambda|}\|u_j\|_0.\end{aligned}$$

再将(1.12)代入上式即得(1.13).

最后我们证明由(3)可推得(1).

设(3)成立，故 $\hat{u}=\sum_{j=-1}^{\infty}\hat{u}_j$，且

---

1) Young 不等式：若 $f\in L^p$，$g\in L^q$，$1\leqslant p,\ q\leqslant\infty$，则 $f*g\in L^r$，$\frac{1}{r}=\frac{1}{p}+\frac{1}{q}-1$，$1\leqslant r\leqslant\infty$，且 $\|f*g\|_{L^r}\leqslant\|f\|_{L^p}\cdot\|g\|_{L^q}$.

$$\sum_{j=-1}^{\infty} 2^{2js}\|u_j\|_0^2 \leqslant M_1, \quad \sum_{j=-1}^{\infty} 2^{2j(s-m)} \cdot \|u_j\|_m^2 \leqslant M_2.$$

由不等式 $\left|\sum_j a_j\right|^2 \leqslant \left(\sum_j \frac{1}{b_j}\right)\left(\sum_j b_j|a_j|^2\right), b_j > 0, j = -1, 0, 1, \cdots$,可知对任意正整数$N$

$$\left|\sum_{j\leqslant N} \hat{u}_j\right|^2 \leqslant \left(\sum_{j\leqslant N} v_j^{-1}\right)\left(\sum_{j\leqslant N} v_j|\hat{u}_j|^2\right),$$

此处取 $v_j(\xi) = 2^{2sj}[1 + 2^{-2jm}\langle\xi\rangle^{2m}]$.

注意到对任意一个 ξ,存在自然数 $j_0 = j_0(\xi)$ 使得 $2^{j_0} \leqslant \langle\xi\rangle < 2^{j_0+1}$, 于是

$$\begin{aligned}
\sum_j v_j^{-1}(\xi) &= \sum_{j\leqslant j_0} v_j^{-1}(\xi) + \sum_{j>j_0} v_j^{-1}(\xi) \\
&\leqslant \sum_{j\leqslant j_0} 2^{2j(m-s)}\langle\xi\rangle^{-2m} + \sum_{j>j_0} 2^{-2js} \\
&\leqslant C_1[2^{2(j_0+1)(m-s)}\langle\xi\rangle^{-2m} + 2^{-2j_0s}] \\
&\leqslant C\langle\xi\rangle^{-2s},
\end{aligned}$$

此处常数C与ξ无关. 因此

$$\langle\xi\rangle^{2s}\left|\sum_{j\leqslant N} \hat{u}_j(\xi)\right|^2 \leqslant C\sum_{j\leqslant N} 2^{2js}[1 + 2^{-2jm}\langle\xi\rangle^{2m}] \cdot |\hat{u}_j(\xi)|^2,$$

对上式两边关于ξ积分,并令 $N\to\infty$, 可得 $u \in H^s$, 且

$$\|u\|_s^2 \leqslant C(M_1 + M_2).$$ 证毕.

注 由证明过程易知,结论(3)可修改为要求分解式 $\sum_{j=-1}^{\infty} u_j$ 中的 u_j 满足如下条件: 存在实数 $s_0 > s$, 使得 $u_j \in H^{s_0}(\mathbf{R}^n)$, 且

$$\sum_{j=-1}^{\infty} 2^{2js}\|u_j\|_0^2 \leqslant M_1, \sum_{j=-1}^{\infty} 2^{j(s-s_0)}\|u_j\|_{s_0}^2 \leqslant M_2.$$

以上我们给出了 $\mathbf{R}^n$ 上的 H^s 函数类在环形分解下的特征性质. 类似地可以考虑在局部及微局部意义下 H^s 中元素在环形分解下的性质. 下面就来讨论这个问题.

定义 1.3 设 $s\in\mathbf{R}$, $x_0\in\mathbf{R}^n$, $(x_0, \xi_0)\in\mathbf{R}^n\times\mathbf{R}^n\backslash\{0\}$, $u\in\mathscr{S}'$.

(1) 所谓 $u \in H^s_{x_0}$ 是指：存在 $\varphi(x) \in C_c^\infty(\mathbb{R}^n)$，它在 x_0 附近为 1，使得 $\varphi u \in H^s(\mathbb{R}^n)$.

此时我们也称 u 在 x_0 点局部地属于 H^s；

(2) 所谓 $u \in H^s_{(x_0,\xi_0)}$ 是指：u 可分解为 $u = u_1 + u_2$，其中 $u_1 \in H^s_{x_0}$，$u_2 \in \mathscr{E}'(\mathbb{R}^n)$，且 $(x_0, \xi_0) \notin WF(u_2)$[1].

此时我们也称 u 在 (x_0, ξ_0) 点微局部地属于 H^s.

设 U 为开锥. 若对任何 $(x, \xi) \in U$，都有 $u \in H^s_{(x,\xi)}$，则记 $u \in H^s_U$.

注 由波前集的定义知，$u \in H^s_{(x_0,\xi_0)}$ 等价于：存在一个于 x_0 附近为 1 的 $\varphi(x) \in C_c^\infty(\mathbb{R}^n)$ 及在 ξ_0 的一个锥邻域内为 1 的正齐零次 $\phi(\xi) \in C^\infty(\mathbb{R}^n)$，使得

$$\phi(D)(\varphi u)(x) \in H^s(\mathbb{R}^n). \tag{1.14}$$

因此，$(\varphi u)(x)$ 的 Fourier 变换在 ξ_0 的一个锥邻域内等于一个 H^s 中元素的 Fourier 变换. 故 $u \in H^s_{(x_0,\xi_0)}$ 意味着 $u(x)$ 在 x_0 点附近于 ξ_0 方向是属于 H^s 的.

显然，若 $u \in H^s_{x_0}$，则对任一 $\xi \in \mathbb{R}^n \backslash \{0\}$ 有 $u \in H^s_{(x_0,\xi)}$. 若 $u \in H^s(\mathbb{R}^n)$，则对任一 $x \in \mathbb{R}^n$ 有 $u \in H^s_x$.

定理 1.5 设 $s, s' \in \mathbb{R}$，且 $s' \geqslant s$，则下面的论断是等价的.

(1) $u \in H^s_{x_0} \cap H^{s'}_{(x_0,\xi_0)}$；

(2) 存在 $\varphi(x) \in C_c^\infty(\mathbb{R}^n)$，它在 x_0 附近为 1，且存在 ξ_0 的一个锥邻域 Γ，使得

$$\varphi u = \sum_{j=-1}^{\infty} v'_j + \sum_{j=-1}^{\infty} v''_j, \tag{1.15}$$

其中

$$\|v'_j\|_0 \leqslant c_j 2^{-js'}, \quad \mathrm{supp}\,\hat{v}'_j \subset \boldsymbol{C}_j,$$

---

1) $WF(u_2)$ 是分布 u_2 的波前集，它的定义如下. 分布 u 的波前集 $WF(u)$ 是 $\Omega \times \mathbb{R}^n \backslash \{0\}$ 中这样的集合：$(x_0, \xi_0) \notin WF(u)$ 的充要条件是存在 x_0 的邻域 U 及 ξ_0 的锥邻域 V，使得对任意 $\varphi \in C_c^\infty(U)$ 及任意 N，存在常数 C_N，使得在 V 中 $|\widehat{(\varphi u)}(\xi)| \leqslant C_N(1 + |\xi|)^{-N}$ 成立. 关于波前集的性质，例如可参见[Qi1],[QC1]等.

$$\|v_i''\|_0 \leqslant c_j 2^{-j\mu}, \quad \operatorname{supp} \hat{v}_i'' \subset C_j \cap \Gamma^c, \quad \sum_j c_j^2 < \infty,$$

此处 Γ^c 表示 Γ 的余集.

证明 设 $u \in H^s_{x_0} \cap H^{s'}_{(x_0,\xi_0)}$. 由定义知存在分解 $u = u_1 + u_2$, 使 $u_1 \in H^{s'}_{x_0}$, $u_2 \in \mathscr{E}'(\mathbf{R}^n)$, 且 $(x_0,\xi_0) \notin WF(u_2)$. 因而存在 $\varphi(x) \in C_c^\infty(\mathbf{R}^n)$,它在 x_0 附近为1,使得 $\varphi u = \varphi u_1 + \varphi u_2 = \tilde{u}_1 + \tilde{u}_2$,且 $\tilde{u}_1 \in H^{s'}$, $(x_0, \xi_0) \notin WF(\tilde{u}_2)$. 由于 $u \in H^s_{x_0}$, 故不妨认为 $\varphi(x)$ 的支集足够小,使得 $\varphi u \in H^s$. 按波前集定义, 存在 ξ_0 的一个锥邻域 Γ', 使得对支集在 Γ' 内的任意正齐零次函数 $\phi(\xi)$ 有 $\phi(\xi)\hat{u}_2(\xi)$ 是急降的,即 $\phi(D)\tilde{u}_2 \in C^\infty$. 现在取 $\phi(\xi)$, 使它在 ξ_0 的比 Γ' 更小的锥邻域 Γ 上为1,并作分解

$$\varphi u = \phi(D)(\tilde{u}_1 + \tilde{u}_2) + (1 - \phi(D))\varphi u \equiv v' + v''.$$

由 $\tilde{u}_1 \in H^{s'}$ 易知 $\phi(D)\tilde{u}_1 \in H^{s'}$, 再由 $\phi(D)\tilde{u}_2 \in C^\infty$, 有 $v' \in H^{s'}$. 另外显然有 $v'' \in H^s$, 而上述 ϕ 的取法意味着 $\operatorname{supp} \hat{v}'' \subset \Gamma^c$. 于是,对 v' 和 v'' 取它们的环形分解后知结论(2)成立.

反之,设结论(2)成立,由定理 1.3 知 $v' = \sum_{j=-1}^{\infty} v_j' \in H^{s'}$ 且 $v'' = \sum_{j=-1}^{\infty} v_j'' \in H^s$. 从而按(1.15)有 $\varphi u \in H^s$, 即 $u \in H^s_{x_0}$.

又取支集在 Γ 上正齐零次函数 $\phi(\xi)$,$\phi(\xi_0) \neq 0$. 由 $\operatorname{supp} \hat{v}'' \subset \Gamma^c$ 知 $(\phi\hat{v}'')(\xi) = 0$,从而 $(x_0,\xi_0) \notin WF(v'')$. 故 $u \in H^{s'}_{(x_0,\xi_0)}$, 即结论(1)成立. 证毕.

§2. C^ρ 函数类的环形分解

现在研究 Hölder 空间 C^ρ 中的元素在环形分解下的基本性质.

定义 2.1 设 $\rho \in \mathbf{R}^+ \backslash \mathbf{N}$, $u \in L^\infty(\mathbf{R}^n)$. 所谓 $u \in C^\rho(\mathbf{R}^n)$ 是指满足如下条件:

(1) 当 $0 < \rho < 1$ 时

$$[u]_\rho = \sup_{\substack{(x,y)\in \mathbf{R}^n\times\mathbf{R}^n \\ x\neq y}} \frac{|u(x)-u(y)|}{|x-y|^\rho} < \infty,$$

此时记 u 的 C^ρ 模为

$$\|u\|_{C^\rho} = \|u\|_{L^\infty} + [u]_\rho; \tag{2.1}$$

(2) 当 $\rho > 1$ 时，用 $[\rho]$ 表示 ρ 的整数部分，且记 $\alpha = \rho - [\rho]$，并按(1)中的意义要求

$$D^\lambda u \in C^\alpha(\mathbf{R}^n), \quad |\lambda| \leqslant [\rho],$$

此时记 u 的 C^ρ 模为

$$\|u\|_{C^\rho} = \sum_{|\lambda|\leqslant[\rho]} \|D^\lambda u\|_{L^\infty} + \sum_{|\lambda|=[\rho]} [D^\lambda u]_\alpha. \tag{2.2}$$

易见，按上述模，$C^\rho(\mathbf{R}^n)$ 构成一个 Banach 空间，而且它关于函数乘法的运算是封闭的.

定理 2.1 设 $\rho\in\mathbf{R}^+\backslash\mathbf{N}$. 若 $u\in C^\rho(\mathbf{R}^n)$，则对它的环形分解 $u = \sum_{j=-1}^{\infty} u_j$,

$$\|u_j\|_{L^\infty} \leqslant C2^{-j\rho}\|u\|_{C^\rho}, \quad j = -1, 0, 1, \cdots \tag{2.3}$$

证明 设 ψ, φ 如定理 1.1 所示，于是 $\hat{u}_{-1} = \psi\hat{u}$, $\hat{u}_j = \varphi\cdot(2^{-j}\xi)\hat{u}(\xi), j\geqslant 0$. 将 ψ 与 φ 的 Fourier 逆变换分别记为 $\check{\psi}(x)$ 与 $\check{\varphi}(x)$. 因 $\psi\in C_c^\infty$，故 $\check{\psi}\in\mathscr{S}\subset L^1$，从而

$$\|u_{-1}\|_{L^\infty} = \|\check{\psi} * u\|_{L^\infty} \leqslant \|\check{\psi}\|_{L^1}\|u\|_{L^\infty} \leqslant C\cdot 2^\rho\|u\|_{C^\rho}.$$

当 $j\geqslant 0$ 时，$u_j(x) = \int u(x-2^{-j}t)\check{\varphi}(t)dt$. 注意到 φ 的支集含于 $\mathbf{C}_0$，从而对任何重指标 λ，都有

$$\int t^\lambda\check{\varphi}(t)dt = [D^\lambda\varphi(\xi)]_{\xi=0} = 0.$$

因此

$$u_j(x) = \int\Big[u(x-2^{-j}t) - \sum_{|\lambda|<[\rho]}(-1)^{|\lambda|} \times \frac{1}{\lambda!}2^{-j|\lambda|}t^\lambda\partial_x^\lambda u(x)\Big]\check{\varphi}(t)dt$$

$$= \int\check{\varphi}(t)dt\int_0^1[\rho]\sum_{|\lambda|=[\rho]}\frac{(-1)^{|\lambda|}}{\lambda!}$$

$$\times [\partial_x^\lambda u(s(x-2^{-j}t)+(1-s)x)-\partial_x^\lambda u(x)] \times 2^{-\lambda j}t^\lambda ds.$$

从而得到

$$\|u_j\|_{L^\infty} \leqslant C\|u\|_{C^\rho} \cdot \int [2^{-j\rho}|t|^\rho |\check{\varphi}(t)|]dt \leqslant C2^{-j\rho}\|u\|_{C^\rho}.$$ 证毕.

定理 2.2 设 $\rho \in \mathbb{R}^+ \backslash \mathbb{N}$, 则下面的论断是等价的.

(1) $u \in C^\rho(\mathbb{R}^n)$;

(2) 存在分解 $u=\sum_{j=-1}^{\infty} u_j$, 其中 u_j 满足

$$\begin{aligned} &\operatorname{supp} \hat{u}_j \subset \boldsymbol{C}_j, \\ &\|u_j\|_{L^\infty} \leqslant C \cdot 2^{-j\rho}; \end{aligned} \tag{2.4}$$

(3) 存在分解 $u=\sum_{j=-1}^{\infty} u_j$, 其中 u_j 满足

$$\begin{aligned} &\operatorname{supp} \hat{u}_j \subset \boldsymbol{B}(0, \kappa 2^j),\ \kappa>1, \\ &\|u_j\|_{L^\infty} \leqslant C \cdot 2^{-j\rho}; \end{aligned} \tag{2.5}$$

(4) 存在自然数 $m>\rho$,使得 u 可分解为 $u=\sum_{j=-1}^{\infty} u_j$, 其中 $u_j \in C^m(\mathbb{R}^n)$, 且

$$\|D^\lambda u_j\|_{L^\infty} \leqslant C_\lambda 2^{-j\rho+j|\lambda|},\quad |\lambda| \leqslant m. \tag{2.6}$$

证明 定理 2.1 说明从(1)可得(2). 而由(2)显然有(3).

现证由(3)可得(4). 作 $\theta(\xi) \in C_c^\infty(\mathbb{R}^n)$,使之在球 $\boldsymbol{B}(0, 2\kappa)$ 上为 1,于是 $\check{\theta} \in \mathscr{S}(\mathbb{R}^n)$. 因为

$$D^\lambda u_j(x)=2^{j(n+|\lambda|)}\check{\theta}^{(\lambda)}(2^j \cdot) * u_j(x),$$

故得

$$\begin{aligned} \|D^\lambda u_j\|_{L^\infty} &\leqslant \|u_j\|_{L^\infty} \cdot 2^{j|\lambda|}\int 2^{jn}|\check{\theta}^{(\lambda)}(2^j x)|dx \\ &=\|u_j\|_{L^\infty} 2^{j|\lambda|}\int |\check{\theta}^{(\lambda)}(t)|dt \\ &\leqslant C_\lambda 2^{-j\rho+j|\lambda|}, \end{aligned}$$

即(2.6)式成立.

最后我们证明由(4)可推得(1),即要在(4)成立的条件下证明对任意 λ, $|\lambda| \leqslant [\rho]$, 有 $D^\lambda u \in C^\alpha(\mathbb{R}^n)$, 其中 $\alpha=\rho-[\rho]$, $0<\alpha<1$.

首先注意到对任意的满足 $|\lambda| \leqslant [\rho]$ 的 λ,有

$$\|D^\lambda u\|_{L^\infty} \leqslant \sum_{j=-1}^{\infty} \|D^\lambda u_j\|_{L^\infty} \leqslant C_\lambda \sum_{j=-1}^{\infty} 2^{-j(\rho-|\lambda|)} \leqslant M_\lambda,$$

所以 $D^\lambda u \in L^\infty(\mathbf{R}^n), |\lambda| \leqslant [\rho]$.

为证当$|\lambda| = [\rho]$时 $[D^\lambda u]_\alpha < \infty$,按定义 2.1进行验证,不妨认为 $0 < |x-y| \leqslant 1$. 取 j_0 使得 $2^{j_0} \leqslant \frac{1}{|x-y|} \leqslant 2^{j_0+1}$, 从而有

$$|D^\lambda u(x) - D^\lambda u(y)| \leqslant \sum_{j \leqslant j_0} |D^\lambda u_j(x) - D^\lambda u_j(y)| + \sum_{j > j_0} [|D^\lambda u_j(x)| + |D^\lambda u_j(y)|].$$

对$|\lambda| = [\rho]$,有$|\lambda| + 1 \leqslant m$, 故

$$\begin{aligned}\sum_{j \leqslant j_0} |D^\lambda u_j(x) - D^\lambda u_j(y)| &\leqslant \sum_{j \leqslant j_0} \sum_{|\mu|=1} |x-y| \cdot \|D^{\lambda+\mu} u_j\|_{L^\infty} \\ &\leqslant \sum_{j \leqslant j_0} C'_\lambda 2^{-j\rho + j|\lambda+\mu|} \cdot |x-y| \leqslant C'_\lambda |x-y| \sum_{j \leqslant j_0} 2^{-j\rho + j([\rho]+1)} \\ &= C'_\lambda |x-y| \sum_{j \leqslant j_0} 2^{j(1-\alpha)} \leqslant M_\lambda |x-y| 2^{j_0(1-\alpha)} \\ &\leqslant M_\lambda |x-y|^\alpha,\end{aligned}$$

此处 M_λ 与 j_0 无关.

另一方面,

$$\begin{aligned}\sum_{j > j_0} |D^\lambda u_j(x)| &\leqslant \sum_{j > j_0} C_\lambda 2^{-j\rho + j[\rho]} = C_\lambda \sum_{j > j_0} 2^{-j\alpha} \leqslant M'_\lambda 2^{-j_0\alpha} \\ &= 2M'_\lambda 2^{-(j_0+1)\alpha} \leqslant 2M'_\lambda |x-y|^\alpha,\end{aligned}$$

此处 M'_λ 仍与 j_0 无关. 将上面两个估计代入前式就有

$$|D^\lambda u(x) - D^\lambda u(y)| \leqslant (M_\lambda + 4M'_\lambda)|x-y|^\alpha.$$

从而 $[D^\lambda u]_\alpha < \infty$, $|\lambda| = [\rho]$, 于是 $u \in C^\rho(\mathbf{R}^n)$. 证毕.

注 1 类似于对 H^s 函数的处理,当 $\rho \in \mathbf{R}^+ \backslash \mathbf{N}$ 时, $u \in C^\rho(\mathbf{R}^n)$ 是指它的环形分解 $u = \sum_{j=-1}^{\infty} u_j$ 有(2.4)成立,且 $u(x)$ 在 $C^\rho(\mathbf{R}^n)$ 中的模等价于

$$\|u\|_{C^\rho} = \sup_j [2^{j\rho}\|u_j\|_{L^\infty}]. \tag{2.7}$$

注 2 利用定理 2.2 中 (3)⇒(4) 的方法可以证明：若 $u \in L^\infty(\mathbf{R}^n)$，$\operatorname{supp} \hat{u} \subset \boldsymbol{B}(0, r)$，则

$$\|D^\lambda u\|_{L^\infty} \leqslant C r^\lambda \|u\|_{L^\infty}.$$

在上述讨论中，我们避免了 ρ 可能出现的两种例外情形：一是 ρ 为正整数的情形；二是 ρ 为非正数的情形. 现在我们来补充这两种情形.

先考虑 ρ 为正整数的情形. 为简单起见，先设 $\rho = 1$. 此时似乎可将 L^∞ 函数 u 满足 Lipschitz 条件 $|u(x) - u(y)| \leqslant M |x - y|$ 作为 $u \in C^1$ 的定义，但它与 u 的环形分解满足 $\rho = 1$ 的条件(2.4)并不等价，而必须将 Lipschitz 条件改为条件

$$|u(x+y) + u(x-y) - 2u(x)| \leqslant M|y|, \quad |y| > 0, \tag{2.8}$$

才有相应的等价性. 条件(2.8)称为 Zygmund 条件.

要注意，Zygmund 条件 (2.8) 与 Lipschitz 条件 $|u(x) - u(y)| \leqslant M|x - y|$ 是不相同的. 例如函数 $u(x) = \sum_{k=0}^{\infty} 2^{-k} e^{i2\pi 2^k x}$ 满足(2.8)，但对任意M均无

$$|u(x) - u(y)| \leqslant M|x - y|.$$

定理 2.3 下述论断是等价的.

(1) $u \in L^\infty(\mathbf{R}^n)$ 且 $\sup_{|y|>0} |y|^{-1} \cdot |u(x+y) + u(x-y) - 2u(x)| < \infty$;

(2) 存在分解 $u = \sum_{j=-1}^{\infty} u_j$，其中 u_j 满足

$$\operatorname{supp} \hat{u}_j \subset \boldsymbol{C}_j;\ \|u_j\|_{L^\infty} \leqslant C \cdot 2^{-j}; \tag{2.9}$$

(3) 存在分解 $u = \sum_{j=-1}^{\infty} u_j$，其中 u_j 满足

$$\operatorname{supp} \hat{u}_j \subset \boldsymbol{B}(0, \kappa 2^j),\ \kappa > 1,\ \|u_j\|_{L^\infty} \leqslant C \cdot 2^{-j}; \tag{2.10}$$

(4) 存在分解 $u = \sum_{j=-1}^{\infty} u_j$，其中 u_j 满足

$$u_j \in C^2(\mathbf{R}^n);\ \|D^\lambda u_j\|_{L^\infty} \leqslant C_\lambda 2^{-j+j|\lambda|},\ |\lambda| \leqslant 2. \tag{2.11}$$

证明 由定理 2.2 的证明可知，为证本定理，只要证明由 (1) 可得(2)，以及由(4)得(1).

先证由(1)可得(2). 为此取 $u(x)$ 的环形分解 $u=\sum_{j=-1}^{\infty} u_j$，如象定理 2.1 中那样，(2.9)对 $j=-1$ 显然是成立的.

当 $j\geqslant 0$ 时，仍记 $u_j(x)=\int u(x-2^{-j}t)\check{\varphi}(t)dt$，注意到 $\int\check{\varphi}(t)dt=0$ 且由定理 1.1 之证明可知 $\varphi(-\xi)=\varphi(\xi)$，故有 $\check{\varphi}(-x)=\check{\varphi}(x)$. 从而

$$u_j(x)=\int u(x+2^{-j}t)\check{\varphi}(t)dt,$$

且有

$$\begin{aligned}|u_j(x)|&\leqslant\frac{1}{2}\int|u(x+2^{-j}t)+u(x-2^{-j}t)-2u(x)|\cdot|\check{\varphi}(t)|dt\\&\leqslant\frac{1}{2}\cdot 2^{-j}\cdot[\sup_{|y|>0}|y|^{-1}\cdot|u(x+y)+u(x-y)\\&\quad-2u(x)|]\int|t|\cdot|\check{\varphi}(t)|dt\\&\leqslant C\cdot 2^{-j}.\end{aligned}$$

此即(2.9)式，故(2)成立.

为由(4)导出(1)，注意

$$\begin{aligned}&u_j(x+y)+u_j(x-y)-2u_j(x)\\&\quad=\int_0^{|y|}\left[\int_{-s}^{s}\frac{d^2}{d\tau^2}u_j(x+y'\tau)d\tau\right]ds\end{aligned}$$

成立，其中 $y'=\dfrac{y}{|y|}$. 从而由(2.11)，有

$$\begin{aligned}&|u_j(x+y)+u_j(x-y)-2u_j(x)|\\&\quad\leqslant|y|^2\sum_{|\lambda|=2}\|D^\lambda u_j\|_{L^\infty}\leqslant C'|y|^2 2^j.\end{aligned}$$

如象定理 2.2 中那样，对满足 $0<|y|\leqslant 1$ 的 y，存在 j_0（它与 y 有关），使得 $2^{j_0}\leqslant|y|^{-1}<2^{j_0+1}$，故

$$\sum_{j\leqslant j_0}|u_j(x+y)+u_j(x-y)-2u_j(x)|$$

$$\leqslant \sum_{j\leqslant j_0} C'|y|^2 2^j \leqslant M_1|y|^2 2^{j_0} \leqslant M_1|y|,$$

此处 M_1 与 j_0 无关．而

$$\sum_{j>j_0} |u_j(x+y)+u_j(x-y)-2u_j(x)| \leqslant 4\sum_{j>j_0}\|u_j\|_{L^\infty}$$

$$\leqslant 4\sum_{j>j_0} C_0 2^{-j} \leqslant M_2 2^{-j_0} \leqslant 2M_2|y|,$$

M_2 仍与 j_0 无关．于是

$$\begin{aligned}&|u(x+y)+u(x-y)-2u(x)|\\ &\quad\leqslant \sum_{j\leqslant j_0}|u_j(x+y)+u_j(x-y)-2u_j(x)|\\ &\quad\quad+\sum_{j>j_0}|u_j(x+y)+u_j(x-y)-2u(x)|\\ &\quad\leqslant (M_1+2M_2)|y| \leqslant M|y|,\end{aligned}$$

此即表示 u 满足 (2.8)．又 $\|u\|_{L^\infty} \leqslant \sum_{j=-1}^{\infty}\|u_j\|_{L^\infty} \leqslant C\sum_{j=-1}^{\infty} 2^{-j} \leqslant M'$，故 $u\in L^\infty(\mathbf{R}^n)$，从而(1)成立．证毕．

对于大于 1 的整数 ρ，(2.8) 代之以如下条件：

$$|D^\lambda u(x+y)+D^\lambda u(x-y)-2D^\lambda u(x)| \leqslant M|y|,$$
$$|\lambda| = \rho-1,\ |y|>0. \tag{2.12}$$

记满足 (2.12) 的 $\rho-1$ 次可微函数全体为 C_*^ρ，它又称为 ρ 次 Zygmund 类．对于它也可建立类似于定理 2.3 的等价性定理．特别地，我们可得到它在环形分解下的特征性质（形式上如 (2.4) 所示）．

为简单计，我们约定：如无特别说明，则当 ρ 为正整数时，用 C^ρ 表示 C_*^ρ（注意，它比通常的 ρ 次可微函数类更广）．

对于 $\rho\leqslant 0$ 的情形，定义 $C^\rho(\mathbf{R}^n)$ 的最简捷的方法就是用其环形分解满足不等式(2.4)来确定．此时取微分算子 $1-\Delta = 1-\sum_{j=1}^{n}\partial_{x_j}^2$，以及正整数 l，使 $2l+\rho>0$，那么容易证明，$u\in C^\rho(\mathbf{R}^n)$ 等价于存在 $v\in C^{\rho+2l}(\mathbf{R}^n)$，使得 $(1-\Delta)^l v = u$．

注 一般地，利用象征为 $\langle\xi\rangle$ 的拟微分算子 Λ（其定义可参

见第二章)，可以将上面定义的空间 $C^\rho(\mathbf{R}^n)$，$\rho\in\mathbf{R}$ 统一地定义如下：记 $\rho=m+\alpha$，$0<\alpha\leqslant 1$，m 为整数．所谓 $u\in C^\rho(\mathbf{R}^n)$ 是指

$$\Lambda^m u\in C^\alpha(\mathbf{R}^n) \tag{2.13}$$

且此时 $\|\cdot\|_{C^\rho}$ 仍可用(2.7)表示．

注意在 $\rho\leqslant 0$ 时,定理 2.2 中结论(3)和(4)不成立．

作为 $C^\rho(\mathbf{R}^n)$ 在环形分解下特征性质的应用，可立即得到如下的 Sobolev 嵌入定理：

定理 2.4 设 $s\in\mathbf{R}$，则

$$H^s \hookrightarrow C^{s-\frac{n}{2}}. \tag{2.14}$$

证明 设 $u\in H^s$，则它的环形分解 $u=\sum\limits_{j=-1}^{\infty}u_j$ 有

$$\operatorname{supp}\hat{u}_j\subset \boldsymbol{C}_j，且 \|u_j\|_0\leqslant c_j 2^{-js}，\{c_j\}\in l^2,$$

特别地存在常数 C' 使 $c_j\leqslant C'$．

取 $\theta(\xi)\in C_c^\infty(\mathbf{R}^n)$，它在 $\boldsymbol{C}_0$ 的某邻域上为 1． 故在 $\boldsymbol{C}_j$ 上 $\theta(2^{-j}\xi)=1$，从而 $\hat{u}_j=\theta(2^{-j}\xi)\hat{u}_j$．且有

$$u_j(x)=u_j(x)*2^{nj}\check{\theta}(2^j x),$$

从而

$$\begin{aligned}\|u_j\|_{L^\infty}&\leqslant\|u_j\|_0\cdot\|2^{nj}\check{\theta}(2^j x)\|_0=2^{\frac{n}{2}j}\|u_j\|_0\cdot\|\check{\theta}\|_0\\&\leqslant c_j 2^{-js}2^{\frac{n}{2}j}\|\check{\theta}\|_0\leqslant C2^{-j(s-\frac{n}{2})},\end{aligned}$$

其中 $C=C'\|\check{\theta}\|_0$．于是由定理 2.2 知 $u\in C^{s-\frac{n}{2}}$,且

$$\begin{aligned}\|u\|_{C^{s-\frac{n}{2}}}&=\sup[2^{j(s-\frac{n}{2})}\|u_j\|_{L^\infty}]\\&\leqslant\|\check{\theta}\|_0\cdot\sup[2^{js}\|u_j\|_0]\\&\leqslant M\left\{\sum_{j=-1}^{\infty}2^{2js}\|u_j\|_0^2\right\}^{1/2}=M\cdot\|u\|_s.\end{aligned}$$

证毕．

注 通常的 Sobolev 嵌入定理只讨论 $s>\dfrac{n}{2}$ 的情形,且要

求 $s-\frac{n}{2}$ 不是正整数. 在定理 2.4 中去掉了这些限制, 故此结果可有更广泛的应用.

类似于§1中那样,我们也可利用环形分解研究在局部及微局部意义下 C^ρ 函数的性质.

定义 2.2 设 $\rho\in\mathbf{R}$, $x_0\in\mathbf{R}^n$, $(x_0,\xi_0)\in\mathbf{R}^n\times\mathbf{R}^n\backslash\{0\}$, $u\in\mathscr{S}'(\mathbf{R}^n)$,

(1) $u\in C^\rho_{x_0}$ 是指: 存在 $\varphi(x)\in C^\infty_c(\mathbf{R}^n)$, 它在 x_0 的某邻域内为 1,使得 $\varphi u\in C^\rho(\mathbf{R}^n)$. 此时也称 u 在 x_0 局部地属于 C^ρ;

(2) $u\in C^\rho_{(x_0,\xi_0)}$ 是指: u 可分解为 $u=u_1+u_2$, 其中 $u_1\in C^\rho_{x_0}$, $u_2\in\mathscr{E}'(\mathbf{R}^n)$, 且

$$(x_0,\xi_0)\notin WF(u_2),\tag{2.15}$$

此时也称 u 在 (x_0,ξ_0) 点微局部地属于 C^ρ.

与§1中定义 1.3 相仿, $u\in C^\rho_{(x_0,\xi_0)}$ 等价于: 存在于 x_0 附近为 1 的 $\varphi(x)\in C^\infty_c(\mathbf{R}^n)$ 及在 ξ_0 的一锥邻域内为 1 的正齐零次函数 $\psi(\xi)$, 使得

$$\psi(D)(\varphi u)(x)\in C^\rho(\mathbf{R}^n).\tag{2.16}$$

即 $u(x)$ 在 x_0 点附近于 ξ_0 方向属于 C^ρ.

显然,若 $u\in C^\rho_{x_0}$, 则对任意 $\xi\in\mathbf{R}^n\backslash\{0\}$ 有 $u\in C^\rho_{(x_0,\xi)}$; 又若 $u\in C^\rho(\mathbf{R}^n)$, 则对任意 $x\in\mathbf{R}^n$ 有 $u\in C^\rho_x$.

定理 2.5 设 $\rho,\rho'\in\mathbf{R}$, 且 $\rho'\geqslant\rho$. 下面两论断是等价的:

(1) $u\in C^\rho_{x_0}\cap C^{\rho'}_{(x_0,\xi_0)}$;

(2) 存在于 x_0 附近为 1 的 $\varphi(x)\in C^\infty_c(\mathbf{R}^n)$ 及 ξ_0 的一个锥邻域 Γ, 使得

$$\varphi u=\sum_{j=-1}^\infty v'_j+\sum_{j=-1}^\infty v''_j,\tag{2.17}$$

其中

$$\|v'_j\|_{L^\infty}\leqslant C2^{-j\rho'},\quad \operatorname{supp}\hat{v}'_j\subset \boldsymbol{C}_j,$$
$$\|v''_j\|_{L^\infty}\leqslant C2^{-j\rho},\quad \operatorname{supp}\hat{v}''_j\subset \boldsymbol{C}_j\cap\Gamma^c.$$

这个定理的证明完全类似于定理 1.5,故在这里从略. 但是由定理 1.5 的证明过程可知,在证明定理 2.4 时需要下面两个引理.

引理 2.1 设 $u\in C^\rho(\mathbf{R}^n)$,$\rho\in\mathbf{R}$,$\varphi(x)\in C_c^\infty(\mathbf{R}^n)$,则 $\varphi u\in C^\rho$.

证明 当 $\rho\in\mathbf{R}^+\backslash\mathbf{N}$ 时，由于 C^ρ 是一个代数，且 $\varphi\in C_c^\infty(\mathbf{R}^n)\subset C^\rho(\mathbf{R}^n)$，所以 $\varphi u\in C^\rho$. 当 ρ 为正整数时，易知 φu 也满足 Zygmund 条件(2.12),从而 $\varphi u\in C^\rho$. 为证 $\rho\leqslant 0$ 时 $\varphi u\in C^\rho$,先设 $-1<\rho\leqslant 0$. 由定义,当 $u\in C^\rho$ 时,存在 $v\in C^{\rho+2}$,使得 $u=(1-\Delta)v$, 从而

$$\begin{aligned}\varphi u&=\varphi(1-\Delta)v=\varphi v-[\Delta(\varphi v)-2\nabla\varphi\cdot\nabla v-(\Delta\varphi)\cdot v]\\&=(1-\Delta)(\varphi v)+2\nabla\varphi\cdot\nabla v+(\Delta\varphi)\cdot v.\end{aligned}$$

由于 $v\in C^{\rho+2}$, $\nabla v\in C^{\rho+1}$, 而 $\varphi,\nabla\varphi,\Delta\varphi$ 均为 C_c^∞ 函数，因此由 $v\in C^{\rho+2}$, $\rho+2>1$, 有 $\varphi v\in C^{\rho+2}$, $(1-\Delta)\varphi v\in C^\rho$, $\nabla\varphi\cdot\nabla v\in C^{\rho+1}$, $(\Delta\varphi)v\in C^{\rho+2}$, 从而 $\varphi u\in C^\rho$. 再用上法递推，就可知当 $\rho\leqslant 0$ 时均有 $\varphi u\in C^\rho$. 证毕.

引理 2.2 设 $u\in C^\rho(\mathbf{R}^n)$, $\rho\in\mathbf{R}$, $k(\xi)$ 是 $\mathbf{R}^n\backslash\{0\}$ 上的正齐零次连续函数,则 $k(D)u\in C^\rho$,这里

$$k(D)u=F^{-1}(k(\xi)\hat{u}(\xi)).\tag{2.18}$$

证明 对 u 作环形分解 $u=\Sigma u_j$, 则 $\{k(D)u_j\}$ 是 $k(D)u$ 的环形分解. 记 $\psi(\xi)$, $\varphi(\xi)$ 为定理 1.1 中引入的函数,若 $\chi(\xi)$ 为在 $\operatorname{supp}\varphi$ 上等于 1 的 $C_c^\infty(\mathbf{R}^n\backslash\{0\})$ 函数,则必有

$$k(\xi)\hat{u}_j(\xi)=k(\xi)\chi(2^{-j}\xi)\hat{u}_j(\xi).$$

又记 $k(\xi)\chi(2^{-j}\xi)$ 的 Fourier 逆变换为 $h_j(x)$, 则利用 k 的齐次性可得

$$\begin{aligned}\int|h_j(x)|dx&=\int\left|\int e^{ix\xi}k(\xi)\chi\left(\frac{\xi}{2^j}\right)d\xi\right|dx\\&=\int\left|\int e^{ix_1\xi_1}k(2^j\xi_1)\chi(\xi_1)d\xi_1\right|dx_1\\&=\int\left|\int e^{ix_1\xi_1}k(\xi_1)\chi(\xi_1)d\xi_1\right|dx_1\\&<C,\end{aligned}$$

这里 C 与 j 无关,即 $\|h_j(x)\|_{L^1}$ 关于 j 一致有界. 从而

$$|F^{-1}(k(\xi)u_j(\xi))|\leqslant C|u_j|.$$

由此，我们就可以从 u_j 满足估计 (2.3) 推知 $k(D)u_j$ 也满足同一类型的估计，进而由定理 2.2 知 $k(D)u\in C^\rho$. 证毕.

§3. 其他函数类的环形分解

由于对任何一个 $u(x)\in\mathscr{S}'(\mathbb{R}^n)$ 均可作出它的环形分解，而 $u(x)$ 所在函数类的特性常常可用它的环形分解去刻划，因而在这一节中我们还将简略地对其他一些常见的函数类讨论这种分解的性质，而其中有些函数类将在本书中用到.

定义 3.1 (1) 设 $s\in\mathbb{R}$, $1\leqslant p<\infty$, 则定义 Sobolev 空间 H_p^s 如下:

$$H_p^s=\{u\in\mathscr{S}'(\mathbb{R}^n);\ \|\Lambda^s u\|_{L^p}<\infty\},$$

且对它装备模

$$\|u\|_{H_p^s}=\|\Lambda^s u\|_{L^p}. \tag{3.1}$$

特别地，当 $p=2$ 时, $H_2^s=H^s$.

(2) 设 $s>0$, $1\leqslant p$, $q\leqslant\infty$, 则定义 Besov 空间 B_{pq}^s 如下:

1° 当 $s\notin\mathbb{N}$, $q<\infty$ 时,

$$B_{pq}^s=\left\{u\in L^p(\mathbb{R}^n);\ \|u\|_{B_{pq}^s}=\|u\|_{L^p}+\left[\int|t|^{-(n+sq)}\cdot\|u(x+t)-u(x)\|_{L^p}^q dt\right]^{1/q}<\infty\right\}; \tag{3.2}$$

2° 当 $s\notin\mathbb{N}$, $q=\infty$ 时,

$$B_{pq}^s=\{u\in L^p(\mathbb{R}^n);\ \|u\|_{B_{pq}^s}=\|u\|_{L^p}+\sup_{|t|>0}[|t|^{-s}\|u(x+t)-u(x)\|_{L^p}]<\infty\};$$

3° 当 $s=1$, $q<+\infty$ 时,

$$B_{pq}^1=\left\{u\in L^p(\mathbb{R}^n);\ \|u\|_{B_{pq}^1}=\|u\|_{L^p}+\left[\int|t|^{-(n+q)}\|u(x+t)+u(x-t)-2u(x)\|_{L^p}^q dt\right]^{1/q}<\infty\right\}; \tag{3.3}$$

4° 当 $s=1$, $q=\infty$ 时,

$$B_{p\infty}^1=\{u\in L^p(\mathrm{R}^n);\ \|u\|_{B_{p\infty}^1}=\|u\|_{L^p}+\sup_{|t|>0}[\,|t|^{-1}\|u(x+t)+u(x-t)-2u(x)\|_{L^p}]<\infty\};\tag{3.4}$$

5° 当 s 为大于 1 的正整数时, B_{pq}^s 按下式递推地定义

$$\|u\|_{B_{pq}^s}=\|u\|_{L^p}+\sum_{j=1}^n\|\partial_{x_j}u\|_{B_{pq}^{s-1}}.\tag{3.5}$$

显然, $B_{\infty\infty}^s=C^s$, 且可证明 $B_{22}^s=H^s$.

定理 3.1 设 $u\in\mathscr{S}'(\mathrm{R}^n)$, 它的环形分解是 $u=\sum\limits_{j=-1}^{\infty}u_j$, 则

(1) $u\in H_p^s$ 的充要条件是

$$\left[\sum_{j=-1}^{\infty}2^{2sj}|u_j|^2\right]^{1/2}\in L^p,$$

且 u 在 H_p^s 中的模可由下式来表示:

$$\|u\|_{H_p^s}=\left\|\left[\sum_{j=-1}^{\infty}2^{2sj}|u_j|^2\right]^{1/2}\right\|_{L^p};\tag{3.6}$$

(2) $u\in B_{pq}^s$, $q<\infty$ 的充要条件是

$$\sum_{j=-1}^{\infty}2^{sqj}\|u_j\|_{L^p}^q<\infty,$$

且 u 在 B_{pq}^s 中的模可由下式表示:

$$\|u\|_{B_{pq}^s}=\left[\sum_{j=-1}^{\infty}2^{sqj}\|u_j\|_{L^p}^q\right]^{1/q};\tag{3.7}$$

(3) $u\in B_{p\infty}^s$ 的充要条件是

$$\|u_j\|_{L^p}\leqslant C\cdot 2^{-sj},$$

此时模可表示为

$$\|u\|_{B_{p\infty}^s}=\sup[2^{sj}\|u_j\|_{L^p}].\tag{3.8}$$

本定理的证明从略.

利用上述(3.7)及(3.8)式,还可以定义 $s\leqslant 0$ 时的 B_{pq}^s. Besov 空间 B_{pq}^s 是 L^p 框架下的 Sobolev 空间 H_p^s 的一种推广, 有关

它的详细介绍可见 [St1], [BL1] 和 [Tri1].

定义 3.2 设 $s, s' \in \mathbb{R}$, $x = (x_1, x') \in \mathbf{R}^n$, $\xi = (\xi_1, \xi') \in \mathbf{R}^n$; 定义 $H_{s,s'}(\mathbf{R}^n)$ 如下:

$$H_{s,s'}(\mathbf{R}^n) = \Big\{u \in \mathscr{S}'(\mathbf{R}^n);\ \|u\|_{s,s'}^2 = \int \langle\xi\rangle^{2s}\langle\xi'\rangle^{2s'} \cdot |\hat{u}(\xi)|^2 d\xi < \infty\Big\}, \tag{3.9}$$

显然, $H_{s,0} = H^s$.

这个具双指标的 Sobolev 空间是 L. Hörmander 首先引入的, 在 [Sa1] 中它被记为 $H^{s,s'}$, 为了避免与其他的记号相混淆, 本书中我们将此双指标记在右下角. 为刻划这个具双指标的空间, 我们引入二次环形分解如下:

设 $\psi(\xi)$, $\varphi(\xi)$ 如定理 1.1 中所示. 记 $\psi'(\xi') = \psi(0, \xi')$, $\varphi'(2^{-j}\xi') = \varphi(0, 2^{-j}\xi')$. 显然 $\{\psi'(\xi'), \varphi'(2^{-j}\xi')\}$ 是 $\mathbf{R}^{n-1}$ 上的一个单位分解, 且相应的二进环体序列是 $\{\boldsymbol{C}'_{j'}\}$, $\boldsymbol{C}'_{j'} = \{\xi' \in \mathbf{R}^{n-1},\ \kappa 2^{j'} \leqslant |\xi'| \leqslant \kappa 2^{j'+1}\}$, $j' \geqslant 0$, 而 $\boldsymbol{C}'_{-1} = \{\xi' \in \mathbf{R}^{n-1},\ |\xi'| \leqslant 1\}$.

设 $u \in \mathscr{S}'(\mathbf{R}^n)$, 改写它的环形分解式为 $u = \sum\limits_{j=-1}^{\infty} \Delta_j u$, 其中

$$\widehat{\Delta_{-1}u}(\xi) = \psi(\xi)\hat{u}(\xi),\quad \widehat{\Delta_j u}(\xi) = \varphi(2^{-j}\xi)\hat{u}(\xi),\quad j \geqslant 0.$$

又记

$$\widehat{\Delta'_{-1}u}(\xi) = \psi'(\xi')\hat{u}(\xi),\quad \widehat{\Delta'_{j'}u}(\xi) = \varphi'(2^{-j'}\xi')\hat{u}(\xi),\quad j' \geqslant 0,$$

$$\Delta_{jj'} = \Delta_j \circ \Delta'_{j'},$$

则

$$\widehat{\Delta_{jj'}u}(\xi) = \varphi(2^{-j}\xi)\varphi'(2^{-j'}\xi')\hat{u}(\xi),\quad j, j' \geqslant 0.$$

$\Delta_{jj'}u$ 的谱 $\subset \{\xi;\ \kappa 2^j \leqslant |\xi| \leqslant \kappa 2^{j+1},\ \kappa^{-1}2^{j'} \leqslant |\xi'| \leqslant \kappa 2^{j'+1}\}$. 因为 $|\xi'| \leqslant |\xi|$, 所以只有当 $j' \leqslant [2\ln\kappa] + j + 1$ 时 $\Delta_{jj'}u$ 才为非零.

由 $\psi'(\xi') + \sum\limits_{j' \geqslant 0}^{\infty} \varphi'(2^{-j'}\xi') = 1$ 得

$$u(x) = \Delta'_{-1}u + \sum_{j'=0}^{\infty} \Delta'_{j'}u.$$

再对上式右边各项进行 $\mathbf{R}^n$ 上的环形分解,有

$$u=\Delta_{-1}\left[\Delta'_{-1}u+\sum_{j'=0}^{\infty}\Delta'_{j'}u\right]+\sum_{j=0}^{\infty}\Delta_j\left[\Delta'_{-1}u+\sum_{j'=0}^{\infty}\Delta'_{j'}u\right]$$

$$=\Delta_{-1,-1}u+\sum_{j'=0}^{\infty}\Delta_{-1,j'}u+\sum_{j=0}^{\infty}\Delta_{j,-1}u+\sum_{j,j'=0}^{\infty}\Delta_{jj'}u.$$

由于 $\Delta_{-1,j'}u$ 的谱$\subset\{\xi;|\xi|\leqslant 1,\kappa^{-1}2^{j'}\leqslant|\xi'|\leqslant\kappa 2^{j'+1}\}$, 所以当 $j'>\frac{\ln\kappa}{\ln 2}$时 $\Delta_{-1,j'}u$ 为零. 记 $j'_0=\left[\frac{\ln\kappa}{\ln 2}\right]$, 故

$$\sum_{j'=0}^{\infty}\Delta_{-1,j'}u=\sum_{j'=0}^{j'_0}\Delta_{-1,j'}u.$$

从而,我们得到 $u\in\mathscr{S}'(\mathbf{R}^n)$ 的二次环形分解式

$$u=\sum_{j'=-1}^{j'_0}\Delta_{-1,j'}u+\sum_{j=0}^{\infty}\Delta_{j,-1}u+\sum_{j,j'=0}^{\infty}\Delta_{jj'}u. \tag{3.10}$$

利用上式就可得到 $u\in H_{s,s'}(\mathbf{R}^n)$ 在环形分解下的特征性质如下:

定理 3.2 $u\in H_{s,s'}(\mathbf{R}^n)$ 的充要条件是

$$\sum_{j'=-1}^{j'_0}4^{j's'}\|\Delta_{-1,j'}u\|_0^2+\sum_{j=0}^{\infty}4^{js}\|\Delta_{j,-1}u\|_0^2$$
$$+\sum_{j,j'=0}^{\infty}4^{js+j's'}\|\Delta_{jj'}u\|_0^2<\infty, \tag{3.11}$$

且 u 在 $H_{s,s'}(\mathbf{R}^n)$ 中的模等价于

$$\left\{\sum_{j'=-1}^{j'_0}4^{j's'}\|\Delta_{-1,j'}u\|_0^2+\sum_{j=0}^{\infty}4^{js}\|\Delta_{j,-1}u\|_0^2\right.$$
$$\left.+\sum_{j,j'=0}^{\infty}4^{js+j's'}\|\Delta_{jj'}u\|_0^2\right\}^{1/2}. \tag{3.12}$$

证明 证明的思路与定理 1.2 及 1.3 相同.

先设 $u\in H_{s,s'}$. 由于在 C_j 内$|\xi|\sim 2^j$,在 $C'_{j'}$ 内$|\xi'|\sim 2^{j'}$, 所以不等式

$$\sum_{j'=-1}^{j_0'} \psi^2(\xi)4^{j's'}\varphi'^2(2^{-j'}\xi') + \sum_{j=0}^{\infty} 4^{js}\varphi^2(2^{-j}\xi)\psi'^2(\xi')$$

$$+ \sum_{j,j'=0}^{\infty} 4^{js+j's'}\varphi^2(2^{-j}\xi)\varphi'^2(2^{-j'}\xi') \leqslant C\langle\xi\rangle^{2s}\langle\xi'\rangle^{2s'}$$

成立，该不等式两边乘以$|\hat{u}(\xi)|^2$，再在 $\mathbf{R}^n$ 上关于 ξ 积分，立即得到

$$\sum_{j'=-1}^{j_0'} 4^{j's'}\|\Delta_{-1,j'}u\|_0^2 + \sum_{j=0}^{\infty} 4^{js}\|\Delta_{j,-1}u\|_0^2$$

$$+ \sum_{j,j'=0}^{\infty} \|\Delta_{jj'}u\|_0^2 \leqslant C\|u\|_{s,s'}, \tag{3.13}$$

从而(3.11)成立.

反之，设(3.11)成立. 记 $u_1 = \sum_{j=0}^{\infty} \Delta_{j,-1}u, u_2 = \sum_{j,j'=0}^{\infty} \Delta_{jj'}u$，由于(3.10)式右边第一个和式有限，故只要证明

$$\|u_1\|_{s,s'} \leqslant C_1\left[\sum_{j=0}^{\infty} 4^{js}\|\Delta_{j,-1}u\|_0^2\right]^{1/2},$$

$$\|u_2\|_{s,s'} \leqslant C_2\left[\sum_{j=0}^{\infty} 4^{js+j's'}\|\Delta_{jj'}u\|_0^2\right]^{1/2}.$$

因为每个 ξ 至多只属于 $\{\widehat{\Delta_{jj'}u}\}$ 中有限个支集，所以类似于定理1.3 的证明可得

$$\int\langle\xi\rangle^{2s}\langle\xi'\rangle^{2s'}|\hat{u}_2|^2 d\xi \leqslant M_2\sum_{j,j'=0}^{\infty}\int\langle\xi\rangle^{2s}\langle\xi'\rangle^{2s'}|\widehat{\Delta_{jj'}u}|^2 d\xi$$

$$\leqslant C_2\left[\sum_{j,j'=0}^{\infty} 4^{js+j's'}\|\Delta_{jj'}u\|_0^2\right.$$

类似可得关于 u_1 之估计. 于是有 $u \in H_{s,s'}$，且

$$\|u\|_{s,s'} \leqslant C\left\{\sum_{j'=-1}^{j_0'} 4^{j's'}\|\Delta_{-1,j'}u\|_0^2 + \sum_{j=0}^{\infty} 4^{js}\|\Delta_{j,-1}u\|_0^2\right.$$

$$\left.+ \sum_{j,j'=0}^{\infty} 4^{js+j's'}\|\Delta_{jj'}u\|_0^2\right\}^{1/2}. \tag{3.14}$$

由(3.13)及(3.14)知,(3.12)等价于 $H_{s,s'}$ 空间中的模. 证毕.

空间 $H_{s,s'}$ 在研究偏微分方程的边值问题时很有用. L. Hörmander 在 [Ho1] 中就用它来刻划偏微分方程的解在边界附近的正则性. M. Sablé-Tongeron 以这类函数的环形分解为基础,利用仿微分算子理论研究了非线性方程的解在边界附近的奇性(参见 [Sa1]).

最后,我们还要介绍余法型函数的环形分解. 这里所考察的函数是由满足某些条件的余法分布所组成. 在本书最后一章将利用它来研究非线性方程的解的奇性传播. 余法分布的概念可参见 [Ho1], [Bo2] 等.

定义 3.3 设 Σ 是 $\mathbb{R}^n$ 中的光滑超曲面, $\mathscr{V}$ 为切于 Σ 的 C^∞ 的向量场的全体, $k\in\mathbb{N}$, $\rho, s\in\mathbb{R}$.

(1) 集合 $H^{s,k}(\Sigma)=\{u;\ V_1\cdots V_l u\in H^s,\ V_1,\cdots,V_l\in\mathscr{V},\ l\leqslant k\}$ 称为 k 阶余法型 H^s 空间, 其中元素称为 k 阶余法型 H^s 函数;

(2) 集合 $C^{\rho,k}(\Sigma)=\{u;\ V_1\cdots V_l u\in C^\rho,\ V_1,\cdots,V_l\in\mathscr{V},\ l\leqslant k\}$ 称为 k 阶余法型 C^ρ 空间,其中元素称为 k 阶余法型 C^ρ 函数.

切于 Σ 的所有 C^∞ 向量场可由有限个 C^∞ 向量场作为基所生成,因此上述 $V_1\cdots V_l$ 中的切向量只需在这个基中选取就可以了.

例 1 设 Σ 为 $\mathbb{R}^n$ 中的超平面 $x_1=0$, 此时切于 Σ 的 C^∞ 向量场可由 $V_1=x_1\partial_{x_1}$, $V_2=\partial_{x_2},\cdots$, $V_n=\partial_{x_n}$ 所生成, 故此时有

$$H^{s,k}(\Sigma)=\{u;\ x_1^{\alpha_1}\partial^\alpha u\in H^s,\ \forall|\alpha|\leqslant k\};$$

$$C^{\rho,k}(\Sigma)=\{u;\ x_1^{\alpha_1}\partial^\alpha u\in C^\rho,\ \forall|\alpha|\leqslant k\}.$$

例 2 设在 $\mathbb{R}^n$ 中, $\Sigma=\{x_n=0\}\cup\{x_1+x_n=0\}\cup\{x_1-x_n=0\}$, 此时切于 Σ 的 C^∞ 向量场可由 $x_1\partial_{x_1}+x_n\partial_{x_n}$, $x_n(x_1+x_n)(\partial_{x_1}+\partial_{x_n})$, $x_n(x_1-x_n)(\partial_{x_1}-\partial_{x_{n-1}})$, $\partial_{x_2},\cdots,\partial_{x_{n-1}}$ 所生成, 也容易据此写出 $H^{s,k}(\Sigma)$ 与 $C^{\rho,k}(\Sigma)$ 的具体表示形式.

按定义易知对余法型空间以下的事实成立.

(1) $H^{s+k}\subset H^{s,k}$, $C^{\rho+k}\subset C^{\rho,k}$;

(2) 若 $t\geqslant 0$, 则 $H^{s+t,k}\subset H^{s,k}$, $C^{\rho+t,k}\subset C^{\rho,k}$; 又若 $j\in\mathbf{N}$, 则 $H^{s,k+j}\subset H^{s,k}$, $C^{\rho,k+j}\subset C^{\rho,k}$;

(3) 设 j 为不超过 k 的正整数,则 $H^{s+j,k-j}\subset H^{s,k}$, $C^{\rho+j,k-j}\subset C^{\rho,k}$;

(4) 若 $k\geqslant 1$, $u\in H^{s,k}$, 则 $Du\in H^{s-1,k}$; 且对切于 Σ 的 C^∞ 向量场 Z,有 $Zu\in H^{s,k-1}$,同样地,对 $u\in C^{\rho,k}$ 有 $Du\in C^{\rho-1,k}$, 以及 $Zu\in C^{\rho,k-1}$.

又若将例 1 中的余法型空间与定义 3.2 中引入的 $H_{s,s'}$ 空间相比较,则有

$$H^{s,k}(\{x_1=0\})\subset H_{s,k}.$$

关于余法型空间中的元素，在环形分解下的性质的刻划是比较复杂的,然而在例 1 的情形下,可以有类似于定理 1.2 与定理 2.1 的结论. 以下我们记

$$\|u\|_{H^{s,k}}=\Big(\sum_{|\alpha|\leqslant k}\|x_1^{\alpha_1}\partial^\alpha u\|_s^2\Big)^{1/2},$$

$$\|u\|_{C^{\rho,k}}=\sum_{|\alpha|\leqslant k}\|x_1^{\alpha_1}\partial^\alpha u\|_{C^\rho},$$

$$\|u\|^{(k)}=\|u\|_{H^{0,k}},$$

$$|u|^{(k)}=\sum_{|\alpha|\leqslant k}\|x_1^{\alpha_1}\partial^\alpha u\|_{L^\infty},$$

并只讨论 $s,\rho>0$ 的情形,则有

定理 3.3 若 $u\in H^{s,k}(\{x_1=0\})$,则存在正常数 c_j 与 C,使 u 的环形分解 $u=\sum u_j$ 满足

$$\|u_j\|^{(k)}\leqslant c_j2^{-js}, j=-1,0,1,\cdots, \tag{3.15}$$

$$\Big(\sum_{j=-1}^{\infty}c_j^2\Big)^{1/2}\leqslant C\|u\|_{s,k}. \tag{3.16}$$

反之,若 u 可写成 Σu_j 形式,每个 u_j 的谱含于 $\boldsymbol{B}_j=\{\xi;|\xi|\leqslant \kappa 2^j\}$ 中，且 (3.15) 成立，其中 $\Big(\sum_{j=-1}^{\infty}c_j^2\Big)^{1/2}\leqslant M$, 则 $u\in H^{s,k}$, 且

$\|u\|_{H^{s,k}} \leqslant CM$.

证明 我们不妨就 $k=1$ 的情形证明,对 $k>1$ 的情形,可以类推. 若 $u\in H^{s,1}(\{x_1=0\})$,则 $u=\sum_{j=-1}^{\infty} u_j$, 其中

$$u_j = F^{-1}(\varphi(2^{-j}\xi)\hat{u}(\xi)),\ j\geqslant 0;\ u_{-1}=F^{-1}(\psi(\xi)\hat{u}(\xi)).$$

由于 $u_{-1}\in \mathscr{S}(\mathbb{R}^n)$, 故只需考察切于 $x_1=0$ 的 C^∞ 向量场 $x_1\partial_{x_1}$, $\partial_{x_2},\cdots,\partial_{x_n}$ 对 $u_j(j\geqslant 0)$ 的作用. 显然,当 $l\geqslant 2$ 时,

$$\begin{aligned}\partial_{x_l}u_j &= F^{-1}(i\xi_l\varphi(2^{-j}\xi)\hat{u}(\xi))\\ &= F^{-1}(\varphi(2^{-j}\xi)(\partial_{x_l}u)^\frown(\xi)) = (\partial_{x_l}u)_j,\end{aligned} \tag{3.17}$$

而

$$\begin{aligned}x_1\partial_{x_1}u_j &= x_1(\partial_{x_1}u)_j = F^{-1}(i\partial_{\xi_1}\varphi(2^{-j}\xi)(\partial_{x_1}u)^\frown(\xi))\\ &= i2^{-j}F^{-1}(\varphi_{\xi_1}(2^{-j}\xi)(\partial_{x_1}u)^\frown(\xi))+F^{-1}(\varphi(2^{-j}\xi)(x_1\partial_{x_1}u)^\frown(\xi))\\ &= i2^{-j}F^{-1}(\varphi_{\xi_1}(2^{-j}\xi)(\partial_{x_1}u)^\frown(\xi)) + (x_1\partial_{x_1}u)_j.\end{aligned} \tag{3.18}$$

由于 $u\in H^{s,1}$, 故 $x_1\partial_{x_1}u\in H^s$, $\partial_{x_1}u\in H^{s-1}$, 所以 $\|(x_1\partial_{x_1}u)_j\|_0\leqslant c_j'2^{-js}$, 又注意到 $\varphi_{\xi_1}(2^{-j}\xi)$ 的支集也在 $\boldsymbol{C}_j$ 中,故由定理 1.3 知

$$\|F^{-1}(\varphi_{\xi_1}(2^{-j}\xi)(\partial_{x_1}u)^\frown(\xi))\|\leqslant c_j''2^{-j(s-1)}.$$

以上 $\{c_j'\}$, $\{c_j''\}$ 均属于 l^2, 其 l^2 模为 $\|u\|_{H^{s,1}}$ 所控制, 结合(3.17),(3.18)式即得

$$\|u_j\|^{(1)}\leqslant c_j2^{-js},\ \sum_{j=-1}^{\infty}(c_j^2)^{1/2}\leqslant C\|u\|_{H^{s,1}}.$$

反之,对定理假设中的 u,因为(3.15)成立, 且 $\left(\sum_{j=-1}^{\infty}c_j^2\right)^{1/2}\leqslant M$,则由定理 1.3 知 $u\in H^s$, 再由(3.17),(3.18)知

$$(\partial_{x_l}u)_j = \partial_{x_l}u_j,$$

$$(x_1\partial_{x_1}u)_j = x_1\partial_{x_1}u_j + i2^{-j}F^{-1}(\varphi_{\xi_1}(2^{-j}\xi)(\partial_{x_1}u)^\frown(\xi)),$$

故得 $\partial_{x_l}u\in H^s$, $x_1\partial_{x_1}u\in H^s$, 此即 $u\in H^{s,1}$. 证毕.

定理 3.4 若 $u\in C^{\rho,k}(\{x_1=0\})$, 则存在正常数 C,使

$$|u_j|^{(k)}\leqslant C2^{-j\rho}\|u\|_{C^{\rho,k}},\ j=-1,0,1,\cdots$$

又若 u 可写成 Σu_j, 其中每个 u_j 的谱含于 $\boldsymbol{B}_j=\{\xi;|\xi|\leqslant\kappa 2^j\}$ 中,且存在常数 M,使 $|u_j|^{(k)}\leqslant 2^{-j\rho}M$ 对 $j\geqslant -1$ 成立,则有 $u\in$

$C^{\rho,k}$，且 $\|u\|_{C^{\rho,k}}\leqslant CM$.

此定理的证明方法同上，此处从略.

利用环形分解还可以直接定义与研究其他各种函数空间. 例如 Triebel-Lizorkin 空间 $F^s_{p,q}$，各向异性的 Besov 空间 $B^{M,S}_{p,q}$ 等等，有兴趣的读者可参阅 [Tri1].

§ 4. 环形分解的部分和

设 $u\in\mathscr{S}'(\mathbb{R}^n)$，它的环形分解为 $\sum\limits_{j=-1}^{\infty}u_j$，记

$$S_ku=\sum_{j=-1}^{k-1}u_j \tag{4.1}$$

为此级数的部分和，则 $S_ku\in\mathscr{S}(\mathbb{R}^n)$，且当 u 属于 H^s 或 C^ρ 时，按定理 1.3 及 2.2，它们分别在 H^s 或 C^ρ 的意义下有

$$\lim_{k\to\infty}S_ku=u. \tag{4.2}$$

这样，我们也可将 S_ku 视为对非光滑函数 u 的一个光滑逼近，称为关于 u 的 k 阶环形分解逼近. 这种逼近正是整个仿微分运算的基础，因此我们在本节中对部分和作进一步的考察.

引理 4.1 设 $u\in L^\infty(\mathbb{R}^n)$，则存在与 k 无关的常数 $C>0$，使

$$\|S_ku\|_{L^\infty}\leqslant C\|u\|_{L^\infty}; \tag{4.3}$$

若 $u\in C^{\rho'}(\mathbb{R}^n)$，$\rho>\rho'$，则

$$\|S_ku\|_{C^\rho}\leqslant C2^{(\rho-\rho')k}\|u\|_{C^{\rho'}}; \tag{4.4}$$

若 $u\in H^t(\mathbb{R}^n)$，$s\geqslant t$，则

$$\|S_ku\|_s\leqslant C2^{(s-t)k}\|u\|_t. \tag{4.5}$$

证明 由 S_ku 的定义及定理1.1之(3)，我们有

$$S_ku(x)=\int e^{ix\xi}\phi(2^{-k}\xi)\hat{u}(\xi)d\xi=\int\check{\phi}(y)u(x-2^{-k}y)dy.$$

当 $u\in L^\infty(\mathbb{R}^n)$ 时，

$$|S_ku(x)|\leqslant\int|\check{\phi}(y)||u(x-2^{-k}y)|dy\leqslant C\|u\|_{L^\infty},$$

可见(4.3)成立.

当 $u\in C^{\rho'}(\mathbf{R}^n)$ 时,

$$\|S_k u\|_{C^\rho}=\sup_j(2^{j\rho}\|(S_k u)_j\|_{L^\infty})\leqslant C\sup_{j\leqslant k+N}(2^{j\rho}\|u_j\|_{L^\infty})$$
$$\leqslant C2^{k(\rho-\rho')}\sup_{j\leqslant k+N}(2^{j\rho'}\|u_j\|_{L^\infty})=C2^{k(\rho-\rho')}\|u\|_{C^{\rho'}}.$$

又当 $u\in H^t(\mathbf{R}^n)$ 时,

$$\|S_k u\|_s^2=\int\langle\xi\rangle^{2s}|\psi(2^{-k}\xi)\hat{u}(\xi)|^2d\xi$$
$$\leqslant C2^{2(s-t)k}\int\langle\xi\rangle^{2t}|\psi(2^{-k}\xi)\hat{u}(\xi)|^2d\xi$$
$$\leqslant C2^{2(s-t)k}\|u\|_t^2,$$

两边开方即得(4.5)式. 证毕.

引理 4.2 若 $u\in H^s$, 且 $s>0$, 则

$$\|S_k u-u\|_0\leqslant C\cdot 2^{-ks}\|u\|_s. \tag{4.6}$$

又若 $u\in C^\rho$, 且 $\rho>0$, 则

$$\|S_k u-u\|_{L^\infty}\leqslant C\cdot 2^{-k\rho}\|u\|_{C^\rho}. \tag{4.7}$$

证明 作出 u 的环形分解 $u=\sum_{j=-1}^{\infty}u_j$, $u\in H^s$时,由定理1.2 知

$$\|S_k u-u\|_0^2\leqslant\sum_{j=k}^{\infty}\|u_j\|_0^2\leqslant\sum_{j=k}^{\infty}2^{-2js}c_j^2$$
$$\leqslant 2^{-2ks}\sum_{j=k}^{\infty}c_j^2\leqslant C\cdot 2^{-2ks}\|u\|_s^2.$$

又当 $u\in C^\rho$ 时,由定理 2.1 知

$$\|S_k u-u\|_{L^\infty}\leqslant\sum_{j=k}^{\infty}\|u_j\|_{L^\infty}\leqslant\sum_{j=k}^{\infty}C\cdot 2^{-j\rho}\|u\|_{C^\rho}$$
$$\leqslant 2C2^{-k\rho}\|u\|_{C^\rho}.$$

故得引理.

以下我们要介绍三个逼近定理, 在这些定理中将分别对算子 S_k 与复合算子或迹算子的换位算子作出估计,也就是对于以不同方式应用算子 S_k 所导出的逼近之间的差作出估计,它们在今后的

讨论中是十分有用的.

在下面的讨论中均设 $\chi: \mathbf{R}^n \to \mathbf{R}^N$ 是一个连续映射： $y \longmapsto x$.

定理 4.1 设 $\chi: \mathbf{R}^n \to \mathbf{R}^N$ 是 C^ρ 映射，$\rho > 0$（当 ρ 取正整数时 χ 为 ρ 阶连续可微映射），$u(x) \in C^\infty(\mathbf{R}^N)$，其各阶导数有界，则 $u\circ\chi \in C^\rho(\mathbf{R}^n)$，且对任意重指标 α 有

$$\|\partial_y^\alpha[S_k(u\circ\chi) - u\circ(S_k\chi)]\|_{L^\infty} \leqslant C_\alpha 2^{k(|\alpha|-\rho)}. \tag{4.8}$$

证明 显然 $u\circ\chi \in C^\rho$. 当 $|\alpha| = 0$ 时,

$$S_k(u\circ\chi) - u\circ(S_k\chi) = (S_k(u\circ\chi) - u\circ\chi) + (u\circ\chi - u\circ(S_k\chi)), \tag{4.9}$$

故由(4.7)式知

$$\|S_k(u\circ\chi) - u\circ\chi\|_{L^\infty} \leqslant C\cdot 2^{-k\rho},$$

$$\|u\circ\chi - u\circ(S_k\chi)\|_{L^\infty} \leqslant \|Du\|_{L^\infty}\|\chi - S_k\chi\|_{L^\infty} \leqslant C\cdot 2^{-k\rho},$$

从而得知(4.8)在 $|\alpha| = 0$ 时成立.

当 $|\alpha| > \rho$ 时,

$$\|\partial_y^\alpha[S_k(u\circ\chi)]\|_{L^\infty} \leqslant \sum_{j=-1}^{k-1} \|\partial_y^\alpha(u\circ\chi)_j\|_{L^\infty} \leqslant \sum_{j=-1}^{k-1} C2^{(|\alpha|-\rho)j} \leqslant C2^{(|\alpha|-\rho)k},$$

$$\partial_y^\alpha[u\circ(S_k\chi)] = \sum_{\substack{\alpha_1+\cdots+\alpha_q=\alpha \\ |\alpha|\geqslant q\geqslant 1}} C_{\alpha_1\cdots\alpha_q}[u^{(q)}\circ(S_k\chi)](\partial^{\alpha_1}S_k\chi)\cdots(\partial^{\alpha_q}S_k\chi), \tag{4.10}$$

此时对各个 α_l 可能出现三种情形：$|\alpha_l| < \rho$, $|\alpha_l| > \rho$ 及 $|\alpha_l| = \rho$. 由于

$$\|\partial^{\alpha_l}S_k\chi\|_{L^\infty} \leqslant \begin{cases} C, & 若 |\alpha_l| < \rho, \\ C\cdot 2^{k(|\alpha_l|-\rho)}, & 若 |\alpha_l| > \rho, \\ \sum\limits_{j=-1}^{k-1}\|(\partial^{\alpha_l}\chi)_j\| \leqslant C_k, & 若 \rho 为整数且 |\alpha_l| = \rho, \end{cases} \tag{4.11}$$

又可以导出一个统一的不等式

$$\|\partial^{\alpha_l} S_k \chi\|_{L^\infty} \leqslant C \cdot 2^{k|\alpha_l|(1-\frac{\rho}{|\alpha_l|})}, \quad |\alpha_l| \neq 0. \tag{4.12}$$

再注意到

$$\|u^{(q)}\circ(S_k\chi)\|_{L^\infty} \leqslant C,$$

即容易得到

$$\|\partial_y^\alpha[u\circ(S_k\chi)]\|_{L^\infty} \leqslant C 2^{k(|\alpha|-\rho)},$$

故(4.8)在$|\alpha| > \rho$ 时也成立.

当 $0 < |\alpha| < [\rho]$ 时,可以用 Gagliardo-Nirenberg 插值不等式(见[Ad1]). 例如我们取 $\alpha' > \alpha$,且$|\alpha'| = l$为不小于$\rho + 1$的整数,则有

$$\begin{aligned}
&\|\partial_y^\alpha[S_k(u\circ\chi) - u\circ(S_k\chi)]\|_{L^\infty} \\
&\leqslant C'\|\partial_y^{\alpha'}[S_k(u\circ\chi) - u\circ(S_k\chi)]\|_{L^\infty}^{\frac{|\alpha|}{l}} \\
&\quad \cdot \|S_k(u\circ\chi) - u\circ(S_k\chi)\|_{L^\infty}^{1-\frac{|\alpha|}{l}} \\
&\leqslant C 2^{k(l-\rho)\frac{|\alpha|}{l}} 2^{-k\rho(1-\frac{|\alpha|}{l})} = C 2^{k(|\alpha|-\rho)}.
\end{aligned}$$

证毕.

当 $u(x)$ 不是 C^∞ 函数时,定理 4.1 的结论与证明需作适当的修改,此时有

定理 4.2 设 $u\in C^\sigma(\mathbf{R}^N)$, $\sigma > 0$, χ: $\mathbf{R}^n \to \mathbf{R}^N$ 是 $C^{\rho+1}$ 映射,$\rho > 0$ (当 ρ 取正整数时,χ 为 $\rho + 1$ 阶连续可微映射),则对任意重指标 α, 有

$$\|\partial_y^\alpha[S_k(u\circ\chi) - (S_k u)\circ(S_k\chi)]\|_{L^\infty} \leqslant C_\alpha 2^{k(|\alpha|-\varepsilon)}, \tag{4.13}$$

其中 $\varepsilon = \min(\rho + 1, \sigma)$.

证明 由于 $\rho + 1 > 1$, 故易得 $u\circ\chi\in C^\varepsilon$, 与定理 4.1 相比较,由于 u 只是 C^σ 函数,所以 $\partial_y^\alpha(u\circ S_k\chi)$ 在$|\alpha| > \sigma$ 时就无意义,因此(4.8)必须改成(4.13)的形式. 以下利用定理 4.1 的方法来证明(4.13)式,且仅在二者不同之处给出适当的补充.

对于$|\alpha| = 0$ 的情形,写出

$$S_k(u\circ\chi) - (S_k u)\circ(S_k\chi)$$

$$= (S_k(u\circ\phi) - u\circ\chi) + (u - S_k u)\circ\chi$$

$$+ ((S_k u)\circ\chi - (S_k u)\circ(S_k\chi)), \qquad (4.14)$$

与(4.9)式相比较可知，只须估计右端第三项

$$(S_k u)\circ\chi - (S_k u)\circ(S_k\chi),$$

但是

$$\|(S_k u)\circ\chi - (S_k u)\circ(S_k\chi)\|_{L_y^\infty} \leqslant \|\nabla(S_k u)\|_{L_x^\infty}\cdot\|\chi - S_k\chi\|_{L_y^\infty},$$

仿照估计式(4.11)，我们有

$$\|\nabla(S_k u)\|_{L_x^\infty} \leqslant \begin{cases} C, & \sigma > 1, \\ C2^{k(1-\sigma)}, & \sigma < 1, \\ Ck, & \sigma = 1. \end{cases}$$

又有$\|\chi - S_k\chi\|_{L_y^\infty} \leqslant C2^{-k(\rho+1)}$，故得

$$\|(S_k u)\circ\chi - (S_k u)\circ(S_k\chi)\|_{L_y^\infty} \leqslant C2^{-k\varepsilon}, \qquad (4.15)$$

从而(4.13)在$|\alpha| = 0$时成立.

对于$|\alpha| > \rho + 1$的情形，也可分别估计$\|\partial_y^\alpha(S_k(u\circ\chi))\|_{L_\infty}$与$\|\partial_y^\alpha[(S_k u)\circ(S_k\chi)]\|_{L_\infty}$，前一项在定理4.1中已估计过，对于后一项，可写出与(4.10)相类似的展开式

$$\partial_y^\alpha[(S_k u)\circ(S_k\chi)]$$

$$= \sum_{\substack{\alpha_1+\alpha_2+\cdots+\alpha_n=\alpha \\ |\alpha|\geqslant|q|\geqslant 1}} C_{\alpha_1\cdots\alpha_q}[(S_k u)^{(q)}\circ(S_k\chi)](\partial^{\alpha_1}S_k\chi)\cdots(\partial^{\alpha_q}S_k\chi), \qquad (4.16)$$

且有

$$\|(S_k u)^{(q)}\circ(S_k\chi)\|_{L_y^\infty} \leqslant \|(S_k u)^{(q)}\|_{L_x^\infty}$$

$$\leqslant \begin{cases} C2^{k(|q|-\sigma)}, & |q| > \sigma, \\ C, & |q| < \sigma, \\ Ck, & |q| = \sigma, \end{cases} \qquad (4.17)$$

$$\|\partial^{\alpha_l}S_k\chi\|_{L_\infty} \leqslant \begin{cases} C, & 若|\alpha_l| < \rho+1, \\ Ck, & 若|\alpha_l| = \rho+1, \\ C2^{k(|\alpha_l|-\rho-1)}, & 若|\alpha_l| > \rho+1. \end{cases} \qquad (4.18)$$

由(4.18)式可导出一个统一的不等式

$$\|\partial^{\alpha_l}S_{kl}\chi\|_{L^\infty}\leqslant C2^{k(|\alpha_l|-1)(1-\frac{\rho}{|\alpha|-1})}. \tag{4.19}$$

于是,记 $[(S_ku)^{(q)}\circ(S_k\chi)](\partial^{\alpha_1}S_k\chi)\cdots(\partial^{\alpha_q}S_k\chi)$ 为 $f_{\alpha_1\cdots\alpha_q}$. 在$|q|>\sigma$ 时,

$$\begin{aligned}\|f_{\alpha_1\cdots\alpha_q}\|_{L^\infty}&\leqslant C2^{k(|q|-\sigma)+\sum\limits_l k(|\alpha_l|-1)(1-\frac{\rho}{|\alpha|-1})}\\&\leqslant C2^{k(|q|-\sigma)+k(|\alpha|-|q|)}\leqslant C2^{k(|\alpha|-\varepsilon)}.\end{aligned}$$

在$|q|<\sigma$ 时,

$$\begin{aligned}\|f_{\alpha_1\cdots\alpha_q}\|_{L^\infty}&\leqslant C2^{\sum\limits_l k(|\alpha_l|-1)(1-\frac{\rho}{|\alpha|-1})}\\&\leqslant C2^{k(|\alpha|-|q|)(1-\frac{\rho}{|\alpha|-1})}\\&\leqslant C2^{k(|\alpha|-1)(1-\frac{\rho}{|\alpha|-1})}\leqslant C2^{k(|\alpha|-\varepsilon)}.\end{aligned}$$

在$|q|=\sigma$ 时,若 $\sigma>1$,则

$$\begin{aligned}\|f_{\alpha_1\cdots\alpha_q}\|_{L^\infty}&\leqslant Ck\cdot 2^{k(|\alpha|-|q|)(1-\frac{\rho}{|\alpha|-1})}\\&\leqslant Ck\cdot 2^{k(|\alpha|-1)(1-\frac{\rho}{|\alpha|-1})}\cdot 2^{-k(\sigma-1)(1-\frac{\rho}{|\alpha|-1})}\\&\leqslant C2^{k(|\alpha|-\varepsilon)}.\end{aligned}$$

而若 $\sigma=1$,则 $f_{\alpha_1\cdots\alpha_q}=f_{\alpha_1}=[(DS_ku)\circ(S_k\chi)]\cdot(\partial^{\alpha_1}S_k\chi)$,且 $\varepsilon=\sigma=1$,故

$$\begin{aligned}\|f_{\alpha_1\cdots\alpha_q}\|_{L^\infty}&\leqslant Ck\cdot 2^{k(|\alpha_1|-\rho-1)}\\&\leqslant Ck\cdot 2^{k(|\alpha|-\varepsilon)}\cdot 2^{-k\rho}\leqslant C2^{k(|\alpha|-\varepsilon)}.\end{aligned}$$

由 $f_{\alpha_1\cdots\alpha_q}$ 的估计式及(4.16)式即知(4.13)式对$|\alpha|>\rho+1$ 成立. 再如定理 4.1 那样,利用插值公式,可知(4.13)对任意 $\alpha\in\mathbf{N}$ 成立.

下面给出函数在超平面上的迹的环形分解部分和的一个性质.

定理 4.3 设 $u\in C^\rho(\mathbf{R}^n)$, $\rho>0$, $\rho\notin\mathbf{N}$, 且 $u(x)$ 有紧支集, 则

$$\|(S_ku)|_{x_1=0}-S_k(u|_{x_1=0})\|_{L^\infty}\leqslant C2^{-k\rho}. \tag{4.20}$$

证明 记 $x=(x_1,x_2,\cdots,x_n)=(x_1,x')$, 它的对偶变量为 $\xi=(\xi_1,\xi_2,\cdots,\xi_n)=(\xi_1,\xi')$. 又记 $\phi(\xi)$ 是定理 1.1 中所示的函数,用 $\tilde{\phi}(y_1,\xi')$ 表示 $\phi(\xi_1,\xi')$ 关于 ξ_1 的部分 Fourier 逆

变换. u 关于 x' 的部分 Fourier 变换记为 $\hat{u}'(y_1, \xi')$.

于是 $\widehat{S_k u}(\xi) = \phi(2^{-k}\xi)\hat{u}(\xi)$, 且 $(S_k u|_{x_1=0})^{\wedge}(\xi')$ 是 $\widehat{S_k u}$ 关于 ξ_1 的部分 Fourier 逆变换在 $x_1 = 0$ 之值. 从而

$$((S_k u)|_{x_1=0})^{\wedge}(\xi') = \left\{\int 2^k \tilde{\Phi}(2^k(x_1 - y_1), 2^{-k}\xi')\hat{u}'(y_1, \xi')dy_1\right\}_{x_1=0}$$

$$= \int 2^k \tilde{\Phi}(-2^k y_1, 2^{-k}\xi')\hat{u}'(y_1, \xi')dy_1.$$

记 $\tilde{r}'(y_1, \xi') = \hat{u}'(y_1, \xi') - \hat{u}'(0, \xi') - \sum_{j=1}^{[\rho]} \frac{1}{j!} y_1^j \partial_{y_1}^j \hat{u}'(0, \xi')$. 注意到

$$\int y_1^j 2^k \tilde{\Phi}(-2^k y_1, 2^{-k}\xi')dy_1 = 2^{-jk} i^j \partial_{\xi_1}^j \phi(0, 2^{-k}\xi')$$

及

$$(S_k(u|_{x_1=0}))^{\wedge}(\xi') = \phi(0, 2^{-k}\xi')\hat{u}'(0, \xi'),$$

所以

$$((S_k u)|_{x_1=0})^{\wedge}(\xi') - (S_k(u|_{x_1=0}))^{\wedge}(\xi')$$

$$= \int 2^k \tilde{\Phi}(-2^k y_1, 2^{-k}\xi')\tilde{r}'(y_1, \xi')dy_1$$

$$+ \sum_{j=1}^{[\rho]} \frac{1}{j!} 2^{-jk} i^j \partial_{\xi_1}^j \phi(0, 2^{-k}\xi')\partial_{y_1}^j \hat{u}'(0, \xi')$$

$$= \mathrm{I}_1 + \mathrm{I}_2.$$

为得估计式(4.20), 只要证明 I_1 及 I_2 关于 ξ' 的 Fourier 逆变换的 L^∞ 模也满足同样的估计就可以了.

先讨论 I_2, 由于 $\partial_{\xi_1}^j \phi(\xi)$, $j \geqslant 1$, 的支集在环体 $\{\xi; \kappa^{-1} \leqslant |\xi| \leqslant 1\}$ 内, 故 $\partial_{\xi_1}^j \phi(0, \xi')$ 的支集在环体 $\{\xi'; \kappa^{-1} \leqslant |\xi'| \leqslant 1\}$ 内, 因此在 I_2 中通项所作的 Fourier 逆变换 $\int e^{ix'\xi'}\partial_{\xi_1}^j \phi(0, 2^{-k}\xi')\partial_{y_1}^j \hat{u}'(0, \xi')d\xi'$ 恰如 $\partial_{y_1}^j u(0, x')$ 的环形分解中的第 k 个函数, 由此容易推知它的 L^∞ 模由 $C' 2^{-k(\rho-j)}$ 控制. 从而

$$\left\|\int e^{ix'\xi'}\mathrm{I}_2(\xi')d\xi'\right\|_{L^\infty} \leqslant C \cdot 2^{-k\rho}.$$

对于 I_1，有

$$\int e^{ix'\xi'} I_1(\xi')d\xi'$$

$$= \int e^{ix'\xi'}\left[\int 2^k\tilde{\Phi}(-2^k y_1, 2^{-k}\xi')\tilde{r}'(y_1, \xi')dy_1\right]d\xi'$$

$$= \int 2^{kn}[\phi'(-2^k y_1, 2^k x') * r'(y_1, x')]dy_1.$$

上式中卷积是关于变量 x' 进行的，且 ϕ' 及 r' 分别表示 $\tilde{\Phi}$ 及 $\tilde{r}'$ 关于 ξ' 的 Fourier 逆变换，所以 ϕ' 就是 $\phi(\xi)$ 的 Fourier 逆变换.

先估计 $r'(y_1, x')$ 关于 x' 的 L^∞ 模. 因为

$$r'(y_1, x') = u(y_1, x') - u(0, x') - \sum_{j=1}^{[\rho]}\frac{1}{j!}y_1^j\partial_{y_1}^j u(0, x')$$

$$= \frac{1}{[\rho]!}y_1^{[\rho]}[\partial_{y_1}^{[\rho]}u(y_1^*, x') - \partial_{y_1}^{[\rho]}u(0, x')],$$

其中 $y_1^* = (1-\theta)y_1$，$0 < \theta < 1$，所以

$$\|r'(y_1, x')\|_{L^\infty(\mathbf{R}_{x'}^{n-1})} \leqslant C'|y_1|^{[\rho]}\|\partial_{y_1}^{[\rho]}u(y_1^*, x') - \partial_{y_1}^{[\rho]}u(0, x')\|_{L^\infty(\mathbf{R}_{x'}^{n-1})}$$

$$\leqslant C''|y_1|^\rho \cdot \|u\|_{C^\rho},$$

此处 C'' 与 y_1 无关. 于是

$$\left\|\int e^{i\langle x', \xi'\rangle} I_1(\xi')d\xi'\right\|_{L^\infty}$$

$$= \left\|\int [2^{k(n-1)}\phi'(-z_1, 2^k x') * r'(2^{-k}z_1, x')]dz_1\right\|_{L^\infty}$$

$$\leqslant \int \left\|2^{k(n-1)}\phi'(-z_1, 2^k x')\right\|_{L^1(\mathbf{R}_{x'}^{n-1})} \cdot \left\|r'(2^{-k}z_1, x')\right\|_{L^\infty(\mathbf{R}_{x'}^{n-1})}dz_1$$

$$\leqslant C''2^{-k\rho}\|u\|_{C^\rho}\int\left[\int |2^{k(n-1)}\phi'(-z_1, 2^k x')|dx'\right] \cdot |z_1|^\rho dz_1$$

$$= C''2^{-k\rho}\|u\|_{C^\rho}\int\left[\int|\phi'(-z_1, z')|dz'\right] \cdot |z_1|^\rho dz_1$$

$$\leqslant C2^{-k\rho}.$$

由此对 I_1 之 Fourier 逆变换也有所需的估计. 证毕.

第二章 拟微分算子

在本书序言中已指出，仿微分算子恰是一类具特定象征的拟微分算子．事实上，无论在思想方法上，还是在具体内容上，仿微分算子理论都是拟微分算子理论的自然发展，二者之间存在着相当密切的联系．在阐述仿积与仿微分算子理论的后几章中，与拟微分算子有关理论的相似之点随处可见．为了使读者能自然地接受仿微分算子的思想方法及其与拟微分算子的联系，方便读者阅读和理解以后各章的内容，本章专门介绍拟微分算子的有关理论．

§1. 象征、振幅和拟微分算子

设 $\Omega\subset\mathbf{R}^n$ 为一开区域，$u(x)\in C_c^\infty(\Omega)$．在 Fourier 逆变换公式

$$u(x)=\int e^{ix\xi}\hat{u}(\xi)\,d\!\!{}^-\xi \tag{1.1}$$

中关于 x 进行微分，可以得到

$$D^\alpha u(x)=\int e^{ix\xi}\xi^\alpha\hat{u}(\xi)\,d\!\!{}^-\xi. \tag{1.2}$$

因而，对于任一线性微分算子 $p(x,D)=\sum\limits_{|\alpha|\leqslant m}a_\alpha(x)D^\alpha$，若记

$$p(x,\xi)=\sum_{|\alpha|\leqslant m}a_\alpha(x)\xi^\alpha,$$

则由(1.2)有

$$p(x,D)u(x)=\int e^{ix\xi}p(x,\xi)\hat{u}(\xi)\,d\!\!{}^-\xi. \tag{1.3}$$

我们称 $p(x,\xi)$ 为微分算子 $p(x,D)$ 的象征．显然，$p(x,\xi)$ 关于 ξ 是一个多项式，由它可以确定相应的微分算子．

1.1 象征

我们从(1.3)出发定义拟微分算子,但其中的象征 $p(x, \xi)$ 将不再限于是 ξ 的多项式,而容许它满足更一般的条件.

定义 1.1 设 $0 \leqslant \delta, \rho \leqslant 1, m \in \mathbb{R}$. 若函数 $a(x, \xi) \in C^{\infty}(\Omega \times \mathbb{R}^n)$ 且对所有重指标 α, β 和任何紧集 $K \subset \Omega$,都存在常数 $C_{\alpha\beta K}$, 使估计式

$$|a_{(\beta)}^{(\alpha)}(x, \xi)| \leqslant C_{\alpha\beta K}\langle\xi\rangle^{m-\rho|\alpha|+\delta|\beta|} \tag{1.4}$$

成立,其中 $a_{(\beta)}^{(\alpha)}(x, \xi) = \partial_x^\beta \partial_\xi^\alpha a(x, \xi)$,则称 $a(x, \xi)$ 为 m 阶、(ρ, δ) 型的象征,并记为 $a(x, \xi) \in S_{\rho,\delta}^m(\Omega \times \mathbb{R}^n)$. 我们定义使(1.4)成立的最小常数 $C_{\alpha\beta K}$ 为 $a \in S_{\rho,\delta}^m(\Omega \times \mathbb{R}^n)$ 的对应于 α, β, K 的半模,易知 $S_{\rho,\delta}^m(\Omega \times \mathbb{R}^n)$ 为 Fréchet 空间.

为简单计, 以后我们将 $S_{\rho,\delta}^m(\Omega \times \mathbb{R}^n)$ 简记为 $S_{\rho,\delta}^m(\Omega)$; 当 $\rho = 1, \delta = 0$ 时,将 $S_{1,0}^m(\Omega)$ 记为 $S^m(\Omega)$. 此外,还定义

$$S^{-\infty}(\Omega) = \bigcap_m S_{\rho,\delta}^m(\Omega).$$

按定义,容易验证:

(1) 若 $a \in S_{\rho,\delta}^m(\Omega)$,则对任何 α, β,均有 $a_{(\beta)}^{(\alpha)} \in S_{\rho,\delta}^{m-\rho|\alpha|+\delta|\beta|}(\Omega)$;

(2) 若 $m_1 \leqslant m_2, \rho_1 \geqslant \rho_2, \delta_1 \leqslant \delta_2$,则 $S_{\rho_1,\delta_1}^{m_1}(\Omega) \subset S_{\rho_2,\delta_2}^{m_2}(\Omega)$;

(3) $\langle\xi\rangle^m \in S^m(\Omega)$;

(4) 若 $a \in S_{\rho_1,\delta_1}^{m_1}(\Omega)$, $b \in S_{\rho_2,\delta_2}^{m_2}(\Omega)$, 则 $ab \in S_{\rho,\delta}^{m_1+m_2}(\Omega)$, 其中 $\rho = \min\{\rho_1, \rho_2\}$, $\delta = \max\{\delta_1, \delta_2\}$;

(5) 若 $a \in S_{\rho,\delta}^m(\Omega)$, $\operatorname{supp}_\xi a(x,\xi)$ 为一紧集,则 $a \in S^{-\infty}(\Omega)$.

1.2 拟微分算子

定义 1.2 设 $a(x, \xi) \in S_{\rho,\delta}^m(\Omega)$. 对任何 $u \in C_c^\infty(\Omega)$, 定义

$$\begin{aligned} a(x, D)u(x) &= \int e^{ix\xi} a(x, \xi)\hat{u}(\xi) đ\xi \\ &= \iint e^{i(x-y)\xi} a(x, \xi)u(y)dy đ\xi, \end{aligned} \tag{1.5}$$

并且称之为m阶、$(\rho,\ \delta)$型的拟微分算子，记为 $a(x,D)\in \mathrm{Op}(S^m_{\rho,\delta}(\Omega))$. $a(x,\ \xi)$ 称为是拟微分算子 $a(x,D)$ 的象征.

显然,由(1.3)所给出的线性微分算子 $p(x,D)$ 的系数 $a_\alpha(x)\in C^\infty(\Omega)$ 时, $p(x,\ D)\in \mathrm{Op}(S^m(\Omega))$. 可见这样定义的拟微分算子确实是微分算子的一种推广.

定理 1.1 若 $a(x,\ \xi)\in S^m_{\rho,\delta}(\Omega)$, 则由(1.5)所定义的拟微分算子 $a(x,\ D)$ 是 $C^\infty_c(\Omega)\to C^\infty(\Omega)$ 连续的.

证明从略.

1.3 振幅及相应的拟微分算子

在下一节讨论拟微分算子的运算时，还要用到一种更一般的拟微分算子

$$a(x,\ y,\ D)u(x)=\iint e^{i(x-y)\xi}a(x,\ y,\ \xi)u(y)dy\,đ\xi, \quad (1.6)$$

上式右端的积分可按振荡积分(例如参见［QC1］)来理解，其中 $a(x,\ y,\ \xi)$ 称为拟微分算子 $a(x,\ y,\ D)$ 的振幅. 显然，若振幅 $a(x,\ y,\ \xi)$ 与 y 无关,它就是定义 1.2 中的象征.

定义 1.3 设 $0\leqslant\delta_1,\ \delta_2,\ \rho\leqslant 1$, 而 $m\in\mathbf{R}$. 若 $a(x,y,\xi)\in C^\infty(\Omega\times\Omega\times\mathbf{R}^n)$ 且对所有重指标 $\alpha,\ \beta,\ \gamma$ 和任何紧集 $K\subset\Omega\times\Omega$,都存在常数 $C_{\alpha\beta\gamma K}$, 使得

$$|\partial_x^\beta\partial_y^\gamma\partial_\xi^\alpha a(x,\ y,\ \xi)|\leqslant C_{\alpha\beta\gamma K}\langle\xi\rangle^{m-\rho|\alpha|+\delta_1|\beta|+\delta_2|\gamma|}, \quad (1.7)$$

则记 $a(x,\ y,\ \xi)\in S^m_{\rho,\delta_1,\delta_2}(\Omega)$.

此外,我们还定义

$$S^{-\infty}(\Omega)=\bigcap_m S^m_{\rho,\delta_1,\delta_2}(\Omega).$$

定理 1.1′ 若 $a(x,\ y,\ \xi)\in S^m_{\rho,\delta_1,\delta_2}(\Omega)$, $\delta_2<1$, 则(1.6)所定义的拟微分算子 $a(x,\ y,\ D)$ 是 $C^\infty_c(\Omega)\to C^\infty(\Omega)$ 连续的.

证明从略. 此外,对于 $\mathrm{Op}(S^{-\infty})$ 类的拟微分算子，我们有

定理 1.2 若 $a(x,\ y,\ \xi)\in S^{-\infty}(\Omega)$,则对任何实数 s 和 s', 相应的拟微分算子 $a(x,\ y,\ D)$ 都是 $H^s_{\mathrm{comp}}\to H^{s'}_{\mathrm{loc}}$ 连续的.

证明 对任何 $u\in C_c^\infty(\Omega)$ 和 $\varphi\in C_c^\infty(\Omega)$，记 $\operatorname{supp} u=K'$，$\operatorname{supp}\varphi=K$. 因 $a\in S^{-\infty}(\Omega)$，故积分

$$\varphi(x)a(x,y,D)u(x)=\iint e^{i(x-y)\xi}\varphi(x)a(x,y,\xi)u(y)dy\,đ\xi \quad (1.8)$$

绝对收敛. 于是对正偶数 $N>n$，我们有

$$|\varphi(x)a(x,y,D)u(x)|=\left|\iint e^{i(x-y)\xi}\varphi(x)a(x,y,\xi)u(y)dy\,đ\xi\right|$$

$$\leqslant\int\langle x-y\rangle^{-N}|u(y)|\left|\int e^{i(x-y)\xi}\varphi(x)\langle D_\xi\rangle^N a(x,y,\xi)đ\xi\right|dy,$$

其中 $\langle D_\xi\rangle^2=1+\sum_{j=1}^n D_{\xi_j}^2$. 注意到 $a(x,y,\xi)\in S^{-\infty}(\Omega)$，便知存在常数 $C_{NKK'}$，使得

$$|\varphi(x)\langle D_\xi\rangle^N a(x,y,\xi)|\leqslant C_{NKK'}\langle\xi\rangle^{-n-1},\quad y\in K'.$$

从而有

$$|\varphi(x)a(x,y,D)u(x)|\leqslant C\int\langle x-y\rangle^{-N}|u(y)|dy$$

$$\leqslant C'\int\langle x-y\rangle^{-N}|u(y)|^2dy.$$

两边平方并关于 x 积分即得

$$\|\varphi(x)a(x,y,D)u(x)\|_0\leqslant C\|u\|_0.$$

由此可见，$a(x,y,D)$ 是 $L^2_{\text{comp}}\to L^2_{\text{loc}}$ 连续的. 在(1.8)中于积分号下取微商并重复上面的论证即可证明，对任意正整数 s'，算子 $a(x,y,D)$ 都是 $H^0_{\text{comp}}\to H^{s'}_{\text{loc}}$ 连续的. 又当 s' 为负整数、s 为正整数时，$H^0\hookrightarrow H^{s'}$，$H^s\hookrightarrow H^0$. 所以，当 s 为非负整数而 s' 为任意整数时，算子 $a(x,y,D)$ 都是 $H^s_{\text{comp}}\to H^{s'}_{\text{loc}}$ 连续的. 从而知当 s 为非负实数而 s' 为任意实数时定理结论成立.

设 s 为负实数. 对于任意 $u\in C_c^\infty(\Omega)$ 和 $v\in C_c^\infty(\Omega)$，记 $\operatorname{supp} u=K''\subset\Omega$. 取函数 $\phi\in C_c^\infty(\Omega)$，$\theta\in C_c^\infty(\Omega)$，使得在 K'' 上有 $\theta(x)\equiv 1$. 于是有

$$\|\phi a(x,y,D)u\|_{s'}=\sup_v\frac{|(a(x,y,D)u,\phi v)|}{\|v\|_{-s'}}$$

$$=\sup_v\frac{|(u,b(x,y,D)(\phi v))|}{\|v\|_{-s'}},\quad (1.9)$$

其中 $b(x, y, D)$ 的振幅 $b(x, y, \xi)=\bar{a}(y, x, \xi)\in S^{-\infty}(\Omega)$. 由前段证明可知,

$$\begin{aligned}|(u, b(x, y, D)(\phi v))| &= |(u, \theta(x)b(x, y, D)(\phi v))|\\ &\leqslant \|u\|_s\|\theta b(x, y, D)(\phi v)\|_{-s}\leqslant C\|u\|_s\|v\|_{-s'}.\end{aligned}\tag{1.10}$$

将(1.10)代入(1.9)即得

$$\|\phi a(x, y, D)u\|_{s'}\leqslant C\|u\|_s.$$

证毕.

由此定理和嵌入定理可知,若 $a(x, y, \xi)\in S^{-\infty}(\Omega)$, 则相应的拟微分算子 $a(x, y, D)$ 是$\mathscr{E}'(\Omega)\to C^\infty(\Omega)$ 连续的. 特别地,具有象征 $a(x, \xi)\in S^{-\infty}$ 的拟微分算子 $a(x, D)$ 是如此. 今后,我们称具有这种性质的算子为**光滑算子**. 当我们应用拟微分算子的理论去研究微分方程或拟微分方程解的光滑性时,相差一个光滑算子对问题没有什么影响. 因此,今后我们将把相差一个光滑算子的两个算子视为同一个算子. 特别是将有一个 $S^{-\infty}$ 误差的两个象征(或振幅)所对应的两个拟微分算子视为同一个算子. 联系到下一节中拟微分算子的象征运算来看,更可认识到这一约定是非常方便的. 而作为拟微分算子的自然发展的仿微分算子,也利用和发展了这一观点.

1.4 拟微分算子的(分布)核

由定理 1.1′ 和 Schwartz 核定理知有 $K\in\mathscr{D}'(\Omega\times\Omega)$, 使得对任何 $u, v\in C_c^\infty(\Omega)$, 有

$$\langle a(x, y, D)u, v\rangle=\langle Ku, v\rangle=\langle K, u\otimes v\rangle.\tag{1.11}$$

按定义

$$\begin{aligned}\langle a(x, y, D)u, v\rangle &= \int v(x)a(x, y, D)u(x)dx\\ &= \iiint e^{i(x-y)\xi}a(x, y, \xi)u(y)v(x)dy\,đ\xi\,dx.\end{aligned}\tag{1.12}$$

对比(1.11)与(1.12)可知,当 $\rho>0$, $\delta_1<1$, $\delta_2<1$ 时,

$$K(x, y)=\int e^{i(x-y)\xi}a(x, y, \xi)đ\xi\tag{1.13}$$

作为振荡积分存在并称之为拟微分算子的(分布)核．特别地，对于(1.5)形的拟微分算子 $a(x, D)$ 相应的核

$$K(x, y) = \int e^{i(x-y)\xi} a(x, \xi) đ\xi \tag{1.13)'$$

还可视为象征 $a(x, \xi)$ 关于变量 ξ 的 Fourier 逆变换．

1.5 象征的渐近展开

作为本节的结束,我们来介绍象征的渐近展开．

定义 1.4 设 $a_j \in S^{m_j}_{\rho,\delta}(\Omega)$, $j = 0,1,\cdots$,且当 $j \to +\infty$ 时有 $m_j \to -\infty$,记 $\mu_k = \max\limits_{j \geq k} m_j$．若有 $a \in S^{\mu_0}_{\rho,\delta}(\Omega)$,使得对每个非负整数 k，都有

$$a - \sum_{j<k} a_j \in S^{\mu_k}_{\rho,\delta}(\Omega), \tag{1.14}$$

则称象征 $a(x,\xi)$ 有渐近展开式 $\sum\limits_{j=0}^{\infty} a_j(x,\xi)$并记为 $a \sim \sum\limits_{j=0}^{\infty} a_j$.

特别当 m_j 单调下降趋于$-\infty$时，$\mu_k = m_k$，$k = 0, 1, \cdots$，这时(1.14)式化为

$$a - \sum_{j<k} a_j \in S^{m_k}_{\rho,\delta}. \tag{1.14)'$$

下面我们来给出关于象征渐近展开的一个存在定理与一个判定定理．

定理 1.3 设 $a_j \in S^{m_j}_{\rho,\delta}(\Omega)$，$j = 0, 1, \cdots$，且当 $j \to +\infty$ 时，$m_j \searrow -\infty$,则存在 $a \in S^{m_0}_{\rho,\delta}(\Omega)$,使得 $a \sim \sum\limits_{j=0}^{\infty} a_j$,并且这样的象征 $a(x, \xi)$ 是模 $S^{-\infty}$ 唯一确定的．

注 容易看出,若在定理 1.3 中将 $\{m_j\}$ 的单调性去掉，则仍有相应的定理成立．

上述证明还告诉我们如何由已知的 $\{a_j\}$ 来构造象征 a，使之以 $\sum a_j$ 为渐近展开式．现在我们要问,如果已知象征 a，如何来判定它以 $\sum a_j$ 为渐近展开式呢？就象证明两个三角形全等不必验证定义中的全部条件一样,现在也只须验证部分条件而且是"弱

化了"的条件.

定理 1.4 设 $a_j \in S^{m_j}_{\rho,\delta}(\Omega)$, $j=0, 1, \cdots$, 且当 $j \to +\infty$ 时 $m_j \searrow -\infty$. 又设 $a \in C^\infty(\Omega \times \mathbf{R}^n)$ 且对所有 α, β 和紧集 $K \subset \Omega$, 都可找到与 α, β, K 有关的常数 C 和 μ, 使得

$$|a^{(\alpha)}_{(\beta)}(x, \xi)| \leqslant C\langle \xi \rangle^\mu. \tag{1.15}$$

如果对任意紧集 $K \subset \Omega$, 存在一串 $\mu_k \to -\infty$, 使得对所有 k, 都有

$$\left| a(x, \xi) - \sum_{j<k} a_j(x, \xi) \right| \leqslant C_{k,K}\langle \xi \rangle^{\mu_k}, \quad x \in K, \tag{1.16}$$

则 $a \in S^{m_0}_{\rho,\delta}(\Omega)$ 且有 $a \sim \sum_{j=0}^\infty a_j$.

这两个定理的证明在关于拟微分算子的许多书中都能找到, 故这里略去.

§2. 拟微分算子的运算

本节中,我们主要讨论拟微分算子的共轭、复合以及自变量变换等各种运算的规律并介绍它们的几个应用.

2.1 恰当支拟微分算子

为了使拟微分算子的共轭与复合运算有确切的含义, 我们先来引入恰当支拟微分算子的概念.

定义 2.1 (1) 分布 $T \in \mathscr{D}'(\Omega \times \Omega)$ 称为**恰当支分布**, 如果对任何紧集 $K \subset \Omega$, 集合

$$\text{supp } T \cap (K \times \Omega), \ \text{supp } T \cap (\Omega \times K)$$

都是紧集.

(2) 拟微分算子 A 称为是**恰当支的**, 如果它的核是恰当支的分布.

恰当支拟微分算子具有比定理 1.1 和 1.1′ 更进一步的性质.

定理 2.1 设 $a(x, y, \xi) \in S^m_{\rho,\delta_1,\delta_2}(\Omega)$, $\delta_2 < 1$ 且由 (1.6) 所

定义的拟微分算子 $a(x, y, D)$ 是恰当支的，则 $a(x, y, D)$ 是 $C_c^\infty(\Omega)$ (或 $C^\infty(\Omega)$) 到它自身连续的.

证明 于任意 $u \in C_c^\infty(\Omega)$，记 $K = \text{supp}\, u$，则 $K \subset \Omega$ 为紧集. 记 $a(x, y, D)$ 的核为 $A \in \mathscr{D}'(\Omega \times \Omega)$，于是因 $a(x,y,D)$ 为恰当支的，故 $\text{supp}\, A \cap (\Omega \times K)$ 为紧集. 从而存在 $K' \subset \Omega$，使

$$\text{supp}\, A \cap (\Omega \times K) \subset K' \times K.$$

取 $v \in C_c^\infty(\Omega)$，使得在 K' 上有 $v \equiv 1$. 于是

$$a(x, y, D)u(x) = v(x)a(x, y, D)u(x).$$

由定理 1.1′ 知 $a(x, y, D)u \in C^\infty(\Omega)$，从而知它属于 $C_c^\infty(\Omega)$.

另一方面，于任何紧集 $K'' \subset \Omega$，$\text{supp}\, A \cap (K'' \times \Omega)$ 为紧集. 故有紧集 $K''' \subset \Omega$，使得

$$\text{supp}\, A \cap (K'' \times \Omega) \subset K'' \times K'''.$$

取 $w \in C_c^\infty(\Omega)$，使得在 K''' 上有 $w \equiv 1$. 于是对任意 $u \in C^\infty(\Omega)$，有

$$a(x, y, D)u(x) = a(x, y, D)(wu)(x), \quad x \in K''.$$

可见 $a(x, y, D)u \in C^\infty(\Omega)$. 两种情形下的连续性是容易证明的. 证毕.

下一定理揭示了一般拟微分算子与恰当支拟微分算子之间的联系与差别.

定理 2.2 设 $a(x, y, \xi) \in S^m_{\rho,\delta_1,\delta_2}(\Omega)$，$\rho > 0$，则相应的拟微分算子 $a(x, y, D)$ 可分解为

$$a(x, y, D) = a_1(x, y, D) + a_2(x, y, D),$$

使 $a_1(x, y, D)$ 是恰当支的，而 $a_2(x, y, D)$ 为光滑算子.

证明 取 $\varphi(x, y) \in C^\infty(\Omega \times \Omega)$ 有恰当支集且在对角线 $x = y$ 的一邻域中有 $\varphi \equiv 1$. 令

$$a_1(x, y, \xi) = \varphi(x, y)a(x, y, \xi),$$
$$a_2(x, y, \xi) = [1 - \varphi(x, y)]a(x, y, \xi),$$

则 $a_1(x, y, D)$ 为恰当支的.

为证 $a_2(x, y, D)$ 为光滑算子，我们注意，在 $[1 - \varphi(x, y)]$

$a(x, y, \xi)$ 关于 (x, y) 的支集中，$|x-y| \neq 0$. 所以，对于任意正整数 N，我们有

$$a_2(x, y, D)u(x) = \iint e^{i(x-y)\xi} a_2(x, y, \xi)u(y)dy đ\xi$$

$$= \iint e^{i(x-y)\xi}\Big[|x-y|^{-2N} \sum_{|\alpha|=2N} C_\alpha D_\xi^\alpha a_2(x, y, \xi)\Big] u(y)dy đ\xi.$$

容易看出

$$|x-y|^{-2N} \sum_{|\alpha|=2N} C_\alpha D_\xi^\alpha a_2(x, y, \xi) \in S^{m-2N\rho}_{\rho,\delta_1,\delta_2}(\Omega).$$

因已知 $\rho>0$，故对任意整数 s 和 s'，只要取 N 足够大，便可象定理 1.2 那样证明算子 $a_2(x, y, D)$ 是 $H^s_{\text{comp}} \to H^{s'}_{\text{loc}}$ 连续的. 从而再由嵌入定理便知 $a_2(x, y, D)$ 为光滑算子.

这个定理说明，一般的拟微分算子与恰当支拟微分算子只相差一个光滑算子. 因此，对恰当支拟微分算子的研究是有普遍意义的.

定理 2.3 设 $a(x,y,\xi) \in S^m_{\rho,\delta_1,\delta_2}(\Omega)$，$0 \leqslant \delta_2 < \rho \leqslant 1$，且由(1.6)所定义的拟微分算子 $A = a(x, y, D)$ 是恰当支的，则 A 可写成(1.5)的形式，其象征 $p(x, \xi) \in S^m_{\rho,\delta}(\Omega)$，$\delta = \max\{\delta_1, \delta_2\}$ 且有渐近展开式

$$p(x, \xi) \sim \sum_{\alpha \geqslant 0} \frac{1}{\alpha!} D_y^\alpha \partial_\xi^\alpha a(x, y, \xi)_{y=x}. \tag{2.1}$$

证明 因为算子 A 是恰当支的，故可取得 $\varphi(x, y) \in C^\infty$ 有恰当支集且在 A 的核的支集上有 $\varphi \equiv 1$，于是当在 A 的表达式(1.6)中用 $\varphi(x, y)a(x, y, \xi)$ 代替 $a(x, y, \xi)$ 时，算子 A 并无变化. 因此，可以设 $a(x, y, \xi)$ 关于 x, y 是恰当支的.

对任意 $u \in C_c^\infty(\Omega)$、我们

$$u(x) = \int e^{ix\xi}\hat{u}(\xi)đ\xi.$$

因为上式右端积分作为极限过程按 $C^\infty(\Omega)$ 拓扑收敛而算子 A 为 $C^\infty(\Omega) \to C^\infty(\Omega)$ 连续的线性算子，故有

$$Au(x) = \int A(e^{ix\xi})\hat{u}(\xi)đ\xi$$

$$= \int e^{ix\xi}[e^{-ix\xi}A(e^{ix\xi})]\hat{u}(\xi)d\xi. \tag{2.2}$$

将(2.2)与(1.5)相比，即知A的象征为

$$p(x, \xi) = e^{-ix\xi}A(e^{ix\xi})$$

$$= \iint e^{i(x-y)(\eta-\xi)}a(x, y, \eta)dyd\eta. \tag{2.3}$$

按 Taylor 公式，我们有

$$a(x, y, \xi) = \sum_{|\alpha|<N} \frac{1}{\alpha!} \partial_y^\alpha a(x, y, \xi)|_{y=x}(y-x)^\alpha$$

$$+ \sum_{|\alpha|=N} \frac{N}{\alpha!} \int_0^1 (1-t)^{N-1} \partial_z^\alpha a(x, z, \xi)|_{z=x+t(y-x)}dt(y-x)^\alpha. \tag{2.4}$$

将(2.4)代入(2.3)，得到

$$p(x, \xi) = \sum_{|\alpha|<N} \frac{1}{\alpha!} \iint e^{i(x-y)(\eta-\xi)}[\partial_y^\alpha D_\eta^\alpha a(x, y, \eta)]_{y=x}dyd\eta$$

$$+ R_N(x, \xi)$$

$$= \sum_{|\alpha|<N} \frac{1}{\alpha!} D_y^\alpha \partial_\xi^\alpha a(x, y, \xi)|_{y=x} + R_N(x, \xi), \tag{2.5}$$

其中

$$R_N(x, \xi) = \sum_{|\alpha|=N} \frac{N}{\alpha!} \int_0^1 (1-t)^{N-1} r_{N,\alpha}(x, \xi, t)dt, \tag{2.6}$$

$$r_{N,\alpha}(x, \xi, t) = \iint e^{i(x-y)(\eta-\xi)}[\partial_z^\alpha D_\eta^\alpha a(x, z, \eta)]_{z=x+t(y-x)}dyd\eta.$$

由 $a(x, y, \xi) \in S^m_{\rho,\delta_1,\delta_2}(\Omega)$ 可知

$$D_y^\alpha \partial_\xi^\alpha a(x, y, \xi)|_{y=x} \in S^{m-|\alpha|(\rho-\delta_2)}_{\rho,\delta}(\Omega). \tag{2.7}$$

现在我们来估计 $r_{N,\alpha}(x, \xi, t)$. 因为 $a(x, y, \xi)$ 关于 x, y 有恰当支集，故对任何紧集 $K \subset \Omega$，存在紧集 $K_1 \subset \Omega$，使得

$$a(x, y, \xi) = 0, \text{ 当 } x \in K, \ y \notin K_1 \text{ 时}.$$

于是当 $x \in K$ 时有

$$|[\partial_z^\alpha D_\eta^\alpha a(x, z, \eta)]_{z=x+t(y-x)}| \leqslant C_{\alpha,K}\langle\eta\rangle^{m-|\alpha|(\rho-\delta_2)}. \tag{2.8}$$

当N足够大，使得

$$m - N(\rho-\delta_2) + n + 1 < 0 \tag{2.9}$$

且$|\alpha|=N$时，将(2.8)代入(2.6)可得

$$\left|\iint_{|\eta|>\frac{1}{2}|\xi|} e^{i(x-y)(\eta-\xi)}[\partial_z^\alpha D_\eta^\alpha a(x, y, \eta)]_{z=x+t(y-x)}dy\,d\eta\right|$$

$$\leqslant C\int_{|\eta|>\frac{1}{2}|\xi|}\langle\eta\rangle^{m-N(\rho-\delta_2)}d\eta$$

$$\leqslant C\langle\xi\rangle^{m-N(\rho-\delta_2)+n+1}\int\langle\eta\rangle^{-n-1}d\eta$$

$$\leqslant C\langle\xi\rangle^{m-N(\rho-\delta_2)+n+1}. \tag{2.10}$$

另一方面，对任意正偶数 ν，我们有

$$\left|\iint_{|\eta|\leqslant\frac{1}{2}|\xi|} e^{i(x-y)(\eta-\xi)}\partial_z^\alpha D_\eta^\alpha a(x,z,\eta)\Big|_{z=x+t(y-x)}dy\,d\eta\right|$$

$$\leqslant\left|\iint_{|\eta|\leqslant\frac{1}{2}|\xi|}\left\langle\frac{\eta-\xi}{t}\right\rangle^{-\nu}e^{i(x-y)(\eta-\xi)}\right.$$

$$\left.\times\langle D_z\rangle^\nu D_z^\alpha\partial_\eta^\alpha a(x,z,\eta)\Big|_{z=x+t(y-x)}dy\,d\eta\right|$$

$$\leqslant C\int_{|\eta|\leqslant\frac{1}{2}|\xi|}\langle\eta-\xi\rangle^{-\nu}\langle\eta\rangle^{m-N(\rho-\delta_2)+\nu\delta_2}d\eta$$

$$\leqslant C\langle\xi\rangle^{-\nu}\int_{|\eta|\leqslant\frac{1}{2}|\xi|}\langle\eta\rangle^{\nu\delta_2-n-1}d\eta$$

$$\leqslant C_{\alpha,K,\nu}\langle\xi\rangle^{-\nu(1-\delta_2)}. \tag{2.11}$$

只要取ν足够大，由(2.10)与(2.11)便得

$$|r_{N,\alpha}(x, \xi, t)|\leqslant C_{\alpha,K}\langle\xi\rangle^{m+n+1-N(\rho-\delta_2)}. \tag{2.12}$$

这就证明了定理 1.4 中条件(1.20)对满足(2.9)的N成立. 再注意到对不满足(2.9)的 N'，我们有

$$R_{N'}=\sum_{N'\leqslant|\alpha|<N}\frac{1}{\alpha!}D_y^\alpha\partial_\xi^\alpha a(x, y, \xi)|_{y=x}+R_N.$$

于是由(2.7)与(2.12)便知对这样的 N' 条件(1.20)也成立.

为验证定理 1.4 之条件(1.19)成立，由(2.7)与(2.12)知

$$|p(x, \xi)|\leqslant C_K\langle\xi\rangle^{m+n+1},\quad x\in K. \tag{2.13}$$

对任意重指标 α，β，由(2.3)有

$$p_{(\beta)}^{(\alpha)}(x, \xi) = \sum_{\beta'+\beta''=\beta} \frac{\beta!}{\beta'!\beta''!} \iint e^{i(x-y)(\eta-\xi)} \times \partial_x^{\beta'}\partial_y^{\beta''}\partial_\eta^\alpha a(x, y, \eta) dy d\eta.$$

象(2.13)一样地可以得到估计式

$$|p_{(\beta)}^{(\alpha)}(x, \xi)| \leqslant C_{\alpha\beta K}\langle\xi\rangle^{m-|\alpha|\rho+|\beta|\delta+n+1}.$$

从而由定理 1.4 知 $p(x, \xi) \in S_{\rho,\delta}^m(\Omega)$ 且渐近展开式(2.1)成立. 证毕.

2.2 共轭与复合

现在我们利用内积

$$(a(x, D)u, v) = (u, b(x, D)v), \quad u, v \in C_c^\infty(\Omega)$$

来定义 $a(x, D)$ 的共轭算子 $b(x, D)$.

定理 2.4 若 $a(x,D) \in \mathrm{Op}(S_{\rho,\delta}^m(\Omega))$ 为恰当支拟微分算子, $0 \leqslant \delta < \rho \leqslant 1$,则它的共轭算子 $b(x,D) \in \mathrm{Op}(S_{\rho,\delta}^m(\Omega))$ 也是恰当支的,且有

$$b(x, \xi) \sim \sum_\alpha \frac{1}{\alpha!} D_x^\alpha \partial_\xi^\alpha \bar{a}(x, \xi). \tag{2.14}$$

证明 按定义,对于 $u \in C_c^\infty(\Omega)$, $v \in C_c^\infty(\Omega)$,

$$\begin{aligned}(u, b(x, D)v) &= (a(x, D)u, v) \\ &= \int\left(\iint e^{i(x-y)\xi} a(x, \xi)u(y) dy d\xi\right)\bar{v}(x) dx \\ &= \int u(y) \iint e^{i(x-y)\xi} a(x, \xi)\bar{v}(x) dx d\xi dy.\end{aligned}$$

由此可见

$$b(x, D)v(x) = \iint e^{i(x-y)\xi} \bar{a}(y, \xi)v(y) dy d\xi. \tag{2.15}$$

(2.15)为(1.6)形的表达式. 拟微分算子 $b(x, D)$ 的振幅为 $\bar{a}(y, \xi)$. 因为 $a(x, D)$ 为恰当支,其核有恰当支集,从而 $b(x, D)$ 的核亦有恰当支集,算子 $b(x, D)$ 也是恰当支的. 于是按定理 2.3 便知(2.14)成立. 证毕.

以后我们将 $a(x, D)$ 的共轭算子记为 $a^*(x, D)$, 它的象征记为 $a^*(x, \xi)$.

定理 2.5 设 $a(x, D) \in \mathrm{Op}(S^{m_1}_{\rho_1,\delta_1}(\Omega))$, $b(x, D) \in \mathrm{Op}(S^{m_2}_{\rho_2,\delta_2}(\Omega))$ 都是恰当支的且 $0 \leqslant \delta_2 < \rho \leqslant 1$, $\rho = \min\{\rho_1, \rho_2\}$, 则它们的复合算子 $a(x, D)\circ b(x, D) = c(x, D) \in \mathrm{Op}(S^{m_1+m_2}_{\rho,\delta}(\Omega))$, $\delta = \max\{\delta_1, \delta_2\}$,且其象征有渐近展开式

$$c(x, \xi) \sim \sum_{\alpha} \frac{1}{\alpha!} \partial_\xi^\alpha a(x, \xi) D_x^\alpha b(x, \xi). \tag{2.16}$$

(2.16)式右端常记为 $(a \# b)(x, \xi)$.

证明 记 $b(x,D)$ 的共轭算子为 $b^*(x,D)$,其象征 $b^*(x,\xi)$ 由(2.14)确定,于是由(2.15)有

$$\begin{aligned} b(x, D)u(x) &= b^{**}(x, D)u(x) \\ &= \iint e^{i(x-y)\xi}\bar{b}^*(y, \xi)u(y)dy đ\xi, \end{aligned}$$

$$[b(x, D)u]^\wedge(\xi) = \int e^{-iy\xi}\bar{b}^*(y, \xi)u(y)dy. \tag{2.17}$$

将(2.17)代入 $a(x, D)$ 的表达式,我们有

$$\begin{aligned} c(x, D)u(x) &= a(x, D)\circ b(x, D)u(x) \\ &= \iint e^{i(x-y)\xi}a(x, \xi)\bar{b}^*(y, \xi)u(y)dy đ\xi. \end{aligned} \tag{2.18}$$

可见 $c(x, D)$ 的振幅为 $a(x, \xi)\bar{b}^*(y, \xi)$. 又因 $a(x, D)$ 与 $b(x, D)$ 都是恰当支的,所以 $c(x, D)$ 也是恰当支的. 于是由定理 2.3 与 2.4 有

$$\begin{aligned} c(x, \xi) &\sim \sum_{\alpha} \frac{1}{\alpha!} \partial_\xi^\alpha [a(x, \xi)D_x^\alpha \bar{b}^*(x, \xi)] \\ &= \sum_{\alpha} \frac{1}{\alpha!} \left\{ \sum_{\alpha'+\alpha''=\alpha} \frac{\alpha!}{\alpha'!\alpha''!} \partial_\xi^{\alpha'} a(x, \xi) D_x^\alpha \partial_\xi^{\alpha''} \bar{b}^*(x, \xi) \right\} \\ &= \sum_{\alpha'} \frac{1}{\alpha'!} \partial_\xi^{\alpha'} a(x, \xi) D_x^{\alpha'} \left(\sum_{\alpha''} \frac{1}{\alpha''!} D_x^{\alpha''} \partial_\xi^{\alpha''} \bar{b}^*(x, \xi) \right) \\ &\sim \sum_{\alpha'} \frac{1}{\alpha'!} \partial_\xi^{\alpha'} a(x, \xi) D_x^{\alpha'} b(x, \xi). \end{aligned}$$

证毕.

2.3 经典拟微分算子

现在我们来讨论一个特殊而常用的拟微分算子类——经典拟

微分算子类，它是微分算子的直接推广，特点是象征或振幅关于 ξ 具有某种齐次性. J. M. Bony [Bo1] 所引入的仿微分算子就是这种拟微分算子的自然发展.

定义 2.2 设 $a(x, \xi) \in C^\infty(\Omega \times \mathbf{R}^n)$，而 m 为某一实数. 如果存在一串 $a_j(x, \xi) \in C^\infty(\Omega \times \mathbf{R}^n)$ 关于 $|\xi| > 1$ 是 $m-j$ 次正齐次的，使得

$$a(x, \xi) \sim \sum_{j=0}^{\infty} a_j(x, \xi), \tag{2.19}$$

则称 $a(x, \xi)$ 为经典象征，记为 $a(x, \xi) \in CS^m(\Omega)$. 相应的拟微分算子 $a(x, D)$ 称为经典拟微分算子，记为 $a(x, D) \in \mathrm{Op}(CS^m(\Omega))$. $a_0(x, \xi)$ 称为 $a(x, D)$ 的主象征.

显然，$CS^m(\Omega) \subset S^m(\Omega)$. 类似地可以定义经典振幅类 $CS^m(\Omega)$ 及其相应的经典拟微分算子类 $\mathrm{Op}(CS^m(\Omega))$.

将定理 2.3—2.5 应用于经典拟微分算子的情形，我们直接得到

定理 2.6 (1) 若 $a(x, y, D) \in \mathrm{Op}(CS^m(\Omega))$ 为恰当支的，则它的象征 $p(x, \xi) \in CS^m(\Omega)$ 且有渐近展开式

$$p(x, \xi) \sim \sum_{k=0}^{\infty} \sum_{|\alpha|+j=k} \frac{1}{\alpha!} \partial_\xi^\alpha D_y^\alpha a_j(x, y, \xi)|_{y=x};$$

(2) 若 $a(x, D) \in \mathrm{Op}(CS^m(\Omega))$ 为恰当支的，则它的共轭算子 $a^*(x, D) \in \mathrm{Op}(CS^m(\Omega))$ 且有渐近展开式

$$a^*(x, \xi) \sim \sum_{k=0}^{\infty} \sum_{|\alpha|+j=k} \frac{1}{\alpha!} \partial_\xi^\alpha D_x^\alpha \bar{a}_j(x, \xi);$$

(3) 若 $a(x, D) \in \mathrm{Op}(CS^{m_1}(\Omega)), b(x, D) \in \mathrm{Op}(CS^{m_2}(\Omega))$ 都是恰当支的，则它们的复合算子 $c(x, D) \in \mathrm{Op}(CS^{m_1+m_2}(\Omega))$ 且有渐近展开式

$$(a \# b)(x, \xi) \sim \sum_{k=0}^{\infty} \sum_{|\alpha|+j+i=k} \frac{1}{\alpha!} \partial_\xi^\alpha a_j(x, \xi) D_x^\alpha b_i(x, \xi).$$

2.4 拟微分算子的性质的进一步讨论

本段我们应用前述理论来研究拟微分算子的某些进一步的性

质. 首先介绍它的核的性质.

定理 2.7 设 $a(x,y,\xi)\in S^m_{\rho,\delta_1,\delta_2}(\Omega)$, $0\leqslant\delta_2<\rho\leqslant 1$, $\delta_1<1$ 并用 $K(x, y)$ 表示相应的拟微分算子 $a(x, y, D)$ 的核.

(1) 若 $m+n+j<0$, j 为非负整数, 则 $K(x, y)$ 为 j 次连续可微函数,特别当 $m=-\infty$ 时, $K\in C^\infty(\Omega\times\Omega)$;

(2) 若记 $\Delta=\{(x, x); x\in\Omega\}$, 则有 $K(x, y)\in C^\infty(\Omega\times\Omega\backslash\Delta)$.

证明从略.

线性微分算子的重要性质之一是它具有局部性,即若 $p(x,D)$ 为一线性微分算子,则有

$$\operatorname{supp}\ p(x, D)u\subset\operatorname{supp}u.$$

拟微分算子不再具有这一性质. 但是, 拟微分算子具有某种较弱的局部性——拟局部性.

定义 2.3 设 $u\in\mathscr{D}'(\Omega)$, u 的奇异支集定义为所有这样的点 $x\in\Omega$ 组成的集合,这点不存在开邻域 $U\subset\Omega$,使分布 u 在 U 上的限制是 C^∞ 函数. 分布 u 的奇异支集记为 $\operatorname{singsupp}u$.

定理 2.8(拟局部性) 若 $a(x,\xi)\in S^m_{\rho,\delta}(\Omega)$, $\delta<1$, $\rho>0$, 则对 $u\in\mathscr{E}'(\Omega)$, 有

$$\operatorname{singsupp}a(x, D)u\subset\operatorname{singsupp}u. \tag{2.20}$$

证明从略.

注 进一步地,拟微分算子还具有拟微局部性:

$$WF(a(x, D)u)\subset WF(u), \tag{2.21}$$

其中 $WF(u)$ 表示分布 u 的波前集,详细可参看[QC1]或[CP1]等.

定理 2.9 设 $a\in S^m_{\rho,\delta}(\Omega)$, $0\leqslant\delta<\rho\leqslant 1$,则下列四个条件等价:

(1) 存在恰当支拟微分算子 $b(x, D)\in\operatorname{Op}(S^{-m}_{\rho,\delta})$, 使得 $a(x, D)b(x, D)-I\in\operatorname{Op}(S^{-\infty})$,此处 I 为象征为 1 的恒等算子;

(2) 存在恰当支拟微分算子 $b(x, D)\in\operatorname{Op}(S^{-m}_{\rho,\delta})$, 使得 $b(x, D)a(x, D)-I\in\operatorname{Op}(S^{-\infty})$;

(3) 存在 $b(x, \xi) \in S_{\rho,\delta}^{-m}(\Omega)$, 使得 $a(x, \xi)b(x, \xi) - 1 \in S_{\rho,\delta}^{-(\rho-\delta)}(\Omega)$;

(4) 存在常数 $C > 0$ 与 $R > 0$, 使得

$$|a(x, \xi)| \geqslant C|\xi|^m, \text{ 当 } |\xi| \geqslant R \text{ 时}. \tag{2.22}$$

证明 若(1)成立,则由定理 2.5 可知

$$r(x, \xi) = \sum_{\alpha} \frac{1}{\alpha!} \partial_\xi^\alpha a(x, \xi) D_x^\alpha b(x, \xi) - 1 \in S^{-\infty}(\Omega).$$

由此可得

$$a(x, \xi)b(x, \xi) - 1 = r(x, \xi) - \sum_{|\alpha|\geqslant 1} \frac{1}{\alpha!} \partial_\xi^\alpha a(x, \xi) D_x^\alpha b(x, \xi).$$

可见(3)成立. 同时可证(2)⇒(3).

设(3)成立,故知有 $R > 0$, 使

$$|a(x, \xi)b(x, \xi) - 1| \leqslant 1/2, \text{ 当} |\xi| \geqslant R \text{ 时}.$$

因而有

$$\frac{1}{2} \leqslant |a(x, \xi)b(x, \xi)| \leqslant |a(x, \xi)| C|\xi|^{-m}, \text{ 当 } |\xi| \geqslant R \text{ 时}.$$

这就证明了(3)⇒(4).

再证(3) ⇒ (2). 由定理 2.2 知,有分别以 $a(x,\xi)$ 和 $b(x,\xi)$ 为象征的恰当支拟微分算子 $a(x, D)$ 和 $b(x, D)$. 令

$$r(x, D) = I - b(x, D)a(x, D),$$

则 $r(x, D)$ 为恰当支且由(3)知 $r(x, \xi) \in S_{\rho,\delta}^{-(\rho-\delta)}(\Omega)$. 再令

$$b_k(x, D) = r(x, D)^k b(x, D), \quad k = 0, 1, \cdots,$$

于是 $b_k(x, \xi) \in S_{\rho,\delta}^{-m-k(\rho-\delta)}(\Omega)$, 因而有

$$\begin{aligned} b_k(x, D)a(x, D) &= r(x, D)^k b(x, D)a(x, D) \\ &= r(x, D)^k - r(x, D)^{k+1}. \end{aligned}$$

由定理 1.3, 知存在象征 $b'(x, \xi) \sim \sum_{j=0}^{\infty} b_j(x, \xi)$, 于是就有

$$\begin{aligned} b'(x, D)a(x,D) - I = \Big(b'(x,D) - \sum_{j<k} b_j(x, D)\Big)a(x, D) \\ - r(x, D)^k, \end{aligned}$$

由定理 2.5,知上式右端的算子属于 $\mathrm{Op}(S^{-k(\rho-\delta)}(\Omega))$. 由 k 的任

意性知 $b'(x, D)a(x, D) - I \in \mathrm{Op}(S^{-\infty}(\Omega))$. 同理可证 (3) ⇒ (1).

最后证明(4) ⇒ (3). 用 $a(x, \xi)\langle\xi\rangle^{-m}, b(x, \xi)\langle\xi\rangle^{m}$ 分别代替 a 和 b, 即可将 $m \neq 0$ 化为 $m = 0$ 的情形来证明.

设当 $m = 0$ 时(4)成立. 选取 $\varphi(\xi) \in C^\infty(\mathbb{R}^n)$, 使得当 $|\xi| \geqslant 2R$ 时有 $\varphi \equiv 1$,而当 $|\xi| \leqslant R$ 时有 $\varphi \equiv 0$. 令

$$b(x, \xi) = \varphi(\xi)/a(x, \xi),$$

则 $b \in S^{-m}_{\rho,\delta}$, 且有

$$a(x, \xi)b(x, \xi) - 1 = \varphi(\xi) - 1.$$

这是比(3)更强的结论. 证毕.

2.5 坐标变换

现在我们来看拟微分算子在坐标变换之下发生什么变化. 设 Ω_1 和 Ω_2 是 $\mathbb{R}^n$ 中两个区域而 $\varphi: \Omega_1 \to \Omega_2$ 是一个微分同胚. 若 $A = a(x, D) \in \mathrm{Op}(S^m_{\rho,\delta}(\Omega_1))$, 则由定理 1.1 知, A 是 $C_c^\infty(\Omega_1) \to C^\infty(\Omega_1)$ 连续的. 令

$$\tilde{A}u = A(u\circ\varphi)\circ\varphi^{-1}, \tag{2.23}$$

则 $\tilde{A}$ 是 $C_c^\infty(\Omega_2) \to C^\infty(\Omega_2)$ 连续的. 进一步地, 我们有如下的

定理 2.10 若 $A \in \mathrm{Op}(S^m_{\rho,\delta}(\Omega_1))$ 为恰当支的, $\rho > \frac{1}{2}$ 且 $\rho + \delta \geqslant 1$, 则 $\tilde{A} \in \mathrm{Op}(S^m_{\rho,\delta}(\Omega_2))$ 且它的象征 $\tilde{a}(x, \xi)$ 有渐近展开式

$$\tilde{a}(\varphi(x), \xi) \sim \sum_{\alpha \geqslant 0} \frac{1}{\alpha!} \phi_\alpha(x, \xi) a^{(\alpha)}(x, \varphi'(x)\xi), \tag{2.24}$$

其中

$$\phi_\alpha(x, \xi) = D_y^\alpha \exp(i\langle\varphi(y) - \varphi(x) - \varphi'(x)(y - x), \xi\rangle)|_{y=x} \tag{2.25}$$

是 ξ 的次数不超过 $|\alpha|/2$ 的多项式且有 $\phi_0(x, \xi) = 1$.

证明 记 $\varphi_1 = \varphi^{-1}$, $z = \varphi_1(y)$, 按定义有

$$\tilde{A}u(x) = \iint e^{i(\varphi_1(x) - z)\xi} a(\varphi_1(x), \xi) u(\varphi(z)) dz đ\xi$$

$$= \iint e^{i(\varphi_1(x)-\varphi_1(y))\xi} a(\varphi_1(x), \xi) u(y) \det(\varphi_1'(y)) dy đ\xi. \quad (2.26)$$

按积分公式

$$\varphi_1(x) - \varphi_1(y) = \int_0^1 \varphi_1'(y - t(y-x)) dt \cdot (x-y).$$

令 $\Phi(x, y) = \int_0^1 \varphi_1'(y - t(y-x)) dt$，于是有 $\Phi(x,x) = \varphi_1'(x)$.
因为 φ 为微分同胚，φ_1 亦然，故 $\Phi(x, y)$ 在对角线 $x = y$ 的一个邻域中有定义．光滑且行列式恒不为零．记 $\Phi_1(x, y) = {}^t\Phi(x, y)^{-1}$，由(2.26)便得

$$\begin{aligned}\tilde{A}u(x) &= \iint e^{i\Phi(x,y)(x-y)\xi} a(\varphi_1(x), \xi) u(y) \det(\varphi_1'(y)) dy đ\xi \\ &= \iint e^{i(x-y)\xi} a(\varphi_1(x), \Phi_1(x, y)\xi) D(x, y) u(y) dy đ\xi.\end{aligned} \quad (2.27)$$

其中 $D(x, y) = \det\varphi_1'(y) \det\Phi_1(x, y)$．因为算子 A 为恰当支，故 $\tilde{A}$ 也是恰当支的．而 $\Phi_1(x, y)$ 在对角线 $x = y$ 的某邻域中有定义，故我们可以假定在此邻域之外 $a(\varphi_1(x), \Phi_1(x, y)\xi)$ 为零．事实上作此假定至多产生一项 $\mathrm{Op}(S^{-\infty})$ 的误差，对定理的论证毫无影响．由(2.27)可见，算子 $\tilde{A}$ 的振幅为

$$p(x, y, \xi) = a(\varphi_1(x), \Phi_1(x, y)\xi) \det \varphi_1'(y) \det \Phi_1(x, y). \quad (2.28)$$

按链锁规则求导可以验证

$$p(x, y, \xi) \in S^m_{\rho,\delta_1,\delta_2}(\Omega_2), \quad (2.29)$$

其中 $\delta_1 = \max\{\delta, 1-\rho\}$，$\delta_2 = 1-\rho$．由关于 ρ 和 δ 的假设知 $\delta_1 = \delta$，$\delta_2 < \rho$，于是由定理 2.3 便知 $\tilde{A} \in \mathrm{Op}(S^m_{\rho,\delta}(\Omega_2))$ 且它的象征 $\tilde{a}(x, \xi)$ 有渐近展开式

$$\begin{aligned}\tilde{a}(x, \xi) &\sim \sum_\beta \frac{1}{\beta!} \partial_\xi^\beta D_y^\beta p(x, y, \xi)|_{y=x} \\ &= \sum_\alpha \frac{1}{\alpha!} a^{(\alpha)}(\varphi_1(x), {}^t\varphi'(\varphi_1(x))\xi) \phi_\alpha(\varphi_1(x), \xi).\end{aligned} \quad (2.30)$$

只要在(2.30)中将 x 改写为 $\varphi(x)$，将 $\varphi_1(x)$ 改写为 x，则(2.30)即具有(2.24)的形式，于是余下的问题是证明(2.25)．但由(2.28)与(2.30)看出，$\phi_\alpha(x, \xi)$ 仅与坐标变换有关而与拟微分算子 A 无

关．故可设 A 为微分算子来计算 $\psi_a(x,\xi)$ 并得知(2.25)成立．证毕．

在定义 2.2 中我们给出了经典拟微分算子的主象征的定义．对于一般的拟微分算子 $a(x,D)\in \mathrm{Op}(S^m_{\rho,\delta}(\Omega))$，在 $1-\rho\leqslant\delta<\rho$ 时，我们定义它的主象征是等价类 $S^m_{\rho,\delta}(\Omega)/S^{m-(2\rho-1)}_{\rho,\delta}(\Omega)$．或把这个等价类中的任一元素都称为 $a(x,D)$ 的主象征．由(2.21)可见，若 $A\in \mathrm{Op}(S^m_{\rho,\delta}(\Omega_1)$ 的主象征为 $a_0(x,\xi)$，则 $\tilde{A}\in \mathrm{Op}(S^m_{\rho,\delta}(\Omega_2))$ 的主象征为 $a_0(\varphi_1(y)\ {}^t\varphi'(\varphi_1(y))\xi)$．这就是说，定义在余切丛上的主象征在坐标变换之下是不变的(详见 [CP1])．

§3. 拟微分算子的有界性

从本节开始，我们的讨论是对 $\mathbf{R}^n$ 上的拟微分算子进行的．关于这类拟微分算子所得到的一系列的结果，稍加修改就可以搬到 §1 所定义的 Ω 上的拟微分算子上去．

3.1 $\mathbf{R}^n$ 上的拟微分算子

这里所说的 $\mathbf{R}^n$ 上的拟微分算子，其象征并不是定义 1.1 中 $\Omega=\mathbf{R}^n$ 的情形，而是要求估计式 (1.4) 中常数 C 与 K 无关，即 (1.4)关于 $x\in\mathbf{R}^n$ 一致成立．但在不致混淆的情况下，为简单起见，我们将使用与定义 1.1 相同的记号，具体地说，我们有

定义 3.1 设 $0\leqslant\delta,\ \rho\leqslant 1$，而 $m\in\mathbf{R}$．若 $a(x,\xi)\in C^\infty(\mathbf{R}^n\times\mathbf{R}^n)$ 且对任何重指标 $\alpha,\ \beta$，都存在常数 $C_{\alpha\beta}$，使估计式

$$|a^{(\alpha)}_{(\beta)}(x,\xi)|\leqslant C_{\alpha\beta}\langle\xi\rangle^{m-\rho|\alpha|+\delta|\beta|}\tag{3.1}$$

成立，则称 $a(x,\xi)$ 为 m 阶、(ρ,δ) 型的象征并记为 $a(x,\xi)\in S^m_{\rho,\delta}$．

使 (3.1) 式成立的最小常数 $C_{\alpha\beta}$ 定义为 $S^m_{\rho,\delta}$ 的半模，于是 $S^m_{\rho,\delta}$ 为 Fréchet 空间．

象 $S^m_{\rho,\delta}(\Omega)$ 的情形一样，我们记 $S^{-\infty}=\bigcap\limits_m S^m_{\rho,\delta}$，$S^m=S^m_{1,0}$．类

似地可以定义振幅类 $S^m_{\rho,\delta_1,\delta_2}$.

可以验证,对于这样的象征和振幅所对应的 $\mathbf{R}^n$ 上的拟微分算子,§1 中的定理 1.1—1.4 和§2 中的定理 2.3—2.9 都仍然成立.今后,我们将不加证明地加以使用.

定理 3.1 若 $a\in S^m_{\rho,\delta}$ 且 $u\in\mathscr{S}(\mathbf{R}^n)$, 则(1.5)所定义的函数 $a(x, D)u\in\mathscr{S}$ 且双线性映射 $(a, u)\longmapsto a(x, D)u$ 是连续的.

由此可见,对于 $\mathbf{R}^n$ 上的拟微分算子而言,两个算子 $a(x, D)\in \mathrm{Op}(S^{m_1}_{\rho,\delta})$ 与 $b(x,D)\in\mathrm{Op}(S^{m_2}_{\rho,\delta})$ 总是可以复合的且复合算子仍是 $\mathscr{S}\to\mathscr{S}$ 连续的,而不必象 Ω 上的拟微分算子那样,必须要求二者之中至少有一个是恰当支的.

3.2 L^2 有界性

本段我们先给出一般的 L^2 有界性,并由它推出 H^s 有界性,然后证明精细的 L^2 有界性.

为证 L^2 有界性,我们先来证明经典的 Schur 引理.

引理 3.1 若 $K(x, y)$ 是 $\mathbf{R}^n\times\mathbf{R}^n$ 上的连续函数且有

$$\sup_y\int|K(x, y)|dx\leqslant M,\quad \sup_x\int|K(x, y)|dy\leqslant M,\qquad (3.2)$$

则以 $K(x, y)$ 为核的积分算子 L^2 有界且范数小于或等于 M.

证明 由 Schwarz 不等式,有

$$\begin{aligned}|Ku(x)|^2&\leqslant\int|K(x, y)||u(y)|^2dy\int|K(x, y)|dy\\&\leqslant M\int|K(x, y)||u(y)|^2dy.\end{aligned}$$

两端对 x 积分,便得

$$\|Ku\|_0^2\leqslant M\iint|K(x, y)||u(y)|^2dydx\leqslant M^2\|u\|_0^2.$$

证毕.

定理 3.2 若 $a(x, \xi)\in S^0$, 则相应的拟微分算子 $a(x, D)$ 是 L^2 有界的[1].

1) 这里所说的 L^2 有界,是指拟微分算子可以扩张为 L^2 到它自身的有界线性算子.

证明 先设 $a(x,\xi)\in S^{-n-1}$. 这时由定理 2.7 知算子 $a(x, D)$ 之核 $K(x, y)$ 连续且有

$$|K(x, y)| \leqslant \int |a(x, \xi)| d\xi \leqslant C. \tag{3.3}$$

对任意重指标 α, 分部积分有

$$(x-y)^\alpha K(x, y) = (x-y)^\alpha \int e^{i(x-y)\xi} a(x, \xi) d\xi$$

$$= i^{|\alpha|} \int e^{i(x-y)\xi} a^{(\alpha)}(x, \xi) d\xi.$$

因 $a^{(\alpha)}(x, \xi)\in S^{-n-1-|\alpha|}$,故又有

$$|(x-y)^\alpha K(x, y)| \leqslant C. \tag{3.4}$$

由(3.3)和(3.4)得到

$$(1+|x-y|)^{n+1}|K(x, y)| \leqslant C.$$

由此可见,核 $K(x, y)$ 满足引理 3.1 的条件, 故知 $a(x, D)$ 是 L^2 有界的.

下面我们用归纳法来证明: 若 $a\in S^k$, $k\leqslant -1$, 则算子 $a(x, D)$ 是 L^2 有界的. 为此,注意

$$\|a(x, D)u\|_0^2 = (a(x, D)u, a(x, D)u) = (b(x, D)u, u),$$

其中 $b(x,D) = a^*(x,D)a(x,D)\in \mathrm{Op}S^{2k}$. 易见,若算子 $b(x, D)$ 为 L^2 有界,则有

$$\|a(x, D)u\|_0^2 \leqslant \|b(x, D)u\|_0\|u\|_0 \leqslant C\|u\|_0^2.$$

这就说明,从 $\mathrm{Op}(S^{2k})$ 算子的 L^2 有界性可推知 $\mathrm{Op}(S^k)$ 算子的 L^2 有界性. 据此由前段证明便知, 当 $k\leqslant -(n+1)/2$, $k\leqslant -(n+1)/4,\cdots$时,$a(x, D)$为 L^2 有界,从而可推知,当 $k\leqslant -1$ 时, $a(x, D)$ 为 L^2 有界.

最后,设 $a(x, \xi)\in S^0$, 取 $M > 2\sup|a(x, \xi)|^2$, 于是 $M-|a(x, \xi)|^2 \geqslant M/2$, 故知

$$c(x, \xi) = (M - |a(x, \xi)|^2)^{1/2}\in S^0$$

且 $c(x, \xi) > 0$, 从而由定理 2.5 知

$$c^*(x, D)c(x, D) = M - a^*(x, D)a(x, D) + r(x, D),$$

其中 $r(x, \xi)\in S^{-1}$, 因而对所有 $u\in \mathscr{S}$, 均有

$$\|a(x, D)u\|_0^2 \leqslant M\|u\|_0^2 + (r(x, D)u, u) \leqslant C\|u\|_0^2.$$

因为 $\mathscr{S}$ 在 $L^2(\mathbf{R}^n)$ 中稠密，故拟微分算子 $a(x, D)$ 可扩张为 $L^2(\mathbf{R}^n)$ 上的有界线性算子，即 $a(x, D)$ 为 L^2 有界. 证毕

定理 3.3 若 $a(x, \xi) \in S^m$，则对每个实数 S，相应的算子 $a(x, D)$ 都是由 H^s 到 H^{s-m} 连续的.

证明 对任意 $u \in H^s$，若记以 $\langle\xi\rangle^s$ 为象征的拟微分算子为 $\Lambda^s(D)$，则 $v = \Lambda^s(D)u \in L^2$. 按定理 2.5 知

$$\Lambda^{s-m}(D)a(x, D)\Lambda^{-s}(D) \in \mathrm{Op}(S^0),$$

故由定理 3.2 有

$$\begin{aligned}\|a(x, D)u\|_{s-m} &= \|\Lambda^{s-m}(D)a(x, D)u\|_0 \\ &= \|\Lambda^{s-m}(D)a(x, D)\Lambda^{-s}(D)v\|_0 \\ &\leqslant C\|v\|_0 = C\|u\|_s.\end{aligned}$$

证毕.

关于拟微分算子的 L^2 有界性，还有许多较为精细的结果，例如 [Ta1], [CM1], [MN1], [WL1] 等，其证明往往用到较多的调和分析工具. 下面我们就来介绍 Coifman 和 Meyer 的结果. 为此，我们先由第一章定理 2.1 推出如下的

引理 3.2 设 $u \in C^{m_2}$, $m_2 > m_1 > 0$，则存在一个与 u 无关的常数 $C > 0$，使得对任何 $R > 1$，都可分解 $u = v + w$，使 v 和 w 满足下列条件:

(1) $\operatorname{supp} \hat{v}(\xi) \subset \bar{\boldsymbol{B}}_R$;

(2) $\|v\|_{C^{m_2}} \leqslant C\|u\|_{C^{m_2}}$;

(3) $\|w\|_{C^{m_1}} \leqslant CR^{m_1-m_2}\|u\|_{C^{m_2}}$.

证明 不妨设 $R = \kappa 2^{N+1}$，此处 κ 为第一章(1.1)中所取的常数. 设 u 的环形分解为 $u = \sum\limits_{j=-1}^{\infty} u_j$. 令

$$v = \sum_{j=-1}^{N-1} u_j, \quad w = \sum_{j=N}^{\infty} u_j,$$

则(1)显然成立. 按第一章定理 1.1，我们有

$$v(x)=\int e^{ix\xi}\psi(2^{-N}\xi)\hat{u}(\xi)d\xi$$
$$=2^{Nn}\int\check{\psi}(2^N(x-y))u(y)dy.$$

由此可见,(2)成立.

令

$$w_j=\begin{cases}0, & j<N,\\ u_j, & j\geqslant N.\end{cases}$$

于是有

$$\begin{aligned}\|w_j\|_{L^\infty}&\leqslant C2^{-jm_2}\|u\|_{C^{m_2}}\\&\leqslant C2^{-jm_1}\cdot 2^{j(m_1-m_2)}\|u\|_{C^{m_2}}\\&\leqslant C2^{-jm_1}\cdot R^{m_1-m_2}\|u\|_{C^{m_2}},\ j\geqslant N.\end{aligned}$$

于是由第一章定理 2.2 及 2.3 即知(3)成立. 证毕.

引理 3.3 设当 $|\xi|>\sqrt{n}$ 时,$a(x,\xi)=0$,且对所有 $\xi\in\mathbf{R}^n$ 和所有 $|\alpha|\leqslant n_1=\left[\frac{n}{2}\right]+1$, $x\to\partial_\xi^\alpha a(x,\xi)\in C^m$ 且范数不大于 1. 则对任何实数 $m_1,m>m_1>0$, 拟微分算子 $a(x,D)$ 是由 L^2 到 H^{m_1} 连续的.

证明 按第一章定理 2.1,作 $a(x,\xi)$ 关于 x 的环形分解

$$a(x,\xi)=\sum_{j=-1}^{\infty}b_j(x,\xi).\tag{3.5}$$

于是有

(1) $b_j(x,\xi)$ 关于 x 的谱含在环 $\mathbf{C}_j$ 中;

(2) 存在与 $\alpha,j,\xi\in\mathbf{R}^n$ 无关的常数 C,使得

$$|\partial_\xi^\alpha b_j(x,\xi)|\leqslant C2^{-mj},\ j=-1,0,\cdots,|\alpha|\leqslant n_1.\tag{3.6}$$

利用(3.5),我们写

$$\begin{aligned}g(x)&=\int e^{ix\xi}a(x,\xi)\hat{u}(\xi)d\xi\\&=\sum_{j=-1}^{\infty}\int e^{ix\xi}b_j(x,\xi)\hat{u}(\xi)d\xi\triangleq\sum_{j=-1}^{\infty}g_j(x).\end{aligned}\tag{3.7}$$

对于每个 g_j, 由 Schwarz 不等式有

$$
\begin{aligned}
|g_j(x)|^2 &= \left|\iint e^{i(x-y)\xi} b_j(x, \xi) u(y) dy d\xi\right|^2 \\
&\leqslant \int \langle x-y\rangle^{-2n_1} |u(y)|^2 dy \int \langle x-y\rangle^{2n_1} \\
&\quad \times \left|\int e^{i(x-y)\xi} b_j(x, \xi) d\xi\right|^2 dy \\
&\leqslant \int \langle x-y\rangle^{-2n_1} |u(y)|^2 dy \int \Big| \sum_{|\alpha|\leqslant n_1} C_\alpha \\
&\quad \times \int e^{i(x-y)\xi} \partial_\xi^\alpha b_j(x, \xi) d\xi \Big|^2 dy.
\end{aligned}
$$

因为 $b_j(x, \xi)$ 关于 ξ 的支集含在球 $B_{\sqrt{n}}$ 中，故由 Parseval 等式和(3.6)得到估计式

$$
|g_j(x)|^2 \leqslant C 2^{-2mj} \int \langle x-y\rangle^{-2n_1} |u(y)|^2 dy.
$$

两边对 x 积分便得

$$
\|g_j\|_0 \leqslant C 2^{-mj} \|u\|_0, \tag{3.8}
$$

其中常数 C 与 u, j 无关.

另一方面，又有

$$
\begin{aligned}
\hat{g}_j(\eta) &= \int e^{-ix\eta} g_j(x) dx \\
&= \int \hat{b}_j(\eta-\xi, \xi) \hat{u}(\xi) d\xi,
\end{aligned}
$$

其中 $\hat{b}_j(\eta, \xi)$ 是 $b_j(x, \xi)$ 关于 x 的 Fourier 变换. 因为

$$
\hat{b}_j(\eta-\xi, \xi) = 0, \text{ 当 } |\xi| \geqslant \sqrt{n} \text{ 或 } \eta-\xi \notin C_j.
$$

故知

$$
\operatorname{supp} \hat{g}_j(\eta) \subset \{\eta;\ k^{-1}2^j - \sqrt{n} \leqslant |\eta| \leqslant k 2^{j+1} + \sqrt{n}\}. \tag{3.9}
$$

按第一章定理 1.3，由(3.8)和(3.9)便知

$$
\|g\|_{m_1} \leqslant C \|u\|_0.
$$

证毕.

定理 3.4 设 $a(x,\xi)$ 满足条件：对所有 $|\alpha|$, $|\beta| \leqslant n_1 = \left[\frac{n}{2}\right] + 1$，有

$$
|a_{(\beta)}^{(\alpha)}(x, \xi)| \leqslant 1,
$$

则算子 $a(x, D)$ 是 L^2 有界的.

证明 取单位分解

$$\sum_{\nu\in Z^n}\psi^2(\xi-\nu)=1, \tag{3.10}$$

其中 $\mathbf{Z}^n$ 为 n 个整数集 Z 的乘积而 $\psi\in C_c^\infty(\mathbf{R}^n)$, $0\leqslant\psi\leqslant 1$, 且当 $|\xi|\geqslant\sqrt{n}$ 时 $\psi(\xi)=0$. 于是有

$$\begin{aligned}a(x,D)u(x)&=\sum_\nu\int e^{ix\xi}a(x,\xi)\psi^2(\xi-\nu)\hat{u}(\xi)d\xi\\&=\sum_\nu e^{ix\nu}\int e^{ix\xi}a(x,\xi+\nu)\psi(\xi)[\psi(\xi)\hat{u}(\xi+\nu)]d\xi\\&=\sum_\nu e^{ix\nu}g_\nu(x),\end{aligned}\tag{3.11}$$

其中

$$\begin{aligned}&g_\nu(x)=\int e^{ix\xi}a_\nu(x,\xi)\hat{u}_\nu(\xi)d\xi,\\&a_\nu(x,\xi)=a(x,\xi+\nu)\psi(\xi),\\&\hat{u}_\nu(\xi)=\psi(\xi)\hat{u}(\xi+\nu).\end{aligned}\tag{3.12}$$

显然, $a_\nu(x,\xi)$ 满足引理 3.3 的条件,故对 $n_1>m>\frac{n}{2}$, 有

$$\|g_\nu\|_m\leqslant C\|\hat{u}_\nu\|_0,$$

其中常数 C 与 u, ν 无关. 由此及(3.10),(3.12)便得

$$\begin{aligned}\|a(x,D)u\|_0^2&=\int\Big|\sum_\nu\hat{g}_\nu(\xi-\nu)\Big|^2d\xi\\&\leqslant\int\Big(\sum_\nu|\hat{g}_\nu(\xi-\nu)|^2\langle\xi-\nu\rangle^{2m}\Big)\sum_\nu\langle\xi-\nu\rangle^{-2m}d\xi\\&\leqslant C\sum_\nu\|g_\nu\|_m^2\leqslant C\sum_\nu\|\hat{u}_\nu\|_0^2\\&=C\sum_\nu\int\psi^2(\xi)|\hat{u}(\xi+\nu)|^2d\xi=C\|u\|_0^2.\end{aligned}$$

证毕.

推论 3.1 设 $m>n/2$. 若 $a(x,\xi)$ 满足条件: 对所有 $|\alpha|\leqslant n_1$, 均有 $x\to a^{(\alpha)}(x,\xi)\in C^m$ 且模不超过 1,则算子 $a(x,D)$ 是 L^2 有界的.

引理 3.4 设拟微分算子 $a(x, D)$ 为 L^2 有界，又设 r 为任意正实数且 $b(x,\xi)=a(rx,r^{-1}\xi)$，则 $b(x,D)$ 也是 L^2 有界的且$\|b(x, D)\|=\|a(x, D)\|$. 又对 L^∞ 有界性也有同样的结论.

证明 按定义有

$$\begin{aligned} b(x, D)u(x) &= \int e^{ix\xi}b(x, \xi)\hat{u}(\xi)\,đ\xi \\ &= \int e^{ix\xi}a(rx, r^{-1}\xi)\hat{u}(\xi)\,đ\xi \\ &= \int e^{iy\eta}a(y, \eta)\hat{u}(r\eta)r^n\,đ\eta. \end{aligned}$$

由此可得

$$\begin{aligned} \|b(x, D)u\|_0^2 &= \int\left|\int e^{iy\eta}a(y, \eta)\hat{u}(r\eta)r^n\,đ\eta\right|^2 dy\cdot r^{-n} \\ &\leqslant \|a(x,D)\|^2\int|\hat{u}(r\eta)r^n|^2\,đ\eta\cdot r^{-n} \\ &= \|a(x, D)\|^2\cdot\|u\|_0^2. \end{aligned}$$

这意味着$\|b(x, D)\|\leqslant\|a(x, D)\|$. 同理可证相反的不等式成立.

在 L^∞ 的情形，我们有

$$\begin{aligned} b(x, D)u(x) &= \iint e^{i(x-y)\xi}b(x, \xi)u(y)\,dy\,đ\xi \\ &= \iint e^{i(x-y)\xi}a(rx, r^{-1}\xi)u(y)\,dy\,đ\xi \\ &= \iint e^{i(rx-z)\eta}a(rx, \eta)u(r^{-1}z)\,dz\,đ\eta. \end{aligned}$$

令 $v(z)=u(r^{-1}z)$，于是有

$$b(x, D)u(r^{-1}x)=a(x, D)v(x).$$

故有

$$\begin{aligned} \|b(x, D)u\|_{L^\infty} &= \|b(x, D)u(r^{-1}\cdot)\|_{L^\infty}=\|a(x, D)v\|_{L^\infty} \\ &\leqslant\|a(x, D)\|\|v\|_{L^\infty}=\|a(x, D)\|\|u\|_{L^\infty}, \end{aligned}$$

即 $\|b(x, D)\|\leqslant\|a(x, D)\|$. 同理可证反向的不等式. 证毕.

定理 3.5(参见 [CM1]) 设 $0\leqslant\delta<1$，而象征 $a(x, \xi)$满足条件：对所有$|\alpha|$，$|\beta|\leqslant n_1=\left[\frac{n}{2}\right]+1$，有

$$|a_{(\beta)}^{(\alpha)}(x, \xi)| \leqslant C\langle\xi\rangle^{\delta(|\beta|-|\alpha|)},$$

则相应的拟微分算子 $a(x, D)$ 是 L^2 有界的.

证明 使用第一章定理 1.1 的记号将 $a(x, \xi)$ 分解为

$$a(x, \xi) = \sum_{j=-1}^{\infty} a_j(x, \xi), \tag{3.13}$$

其中

$$a_{-1}(x, \xi) = a(x, \xi)\psi(\xi),$$
$$a_j(x, \xi) = a(x, \xi)\varphi(2^{-j}\xi), \quad j = 0, 1, \cdots$$

由定理 3.4 知 $a_{-1}(x, D)$ 是 L^2 有界的. 对任意非负整数 j, 令

$$s_j(x, \xi) = a_j(2^{-\delta j}x, 2^{\delta j}\xi), \tag{3.14}$$

容易验证,对所有 $|\alpha|, |\beta| \leqslant n_1$,均有

$$|s_{j(\beta)}^{(\alpha)}(x, \xi)| \leqslant C.$$

取 $R_j = \frac{1}{10} 2^{j(1-\delta)}$ 并应用引理 3.2 于 s_j, 可以取实数 $m, n_1 > m > n/2$,使分解

$$s_j(x, \xi) = \hat{s}_j(x, \xi) + r_j(x, \xi) \tag{3.15}$$

满足下列条件:

(1) 对所有 $|\alpha| \leqslant n_1$, $x \to \partial_\xi^\alpha \hat{s}_j(x, \xi) \in C^{n_1}$ 且模不超过某与 ξ, j 无关的常数 M_1;

(2) $x \to \hat{s}_j(x, \xi)$ 的谱含在 $\{\eta; |\eta| \leqslant R_j\}$ 中;

(3) 对所有 $|\alpha| \leqslant n_1$, $x \to \partial_\xi^\alpha r_j(x, \xi) \in C^m$ 且模不超过 $M_2 2^{j(1-\delta)(m-n_1)}$, 此处 M_2 与 ξ, j 无关.

由定理 3.4 及其推论知,算子 $\hat{s}_j(x, D)$ 和 $r_j(x, D)$ 都是 L^2 有界的且算子模

$$\|\hat{s}_j(x, D)\| \leqslant CM_1, \ \|r_j(x, D)\| \leqslant CM_2 2^{j(1-\delta)(m-n_1)}.$$

再令

$$\tilde{a}_j(x,\xi) = \hat{s}_j(2^{\delta j}x, 2^{-\delta j}\xi), \ b_j(x, \xi) = r_j(2^{\delta j}x, 2^{-\delta j}\xi), \tag{3.16}$$

则由(3.14)—(3.16)有

$$a_j(x, \xi) = \tilde{a}_j(x, \xi) + b_j(x, \xi). \tag{3.17}$$

由引理 3.4 知

$$\|r_j(x, D)\| = \|b_j(x, D)\|, \ \|\tilde{a}_j(x, D)\| = \|\hat{s}_j(x, D)\|.$$

从而有

$$\sum_{j=0}^{\infty} \|b_j(x, D)\| \leqslant \sum_{j=0}^{\infty} CM_2 2^{j(1-\delta)(m-n_1)} < +\infty. \tag{3.18}$$

另一方面,记

$$g_j(x) = \int_{C_j} e^{ix\xi} \tilde{a}_j(x, \xi) \hat{u}(\xi) d\xi.$$

当 $\xi \in C_j$ 时, $x \to e^{ix\xi} \tilde{a}_j(x, \xi)$ 之谱含在

$$C_j^* = \{\eta;\ (k^{-1} - 10^{-1})2^j \leqslant |\eta| \leqslant (2k + 10^{-1})2^j\}$$

之中，从而 $g_j(x)$ 之谱也含在 C_j^* 之中. 注意到对每一 $\eta \in \mathbf{R}^n$，包含 η 的 C_j^* 的个数均不超过某固定整数,故有

$$\left\| \sum_{j=0}^{\infty} g_j(x) \right\|_0^2 \leqslant C \sum_{j=0}^{\infty} \|g_j\|_0^2 \leqslant C \sum_{j=0}^{\infty} \|u_j\|_0^2,$$

其中 $\hat{u}_j(\xi) = \hat{u}(\xi) \chi_j(\xi)$，$\chi_j(\xi)$ 为 C_j 的特征函数,因而有

$$\left\| \sum_{j=0}^{\infty} g_j \right\|_0^2 \leqslant C \sum_{j=0}^{\infty} \int_{C_j} |\hat{u}(\xi)|^2 d\xi \leqslant C \|u\|_0^2,$$

亦即有

$$\left\| \sum_{j=0}^{\infty} \tilde{a}_j(x, D) \right\| \leqslant C < +\infty. \tag{3.19}$$

由(3.18)与(3.19)即得

$$\|a(x, D)\| \leqslant \|a_{-1}(x, D)\| + \sum_{j=0}^{\infty} \|b_j(x, D)\|$$

$$+ \left\| \sum_{j=0}^{\infty} \tilde{a}_j(x, D) \right\| < +\infty.$$

证毕.

若将定理 3.5 中的条件 $\delta < 1$ 改为 $\delta = 1$ 而其他条件不动，则定理的结论不再成立. 即使将关于象征可微性的条件加强到无穷阶,即要求 $a \in S_{1,1}^0$，也仍然无济于事. 为说明这一点，我们来看下面的例子(参见 [Chi1])

例 1 设

$$p(x, \xi) = \sum_{j=1}^{\infty} \frac{1}{\sqrt{j}} e^{-i\eta_j x} \chi(6^{-j}\xi), \tag{3.20}$$

其中 $\eta_j\in \mathbf{R}^n, |\eta_j| = 3\cdot 6^j$ 而 $\chi(\xi)\in C_c^\infty(\mathbf{R}^n)$,使得 $0\leqslant \chi(\xi)\leqslant 1$ 且有

$$\chi(\xi)=\begin{cases}1, & \text{当 } 2\leqslant |\xi|\leqslant 4 \text{ 时},\\ 0 & \text{当 } |\xi|\leqslant 1 \text{ 或 } |\xi|\geqslant 5 \text{ 时}.\end{cases}$$

注意到

$$\boldsymbol{E}_j = \operatorname*{supp}_{\xi}\chi(6^{-j}\xi)\subset\{\xi;\ 6^j\leqslant|\xi|\leqslant 5\cdot 6^j\},\ j=1,2,\cdots,$$

两两不交且在 $\boldsymbol{E}_j$ 上有 $\eta_j\approx\langle\xi\rangle$,便知 $p(x,\xi)\in S^0_{1,1}$.

若算子 $p(x,D)L^2$ 有界,则应存在常数 C,使

$$\|p(x,D)u\|_0\leqslant C\|u\|_0 \tag{3.21}$$

对所有 $u\in L^2(\mathbf{R}^n)$ 成立. 选取函数 φ,使 $\hat\varphi\in C_c^\infty(\boldsymbol{B}_1)$ 且 $\|\hat\varphi\|_0=1$,然后令

$$\hat u_m(\xi)=\sum_{j=1}^m b_j\hat\varphi(\xi-\eta_j), \tag{3.22}$$

其中 $\{b_j\}_{j=1}^\infty\in l^2$. 显然,(3.22)右端各项的支集互不相交,所以

$$\|\hat u_m\|_0^2=\sum_{j=1}^m|b_j|^2. \tag{3.23}$$

按定义

$$\begin{aligned}p(x,D)u_m(x)&=\int e^{ix\xi}p(x,\xi)\hat u_m(\xi)d\xi\\&=\sum_{j=1}^m\frac{b_j}{\sqrt{j}}\int e^{ix(\xi-\eta_j)}\chi(6^{-j}\xi)\hat\varphi(\xi-\eta_j)d\xi.\end{aligned}$$

因为在集合 $\{\xi;\ \hat\varphi(\xi-\eta_j)\neq 0\}$ 上有 $\chi(6^{-j}\xi)=1$,故得

$$p(x,D)u_m(x)=\sum_{j=1}^m\frac{b_j}{\sqrt{j}}\varphi(x).$$

因此

$$\|p(x,D)u_m\|_0^2=\left|\sum_{j=1}^m\frac{b_j}{\sqrt{j}}\right|^2\|\varphi\|_0^2=\left|\sum_{j=1}^m\frac{b_j}{\sqrt{j}}\right|^2. \tag{3.24}$$

将(3.23),(3.24)代入(3.21),便有

$$\left|\sum_{j=1}^m\frac{b_j}{\sqrt{j}}\right|^2\leqslant C\sum_{j=1}^m|b_j|^2. \tag{3.25}$$

取 $b_j = j^{-1/2}$，$j = m$；$b_j = 0$，$j > m$，并注意(3.25)中的常数 C 与 m，$\{b_j\} \in l^2$ 无关，由(3.25)便知

$$\sum_{j=1}^{m} j^{-1} \leqslant C$$

对一切 m 成立，这是不可能的．这就证明了算子 $p(x, D)$ 不可能是 L^2 有界的．

关于拟微分算子 L^2 有界性的结果还可参见 [Li1]，[WL1] 等．

关于拟微分算子还可以讨论其 L^p 有界性，C^ρ 有界性等，详细内容可参见 [Ho1]，[Q1][Ta1]，[WL1]，[Li1] 等．

3.3 Gårding 不等式

前段我们较为详细地讨论了拟微分算子的 L^2 有界性，其证明基于对算子的估计．下面我们来建立另一种单边估计，即 Gårding 不等式．它是偏微分方程理论中的重要工具之一，在建立对称双曲方程的能量积分和推导椭圆边值问题的先验估计时，都起着重要的作用．最初，L. Gårding 对微分算子建立了这个不等式．随后，A. P. Calderon 和 A. Zygmund 对奇异积分算子证明了同样的不等式．在拟微分算子出现之后，它又被推广到拟微分算子的情形．

为了证明 Gårding 不等式，我们先证

引理 3.5 若 $a(x, \xi) \in S^0$，且 $\mathrm{Re}\, a(x, \xi) \geqslant C > 0$，则存在一个算子 $B \in \mathrm{Op}(S^0)$，使得

$$\mathrm{Re}\, a(x, D) - B^* B \in \mathrm{Op}(S^{-\infty}),$$

其中 $\mathrm{Re}\, a(x, D) = \dfrac{1}{2}(a(x, D) + a^*(x, D))$.

证明 我们以渐近展开的形式来构造象征

$$b(x, \xi) \sim \sum b_j(x, \xi),$$

即归纳地确定 $b_j(x, \xi) \in S^{-j}$．首先，令

$$b_0(x, \xi) = (\mathrm{Re}\, a(x, \xi))^{1/2}, \tag{3.26}$$

由于 $\operatorname{Re}a(x, \xi) \geqslant C > 0$，故 $b_0(x, \xi)$ 为正 C^∞ 函数．易知 $b_0 \in S^0$．按定理 2.4 和 2.5 知

$$\operatorname{Re}a(x, D) - b_0^*(x, D)b_0(x, D) = r_1 \in \operatorname{Op}(S^{-1}).$$

现在用归纳法来确定 b_j．设渐近展开式中的前 $k+1$ 项 b_0, $b_1, \cdots, b_k$ 已经得到且有

$$\begin{aligned}\operatorname{Re}a(x, D) &- (b_0 + \cdots + b_k)^*(b_0 + \cdots + b_k) \\ &= r_{k+1} \in \operatorname{Op}(S^{-k-1}).\end{aligned} \tag{3.27}$$

让我们来求 $b_{k+1} \in S^{-k-1}$，使

$$\begin{aligned}\operatorname{Re}a(x, D) = (b_0 + \cdots + b_k + b_{k+1})^*(b_0 + \cdots \\ + b_k + b_{k+1}) + r_{k+2},\end{aligned} \tag{3.28}$$

其中 $r_{k+2} \in \operatorname{Op}(S^{-k-2})$．按归纳假设(3.27)，我们有

$$\begin{aligned}&(b_0 + \cdots + b_k)^*(b_0 + \cdots + b_k) + r_{k+1} \\ &= (b_0 + \cdots + b_k)^*(b_0 + \cdots + b_k) + (b_0 + \cdots + b_{k+1})^* b_{k+1} \\ &\quad + b_{k+1}^*(b_0 + \cdots + b_k) + r_{k+2}.\end{aligned} \tag{3.29}$$

将(3.29)中凡是阶数低于 $k+1$ 的项与 r_{k+2} 相并，我们得到

$$\begin{aligned}b_0^*(x,D)b_{k+1}(x,D) + b_{k+1}^*(x,D)b_0(x,D) \\ = r_{k+1} - r'_{k+2},\end{aligned} \tag{3.30}$$

其中 $r'_{k+2} \in \operatorname{Op}(S^{-k-2})$．由(3.27)可见 $r_{k+1}^* = r_{k+1}$，所以 r_{k+1} 的主象征是实的．仅考虑主象征时，(3.30) 化为

$$b_0 b_{k+1} + \bar{b}_{k+1} b_0 = r_{k+1}.$$

可见，取 $b_{k+1} = r_{k+1}/2b_0$ 即满足要求．证毕．

定理 3.6 设 $a(x,\xi) \in S^m$ 且存在常数 $M > 0$ 与 $\hat{C} > 0$，使得当 $|\xi| > M$ 时有 $\operatorname{Re}a(x, \xi) \geqslant \hat{C}\langle\xi\rangle^m$，则对任何 $s \in \mathbf{R}$ 和所有 $u \in \mathscr{S}$，都有

$$\operatorname{Re}(a(x, D)u, u) \geqslant C_0\|u\|_{m/2}^2 - C_1\|u\|_s^2.$$

证明 只要令

$$a_1(x, D) = \Lambda^{-\frac{m}{2}}(D)a(x, D)\Lambda^{-\frac{m}{2}}(D),$$

便可将问题化为 $m = 0$ 的情形，故以下只对 $m = 0$ 的情形进行证明，这时问题的假设是 $a(x, \xi) \in S^0$ 且

$$\operatorname{Re}a(x, \xi) \geqslant \hat{C} > 0, \text{ 当 } |\xi| \geqslant M \text{ 时}.$$

因 $a(x,\xi)\in S^0$，所以存在常数 $\widetilde{C}$，使得对所有的 $(x,\xi)\in \mathbb{R}^n\times \mathbb{R}^n$，均有

$$|a(x,\xi)|\leqslant \widetilde{C}.$$

取非负函数 $\varphi(\xi)\in C_c^\infty(B_{2M})$，使得在 B_M 上有 $\varphi(\xi)=\hat{C}+\widetilde{C}$. 于是 $\varphi(\xi)\in S^{-\infty}$ 且

$$\mathrm{Re}\,a(x,\xi)+\varphi(\xi)\geqslant \hat{C},\ 对所有\ \xi\in \mathbb{R}^n.$$

而若对算子 $a(x,D)+\varphi(D)$ 证明了所要求的不等式，立即便得对 $a(x,D)$ 的同样不等式，故不妨设

$$\mathrm{Re}\,a(x,\xi)\geqslant \hat{C}>0$$

对所有 $\xi\in \mathbb{R}^n$ 成立. 令

$$a'(x,\xi)=a(x,\xi)-\hat{C}/2,$$

于是 $\mathrm{Re}\,a'(x,\xi)\geqslant \hat{C}/2>0$. 将引理 3.5 应用于象征 $a'(x,\xi)$ 知 $B\in \mathrm{Op}(S^0)$，使得

$$\mathrm{Re}\,a'(x,D)-B^*B=S\in \mathrm{Op}(S^{-\infty}).$$

因而有

$$\begin{aligned}\mathrm{Re}(a(x,D)u,u)&-\frac{1}{2}\hat{C}(u,u)\\&=(Bu,Bu)+\mathrm{Re}(Su,u).\end{aligned}$$

由此立即得到

$$\begin{aligned}\mathrm{Re}(a(x,D)u,u)&\geqslant\frac{1}{2}\hat{C}(u,u)+\mathrm{Re}(Su,u)\\&\geqslant C_0\|u\|_0^2-C_1\|u\|_s^2.\end{aligned}$$

证毕.

作为本节的结束，让我们来证明精细的 Gårding 不等式. 为此，我们引入波包变换(参见 [CF1])

$$Wu(z,\xi)=c_n\langle\xi\rangle^{n/4}\int e^{i(z-y)\xi-\langle\xi\rangle|z-y|^2}u(y)dy, \tag{3.31}$$

它的共轭算子是

$$W^*F(x)=c_n\iint\langle\xi\rangle^{n/4}e^{i(x-z)\xi-\langle\xi\rangle|x-z|^2}F(z,\xi)dzd\xi, \tag{3.32}$$

其中常数 $c_n=2^{-n/4}\pi^{-3n/4}$.

引理 3.6 由 (3.31) 给出的波包变换W是由 $L^2(\mathbb{R}^n)$ 到

$L^2(\mathbf{R}^n\times\mathbf{R}^n)$ 的有界线性算子.

证明 因为 (3.31) 右端的积分可以视为函数 $e^{ix\xi-\langle\xi\rangle|x|^2}$ 与 $u(x)$ 的卷积,所以在(3.31)两端关于 x 取 Fourier 变换,可得

$$F_{x\to\eta}(Wu)=c_n(2\pi)^{n/2}\langle\xi\rangle^{-n/4}e^{-\frac{1}{4}\langle\xi\rangle^{-1}|\xi-\eta|^2}\hat{u}(\eta),$$

其中 $F_{x\to\eta}$ 表示关于 x 的 Fourier 变换. 于是有

$$\begin{aligned}\|Wu\|_0^2&=\|F_{x\to\eta}(Wu)\|_0^2\cdot(2\pi)^{-n}\\&=c_n^2\iint\langle\xi\rangle^{-n/2}e^{-\frac{1}{2}\langle\xi\rangle^{-1}|\xi-\eta|^2}|\hat{u}(\eta)|^2d\xi d\eta\\&=c_n^2(\mathrm{I}_1+\mathrm{I}_2+\mathrm{I}_3),\end{aligned}\tag{3.33}$$

其中

$$\mathrm{I}_1=\iint_{|\xi-\eta|>\langle\xi\rangle/4}\langle\xi\rangle^{-n/2}e^{-\frac{1}{2}\langle\xi\rangle^{-1}|\xi-\eta|^2}|\hat{u}(\eta)|^2d\xi d\eta,$$

$$\mathrm{I}_2=\iint_{|\xi-\eta|\leqslant\langle\xi\rangle/4,\langle\xi\rangle\leqslant2},$$

$$\mathrm{I}_3=\iint_{|\xi-\eta|\leqslant\langle\xi\rangle/4,\langle\xi\rangle\geqslant2}.$$

下面分别进行估计.

$$\mathrm{I}_1\leqslant\iint\langle\xi\rangle^{-n/2}e^{-\frac{1}{32}\langle\xi\rangle}|\hat{u}(\eta)|^2d\xi d\eta\leqslant C_1\|u\|_0^2.\tag{3.34}$$

而对于 I_2, 因关于 ξ 的积分只在有限范围上进行,故有

$$\mathrm{I}_2\leqslant\iint_{\langle\xi\rangle\leqslant2}\langle\xi\rangle^{-n/2}|\hat{u}(\eta)|^2d\xi d\eta\leqslant C_2\|u\|_0^2.\tag{3.35}$$

为估计 I_3, 注意此时有 $\langle\xi\rangle/4\leqslant|\eta|\leqslant5\langle\xi\rangle/4$, 故有

$$\begin{aligned}\mathrm{I}_3&\leqslant C\iint|\eta|^{-n/2}e^{-\frac{1}{8}|\eta|^{-1}|\xi-\eta|^2}|\hat{u}(\eta)|^2d\xi d\eta\\&=C\int|\hat{u}(\eta)|^2d\eta\int|\eta|^{-n/2}e^{-\frac{1}{8}|\eta|^{-1}|\xi-\eta|^2}d\xi\\&\leqslant C_3\|u\|_0^2.\end{aligned}\tag{3.36}$$

将(3.34)—(3.36)代入(3.33)即能得欲证的结果. 证毕.

定理 3.7 设 $a(x,\xi)\in S^m$ 且 $a(x,\xi)\geqslant0$,则存在常数 C,使得对所有 $u\in\mathscr{S}$, 都有

$$\mathrm{Re}(a(x,D)u,u)\geqslant-C\|u\|_{(m-1)/2}^2.$$

证明 不妨设 $m=1$,于是只须证明

$$\mathrm{Re}(a(x, D)u, u) \geqslant -C\|u\|_0^2, \quad u \in \mathscr{S}. \tag{3.37}$$

利用波包变换(3.31)与(3.32),我们有

$$W^*aWu(x) = \iint e^{i(x-y)\xi} b(x, y, \xi) u(y) dy d\xi, \tag{3.38}$$

其中

$$b(x, y, \xi) = c_n^2 (2\pi)^n \langle \xi \rangle^{n/2} \int e^{-\langle \xi \rangle (|x-z|^2 + |y-z|^2)} a(z, \xi) dz. \tag{3.39}$$

容易验证 $b(x, y, \xi) \in S^1_{1,1/2,1/2}$. 于是由定理 2.3 知 $W^*aW \in \mathrm{Op}(S^1_{1,1/2})$ 且它的象征有渐近展开式

$$c(x, \xi) \sim \sum_\alpha \frac{1}{\alpha!} \partial_y^\alpha D_\xi^\alpha b(x, y, \xi)|_{y=x}. \tag{3.40}$$

我们将(3.40)改写成

$$c(x, \xi) = b(x, x, \xi) + \sum_{i=1}^n \partial y_i D_{\xi_i} b(x, y, \xi)|_{y=x} + r(x, \xi), \tag{3.41}$$

其中 $r(x, \xi) \in S^0_{1,1/2}$. 由定理 3.5 知, 算子 $r(x, D)$ 是 L^2 有界的.

记

$$e_i(x, \xi) = \partial y_i D_{\xi_i} b(x, y, \xi)|_{y=x}.$$

由(3.39)知 $b(x, y, \xi)$ 为实,故 $e_i(x,\xi)$ 为纯虚. 由定理 2.4 知 $e_i(x, D)$ 的共轭算子 $e_i^*(x, D)$ 的象征 $f_i(x, \xi)$ 有渐近展开式

$$f_i(x, \xi) \sim \sum_\beta \frac{1}{\beta!} \partial_x^\beta D_\xi^\beta \bar{e}_i(x, \xi).$$

据此可将 f_i 写成

$$f_i(x, \xi) = -e_i(x, \xi) + r_i'(x, \xi), \tag{3.42}$$

其中 $r_i'(x, \xi) \in S^0_{1,1/2}$, 因而 $r_i'(x, D) L^2$ 有界. 于是由(3.42)得到

$$\begin{aligned} \mathrm{Re}(e_i(x, D)u, u) &= \frac{1}{2}[(e_i(x, D)u, u) + (e_i^*(x, D)u, u)] \\ &= \frac{1}{2}(r_i'(x, D)u, u) \end{aligned}$$

$$\geqslant -C\|u\|_0^2. \tag{3.43}$$

现在来处理(3.41)式右端第一项. 由(3.39)有

$$b(x, x, \xi) = C_0\langle\xi\rangle^{n/2}\int e^{-2\langle\xi\rangle|w|^2}a(x-w, \xi)dw,$$

其中 $C_0 = c_n^2(2\pi)^n$. 因为

$$C_0\int\langle\xi\rangle^{n/2}e^{-2\langle\xi\rangle|w|^2}dw = 1,$$

$$\int e^{-2\langle\xi\rangle|w|^2}w_j dw = 0,\ j = 1, \cdots, n,$$

故由 Taylor 公式有

$$\begin{aligned} r''(x, \xi) &\triangleq b(x, x, \xi) - a(x, \xi) \\ &= C_0\langle\xi\rangle^{n/2}\int e^{-2\langle\xi\rangle|w|^2}[a(x-w, \xi) - a(x, \xi)]dw \\ &= C_0\langle\xi\rangle^{n/2}\sum_{|\alpha|=2}\frac{1}{\alpha!}\int e^{-2\langle\xi\rangle|w|^2}w^\alpha \\ &\quad\times\int_0^1(1-t)\partial_x^\alpha a(x-tw, \xi)dtdw \\ &= C_0\sum_{|\alpha|=2}\frac{1}{\alpha!}\int e^{-2\langle\xi\rangle|w|^2}\langle\xi\rangle w^\alpha \\ &\quad\times\int_0^1(1-t)\partial_x^\alpha a(x-tw,\xi)\langle\xi\rangle^{-1}dtd(\langle\xi\rangle^{1/2}w). \end{aligned} \tag{3.44}$$

因为 $\partial_x^\alpha a(x, \xi)\in S^1$,故知 $r''(x,\xi)\in S^0$. 由定理 3.2 知 $r''(x, D)$ 也是 L^2 有界的. 由此及(3.38),(3.41)有

$$\begin{aligned}(W^*aWu, u) &= (a(x, D)u, u) + (r''(x, D)u, u) \\ &\quad + (r(x, D)u, u) + \sum_{j=1}^n(e_j(x, D)u, u).\end{aligned}$$

因为

$$(W^*aWu, u) = (aWu, Wu)\geqslant 0,$$

故由(3.43)及 $r(x, D)$, $r''(x, D)$ 的 L^2 有界性即得

$$\operatorname{Re}(a(x, D)u, u)\geqslant -C\|u\|_0^2.$$

证毕.

这个定理还有许多不同的证明方法和进一步的结果. 例如参

见 [Ta1] 中 Ch.VII 和 [Ho1] 中§ 17.1 和 § 22.3.

注 1 定理 3.7 的条件 $a(x, \xi) \geqslant 0$ 可以减弱为 $\mathrm{Re}a(x, \xi) \geqslant 0$. 因为由定理 2.4 知

$$[a(x, D) + a^*(x, D)]/2 - (\mathrm{Re}a)(x, D) = r(x, D) \in \mathrm{Op}S^{m-1},$$

所以只须对算子 $(\mathrm{Re}a)(x, D)$ 证明定理 3.7 即可.

注 2 按主象征 $a_m(x, \xi)$ 的定义知 $a(x, \xi) - a_m(x, \xi) \in S^{m-1}$, 所以,定理 3.7 的条件 $a(x, \xi) \geqslant 0$ 可以减弱为 $a_m(x, \xi) \geqslant 0$, 从而又可改为 $\mathrm{Re}a_m(x, \xi) \geqslant 0$.

3.4 Friedrichs 引理

现在，我们来研究拟微分算子与磨光算子的交换子的性质.

首先，我们介绍磨光算子的定义及其性质. 取函数 $j(x) \in C_c^\infty(\mathbf{R}^n)$, 使得 $\int j(x)dx = 1$. 对任意 $\varepsilon > 0$, 令

$$j_\varepsilon(x) = \varepsilon^{-n} j(x/\varepsilon).$$

对于函数(或分布) $u(x)$, 我们定义算子 J_ε 如下:

$$J_\varepsilon u(x) = j_\varepsilon * u(x), \tag{3.45}$$

并称 J_ε 为磨光算子. 若 $u \in \mathscr{S}$, 则由(3.45)可得

$$\widehat{J_\varepsilon u}(\xi) = \hat{j}(\varepsilon\xi)\hat{u}(\xi) \tag{3.46}$$

和

$$J_\varepsilon u(x) = \int e^{ix\xi}\hat{j}(\varepsilon\xi)\hat{u}(\xi)d\xi. \tag{3.47}$$

因为对固定的 $\varepsilon > 0$, $\hat{j}(\varepsilon\xi) \in \mathscr{S}$, 所以 $\hat{j}(\varepsilon\xi) \in S^{-\infty}$, 从而 $J_\varepsilon \in \mathrm{Op}(S^{-\infty})$. 另一方面,又因

$$\partial_\xi^\alpha[\hat{j}(\varepsilon\xi)] = \varepsilon^{|\alpha|}(\partial_\xi^\alpha\hat{j})(\varepsilon\xi),$$

所以 $\{\hat{j}(\varepsilon\xi); 0 < \varepsilon \leqslant 1\}$ 为 S^0 中的有界集. 为以后应用方便起见,我们把它写成:

引理 3.7 设 J_ε 是由(3.45)定义的磨光算子.

(1) 对任何 $\varepsilon > 0$, $J_\varepsilon \in \mathrm{Op}(S^{-\infty})$;

(2) $\{J_\varepsilon; 0<\varepsilon\leqslant 1\}$ 为 $\mathrm{Op}(S^0)$ 中的有界集.

利用定理 3.3,我们可以得到算子 J_ε 由 H^s 到 $H^{s'}$ 空间中的有界性. 但是,我们也可直接证明而得到

引理 3.8 设 J_ε 由(3.45)所定义，$\varepsilon>0$.

(1) 对任何实数 s 和 s',算子 J_ε 都是由 H^s 列 $H^{s'}$ 有界的;

(2) 对任意 $u\in H^s(\mathbf{R}^n)$，在 H^s 中有

$$J_\varepsilon u\to u,\ 当\ \varepsilon\to 0\ 时.$$

证明 由(3.46)式有

$$\langle\xi\rangle^{2s'}|\widehat{J_\varepsilon u}(\xi)|^2=\langle\xi\rangle^{2(s'-s)}|\hat{j}(\varepsilon\xi)|^2\langle\xi\rangle^{2s}|\hat{u}(\xi)|^2.$$

因为 $\hat{j}(\varepsilon\xi)\in\mathscr{S}$，所以

$$\langle\xi\rangle^{2s'}|\widehat{J_\varepsilon u}(\xi)|^2\leqslant C\langle\xi\rangle^{2s}|\hat{u}(\xi)|^2,\tag{3.48}$$

其中常数 C 与 ε 有关但与 u 无关. 由此即知(1)成立.

由 $j(x)$ 的选法知 $\hat{j}(0)=1$，所以对任何 $\xi\in\mathbf{R}^n$，都有

$$\lim_{\varepsilon\to 0}\hat{j}(\varepsilon\xi)=1,$$

同时由(3.48)式又有

$$\langle\xi\rangle^{2s}|\widehat{J_\varepsilon u}(\xi)-\hat{u}(\xi)|^2\leqslant C\langle\xi\rangle^{2s}|\hat{u}(\xi)|^2,$$

其中常数 C 与 ε 无关. 于是由控制收敛定理便得

$$\lim_{\varepsilon\to 0}\int\langle\xi\rangle^{2s}|\widehat{J_\varepsilon u}(\xi)-\hat{u}(\xi)|^2d\xi$$
$$=\int\langle\xi\rangle^{2s}\lim_{\varepsilon\to 0}|(\hat{j}(\varepsilon\xi)-1)\hat{u}(\xi)|^2d\xi=0.$$

这就证明了(2). 证毕.

对于拟微分算子 $A\in\mathrm{Op}(S^m)$，由定理 3.3 和引理 3.7 知对任一 $\varepsilon>0$,交换子 $[A,J_\varepsilon]\in\mathrm{Op}(S^{-\infty})$,且进一步地有如下的

定理 3.8 设算子 A 的象征 $a(x,\xi)\in S^m$ 且 $a(x,\xi)$ 关于 x 有紧支集.

(1) $\{[A,J_\varepsilon];0<\varepsilon\leqslant 1\}$ 为 $\mathrm{Op}(S^{m-1})$ 中的有界集;

(2) 对任意的 $u\in H^s(\mathbf{R}^n)$,在空间 H^{s-m+1} 中有

$$[A,J_\varepsilon]u\to 0,\ 当\ \varepsilon\to 0\ 时.$$

证明 按定义与(3.46)，我们有

$$AJ_\varepsilon u(x) = \int e^{ix\xi} a(x,\xi) \hat{j}(\varepsilon\xi) \hat{u}(\xi) đ\xi$$

$$= \int e^{ix\eta} \int \hat{a}(\eta-\xi,\xi) \hat{j}(\varepsilon\xi) \hat{u}(\xi) đ\xi đ\eta \tag{3.49}$$

和

$$J_\varepsilon Au(x) = \int e^{ix\eta} \hat{j}(\varepsilon\eta) \int \hat{a}(\eta-\xi,\xi) \hat{u}(\xi) đ\xi đ\eta, \tag{3.50}$$

其中 $\hat{a}(\eta,\xi)$ 为 $a(x,\xi)$ 关于 x 的 Fourier 变换. 由 (3.49) 和 (3.50) 得到

$$[A, J_\varepsilon] u(x) = \iint e^{ix\eta} [\hat{j}(\varepsilon\xi) - \hat{j}(\varepsilon\eta)] \hat{a}(\eta-\xi,\xi) đ\eta \hat{u}(\xi) đ\xi$$

$$= \int e^{ix\xi} p_\varepsilon(x,\xi) \hat{u}(\xi) đ\xi, \tag{3.51}$$

其中

$$p_\varepsilon(x,\xi) = \int e^{ix(\eta-\xi)} \hat{a}(\eta-\xi,\xi)$$

$$\times \int_0^1 \nabla\hat{j}(\varepsilon\eta + \varepsilon t(\xi-\eta)) \varepsilon(\xi-\eta) dt đ\eta$$

$$= -i \int_0^1 dt \int e^{ix(\eta-\xi)} \varepsilon (\nabla_x a)^\wedge(\eta-\xi,\xi)$$

$$\cdot \nabla\hat{j}(\varepsilon\eta + \varepsilon t(\xi-\eta)) đ\eta. \tag{3.52}$$

可见,为证(1),只须验证 $\{p_\varepsilon(x,\xi);\ 0<\varepsilon\leqslant 1\}$ 为 S^{m-1} 中的有界集.

首先,因为 $\hat{j}(\xi)\in\mathscr{S}$, 故对任意正整数 k 和任意重指标 α 都成立估计式

$$|\partial_\zeta^\alpha \hat{j}(\zeta)|_{\zeta=\varepsilon\eta+\varepsilon t(\xi-\eta)}| \leqslant \begin{cases} C_\alpha, & \text{对所有 } \xi,\eta, \\ C_{k,\alpha}\langle\varepsilon\xi\rangle^{-k}, & \text{当} |\xi-\eta| \leqslant |\xi|/2 \text{ 时}. \end{cases} \tag{3.53}$$

特别地,当 $|\xi-\eta|\leqslant|\xi|/2$ 时有

$$|\varepsilon^{|\alpha|} \partial_\zeta^\alpha \hat{j}(\zeta)|_{\zeta=\varepsilon\eta+\varepsilon t(\xi-\eta)}| \leqslant C_\alpha \langle\xi\rangle^{-|\alpha|}, \tag{3.54}$$

其中常数 C_α 与 ε 无关.

其次,因为 $a(x,\xi)\in S^m$ 且关于 x 有紧支集,故对任意重指标 α,β 都有估计式

$$|(\eta-\xi)^{\beta}(D_x^{\alpha}a)^{\wedge}(\eta-\xi,\xi)|\leqslant C\langle\xi\rangle^{m},$$

从而对任意正整数 N，有

$$|(D_x^{\alpha}a)^{\wedge}(\eta-\xi,\xi)|\leqslant C_{\alpha,N}\langle\xi\rangle^{m}\langle\eta-\xi\rangle^{-N}. \quad (3.55)$$

将 (3.52) 右端的积分分成两部分来估计. 利用 (3.53)—(3.55)，取(3.55)中的 $N>n$，有

$$\left|\int_0^1 dt\int_{|\xi-\eta|\leqslant|\xi|/2}e^{ix(\eta-\xi)}(\nabla_x a)^{\wedge}(\eta-\xi,\xi)\right.$$

$$\left.\times\,\varepsilon\nabla\hat{j}(\varepsilon\eta+\varepsilon t(\xi-\eta))d\eta\right|$$

$$\leqslant\int_{|\xi-\eta|\leqslant|\xi|/2}C\langle\xi\rangle^{m}\langle\eta-\xi\rangle^{-N}\langle\xi\rangle^{-1}d\eta\leqslant C\langle\xi\rangle^{m-1}. \quad (3.56)$$

在(3.55)中取 $N>n+1$，又有

$$\left|\int_0^1 dt\int_{|\xi-\eta|>|\xi|/2}e^{ix(\eta-\xi)}(\nabla_x a)^{\wedge}(\eta-\xi,\xi)\right.$$

$$\left.\times\,\varepsilon\nabla\hat{j}(\varepsilon\eta+\varepsilon t(\xi-\eta))d\eta\right|$$

$$\leqslant C\int_{|\xi-\eta|>|\xi|/2}\langle\xi\rangle^{m}\langle\eta-\xi\rangle^{-N}d\eta\leqslant C\langle\xi\rangle^{m-1}. \quad (3.57)$$

将(3.56)与(3.57)结合起来即得

$$|p_\varepsilon(x,\xi)|\leqslant C\langle\xi\rangle^{m-1},$$

其中常数 C 与 ε 无关. 类似地可以证明，对任意 α，β，存在与 ε 无关的常数 $C_{\alpha\beta}$，使得

$$|p_{\varepsilon(\beta)}^{(\alpha)}(x,\xi)|\leqslant C_{\alpha\beta}\langle\xi\rangle^{m-1-|\alpha|}.$$

这就证明了 $\{p_\varepsilon(x,\xi);\ 0<\varepsilon\leqslant 1\}$ 为 S^{m-1} 中的有界集.

现在我们来证明 (2). 对任意 $u\in H^s$ 和任意 $\delta>0$，因为 $C_c^\infty(\mathbf{R}^n)$ 在 $H^s(\mathbf{R}^n)$ 中稠密，故存在 $v\in C_c^\infty$，使 $\|u-v\|_s<\delta$，我们有

$$\begin{aligned}\|[A,J_\varepsilon]u\|_{s-m+1}&\leqslant\|[A,J_\varepsilon]v\|_{s-m+1}+\|[A,J_\varepsilon](v-u)\|_{s-m+1}\\&\leqslant\|A(J_\varepsilon v-v)\|_{s-m+1}+\|Av-J_\varepsilon Av\|_{s-m+1}\\&\quad+\|[A,J_\varepsilon](v-u)\|_{s-m+1}.\end{aligned} \quad (3.58)$$

由前段证明知

$$\|[A,J_\varepsilon](v-u)\|_{s-m+1}\leqslant C_1\|v-u\|_s<C_1\delta, \quad (3.59)$$

其中常数 C_1 与 ε 无关. 由引理 3.8 知当 ε 充分小时有

$$\|A(J_\varepsilon v - v)\|_{s-m+1} \leqslant C\|J_\varepsilon v - v\|_{s+1} < C_2\delta, \tag{3.60}$$

$$\|J_\varepsilon Av - Av\|_{s-m+1} \leqslant \delta. \tag{3.61}$$

将(3.58)和(3.59)结合起来即知(2)成立. 证毕.

§4. 具非正则象征的拟微分算子

非正则象征指的是关于 x 具有较少可微性或不可微的象征. 随着拟微分算子理论的发展, 具非正则象征的拟微分算子也逐步得到研究和应用. 在仿微分算子理论中,也要用到它的有界性.为此,本节就来讨论这一类算子.

§3 例 1 说明 $\mathrm{Op}(S^0_{1,1})$ 类算子并不都是 L^2 有界的, 这说明(1,1)型的算子类是个"坏"类. 但这类算子也有各种有界性结果, 特别是在仿微分算子理论中还要用到这些结果, 所以我们也把它放到本节来讨论.

4.1 具非正则象征的拟微分算子的 L^2 有界性

例 3.1 说明,即使象征 $a(x, \xi)$ 满足条件: 对所有重指标 α, 都有估计式

$$|a^{(\alpha)}(x, \xi)| \leqslant C_\alpha\langle\xi\rangle^{-|\alpha|} \tag{4.1}$$

成立而且所有导数 $a^{(\alpha)}_{(\beta)}(x, \xi)$ 都连续, 也不足以保证算子 $a(x, D)L^2$ 有界. 但是,如果再加上某些条件, 例如将它的阶降低或将关于 x 的连续性提高,则可得到相应的拟微分算子的 L^2 有界性. 具体地说,如果在要求(4.1)对所有$|\alpha| \leqslant n_1 = \left[\frac{n}{2}\right] + 1$ 之外再要求: 对于$|\alpha| \leqslant n_1$ 和 $0 < \sigma < 1$,估计式

$$|a^{(\alpha)}(x, \xi) - a^{(\alpha)}(x', \xi)| \leqslant C|x - x'|^\sigma\langle\xi\rangle^{-|\alpha|} \tag{4.2}$$

成立,则可证明算子 $a(x, D)$ 是 L^2 有界的.

为了证明上述论断,我们先来证明一个象征分解引理.

引理 4.1. 设对所有 $|\alpha| \leqslant n_1 = \left[\frac{n}{2}\right] + 1$ 和 $0 < \sigma < 1$,象

征 $a(x,\xi)$ 满足条件(4.1)和(4.2)，则对任何 $0<\delta<1$，都可分解

$$a(x,\xi)=\tilde{a}(x,\xi)+q(x,\xi),$$

使 $\tilde{a}(x,\xi)$ 满足条件：对 $|\alpha|\leqslant n_1$ 和所有 β，有

$$|\tilde{a}_{(\beta)}^{(\alpha)}(x,\xi)|\leqslant C_{\alpha\beta}\langle\xi\rangle^{-|\alpha|+\delta|\beta|}, \tag{4.3}$$

而 $q(x,\xi)$ 满足条件：对所有 $|\alpha|\leqslant n_1$，有

$$|q^{(\alpha)}(x,\xi)|\leqslant C\langle\xi\rangle^{-|\alpha|-\sigma\delta}. \tag{4.4}$$

证明 取 $\varphi(x)\in C_c^\infty(\boldsymbol{B}_1)$，使 $\int\varphi(x)dx=1$. 令

$$\begin{aligned}\tilde{a}(x,\xi)&=\int\varphi(y)a(x-\langle\xi\rangle^{-\delta}y,\xi)dy\\&=\int\varphi(\langle\xi\rangle^{\delta}(x-y))a(y,\xi)dy\cdot\langle\xi\rangle^{n\delta}.\end{aligned} \tag{4.5}$$

直接验证可知(4.5)给出的 $\tilde{a}(x,\xi)$ 满足条件(4.3).

下面证明 $q(x,\xi)=a(x,\xi)-\tilde{a}(x,\xi)$ 满足条件(4.4). 由(4.5)及 φ 的选法有

$$q(x,\xi)=\int\varphi(\langle\xi\rangle^{\delta}(x-y))[a(x,\xi)-a(y,\xi)]dy\cdot\langle\xi\rangle^{n\delta}. \tag{4.6}$$

对 $q(x,\xi)$ 求导，我们有

$$\begin{aligned}\partial_{\xi_j}q(x,\xi)=&\Big\{\int\delta\langle\xi\rangle^{\delta-2}\xi_j(x-y)\nabla\varphi(\langle\xi\rangle^{\delta}(x-y))\\&\times[a(x,\xi)-a(y,\xi)]dy\\&+\int\varphi(\langle\xi\rangle^{\delta}(x-y))[a(x,\xi)-a(y,\xi)]dy\,n\delta\langle\xi\rangle^{-2}\xi_j\\&+\int\varphi(\langle\xi\rangle^{\delta}(x-y))[\partial_{\xi_j}a(x,\xi)-\partial_{\xi_j}a(y,\xi)]dy\Big\}\langle\xi\rangle^{n\delta}\\=&\int y\nabla\varphi(y)[a(x,\xi)-a(x-\langle\xi\rangle^{-\delta}y,\xi)]dy\cdot\delta\langle\xi\rangle^{-2}\xi_j\\&+\int\varphi(y)[a(x,\xi)-a(x-\langle\xi\rangle^{-\delta}y,\xi)]dy\cdot n\delta\langle\xi\rangle^{-2}\xi_j\\&+\int\varphi(y)[\partial_{\xi_j}a(x,\xi)-\partial_{\xi_j}a(x-\langle\xi\rangle^{-\delta}y,\xi)]dy.\end{aligned} \tag{4.7}$$

注意积分仅在球体 $\boldsymbol{B}_1$ 上进行，故由(4.2)知

$$|a(x, \xi) - a(x - \langle\xi\rangle^{-\delta}y, \xi)| \leqslant C|y|^{\sigma}\langle\xi\rangle^{-\sigma\delta},$$

$$|\partial_{\xi_j}a(x,\xi) - \partial_{\xi_j}a(x - \langle\xi\rangle^{-\delta}y,\xi)| \leqslant C|y|^{\sigma}\langle\xi\rangle^{-1-\sigma\delta}.$$

由此及(4.7)可知(4.4)对 $|\alpha| = 1$ 成立．类似地可证(4.4)对所有 $|\alpha| \leqslant n_1$ 成立．证毕．

引理 4.2 设条件(4.1)对所有 $|\alpha| \leqslant n_1$ 成立且 $\operatorname{supp}_{\xi} a(x, \xi) \subset \boldsymbol{B}_R$，$R > 0$，则拟微分算子 $a(x, D)$ 是 L^2 有界的．

证明是容易的，故从略．

定理 4.1 设 $\sigma > 0$．若对所有 $|\alpha| \leqslant n_1$ 均有

$$|q^{(\alpha)}(x, \xi)| \leqslant C\langle\xi\rangle^{-\sigma-|\alpha|}, \tag{4.8}$$

则相应的拟微分算子 $q(x,D)$是 L^2 有界的．

证明 由引理 4.2 知：可设 $\operatorname{supp}_{\xi} q(x, \xi) \subset \boldsymbol{B}_{2K}$．于是由第一章定理 1.1 有

$$q(x, \xi) = \sum_{j=1}^{\infty} q(x, \xi)\varphi(2^{-j}\xi).$$

令

$$q_j(x, \xi) = q(x, \xi)\varphi(2^{-j}\xi), \quad j = 1, 2, \cdots,$$

则 $\operatorname{supp}_{\xi} q_j(x, \xi) \subset C_j$ 且仍然满足(4.8)．

既然 $\sigma > 0$，故可选取 $\varepsilon > 0$，使 $\varepsilon < \min\{\sigma, 1/4n_1\}$．于是由 Schwarz 不等式有

$$|q_j(x, D)u(x)|^2 \leqslant \int |x - y|^{n-2\varepsilon}\langle x - y\rangle^{4\varepsilon} \times \left|\int e^{i(x-y)\xi}q_j(x, \xi)d\xi\right|^2 dy \cdot \int |x - y|^{-n+2\varepsilon}\langle x - y\rangle^{-4\varepsilon}|u(y)|^2 dy. \tag{4.9}$$

对于(4.9)右端第一个积分，由推广的 Hölder 不等式可得

$$\int |x - y|^{n-2\varepsilon}\langle x - y\rangle^{4\varepsilon} \left|\int e^{i(x-y)\xi}q_j(x, \xi)d\xi\right|^2 dy \leqslant \left\{\int |x - y|^{2n_1}\left|\int e^{i(x-y)\xi}q_j(x, \xi)d\xi\right|^2 dy\right\}^{\lambda}$$

$$\cdot \left\{ \int |x - y|^{2(n_1-1)} \left| \int e^{i(x-y)\xi} q_j(x, \xi) d\xi \right|^2 dy \right\}^{\mu}$$

$$\cdot \left\{ \int \langle x - y \rangle^2 \left| \int e^{i(x-y)\xi} q_j(x, \xi) d\xi \right|^2 dy \right\}^{2\varepsilon}, \qquad (4.10)$$

其中

$$\lambda = 1 - n_1 + \frac{n}{2} + \varepsilon(2n_1 - 3) > 0,$$

$$\mu = n_1 - \frac{n}{2} - \varepsilon(2n_1 - 1) > 0.$$

分部积分并由(4.8)可得下列估计式:

$$\left\{ \int |x - y|^{2n_1} \left| \int e^{i(x-y)\xi} q_j(x, \xi) d\xi \right|^2 dy \right\}^{\lambda}$$

$$\leqslant C_1 2^{j(-2\sigma - 2n_1 + n)\lambda},$$

$$\left\{ \int |x - y|^{2(n_1-1)} \left| \int e^{i(x-y)\xi} q_j(x, \xi) d\xi \right|^2 dy \right\}^{\mu}$$

$$\leqslant C_2 2^{j(-2\sigma - 2n_1 + 2 + n)\mu},$$

$$\left\{ \int \langle x - y \rangle^2 \left| \int e^{i(x-y)\xi} q_j(x, \xi) d\xi \right|^2 dy \right\}^{2\varepsilon}$$

$$\leqslant C_3 2^{j(-2\sigma + n)2\varepsilon},$$

其中常数 C_1, C_2, C_3 与 i 无关. 将它们代入 (4.10) 再代入 (4.9),我们得到

$$|q_j(x, D)u(x)|^2 \leqslant C 2^{-2j(\sigma-\varepsilon)} \int |x - y|^{-n+2\varepsilon} \langle x - y \rangle^{-4\varepsilon} |u(y)|^2 dy.$$

两端对 x 积分即得

$$\|q_j(x, D)u\|_0 \leqslant C 2^{-j(\sigma-\varepsilon)} \|u\|_0, \qquad (4.11)$$

其中常数 C 与 i 无关. 将(4.11)由 1 到∞求和,我们得到

$$\|q(x, D)u\|_0 \leqslant \sum_{j=1}^{\infty} \|r_j(x, D)u\|_0$$

$$\leqslant C \sum_{j=1}^{\infty} 2^{-j(\sigma-\varepsilon)} \|u\|_0 \leqslant C \|u\|_0.$$

证毕.

将引理 4.1、定理 4.1 与定理 3.5 结合起来,即可得到

定理 4.2 设对所有 $|\alpha| \leqslant n_1 = \left[\frac{n}{2}\right] + 1$ 和 $0 < \sigma < 1$，象征 $a(x, \xi)$ 满足条件(4.1)和(4.2)，则相应的拟微分算子 $a(x,D)$ 是 L^2 有界的.

条件(4.2)还可以进一步减弱，例如见 [MN1].

4.2 (1,1) 型的拟微分算子

§3 例 1 说明 $\mathrm{Op}(S^0_{1,1})$ 类算子不都是 L^2 有界的. 现在，为了适应仿微分算子理论的需要，我们要从中划分出一个好的子类，使其中的算子都是 L^2 有界的.

定理 4.3 设对所有 $|\alpha| \leqslant n_1 = \left[\frac{n}{2}\right] + 1$，象征 $a(x,\xi)$ 满足条件(4.1)且它关于 x 的 Fourier 变换 $\hat{a}(\eta, \xi)$ 的支集含在集合

$$\{(\eta, \xi);\ |\eta| \leqslant \varepsilon|\xi|\},\quad 0 < \varepsilon < 1 \tag{4.12}$$

之中，则算子 $a(x, D)$ 是 L^2 有界的.

证明 使用第一章定理 1.1 的记号将 $a(x, \xi)$ 分解为

$$a(x, \xi) = \sum_{j=-1}^{\infty} a_j(x, \xi), \tag{4.13}$$

其中

$$a_{-1}(x, \xi) = a(x, \xi)\phi(\xi),$$

$$a_j(x, \xi) = a(x, \xi)\varphi(2^{-j}\xi),\quad j = 0, 1, \cdots$$

由引理 4.2 知算子 $a_{-1}(x, D)$ 是 L^2 有界的. 对每个非负整数 j，由条件(4.1)，(4.12)和第一章定理 2.2 的注 2 知对 $|\alpha| \leqslant n_1$ 和所有 β，均有

$$|\partial_x^\beta \partial_\xi^\alpha a_j(x, \xi)| \leqslant C_{\alpha\beta}\langle\xi\rangle^{-|\alpha|+|\beta|}. \tag{4.14}$$

令 $b_j(x,\xi) = a_j(2^{-j}x,\ 2^j\xi)$，则由(4.14)知对 $|\alpha|, |\beta| \leqslant n_1$，均有估计式

$$|\partial_x^\beta \partial_\xi^\alpha b_j(x, \xi)| \leqslant C,$$

其中常数 C 与 j 无关. 由定理 3.4 知算子 $b_j(x, D)$ L^2 有界，从而由引理 3.4 知 $a_j(x, D)$ L^2 有界且其算子模与 j 无关. 我们写

$$(a_j(x,D)u)^{\wedge}(\eta)=\int \hat{a}(\eta-\xi,\xi)\varphi(2^{-j}\xi)\hat{u}(\xi)đ\xi.$$

因为

$$\operatorname*{supp}_{\xi}\varphi(2^{-j}\xi)\subset \boldsymbol{C}_j=\{\xi;\ \varkappa^{-1}2^j\leqslant|\xi|\leqslant\varkappa 2^{j+1}\},$$

$$\operatorname{supp}\hat{a}(\eta-\xi,\xi)\subset\{(\xi,\eta);\ |\eta-\xi|\leqslant\varepsilon|\xi|\},$$

所以有

$$\operatorname{supp}[a_j(x,D)u]^{\wedge}(\eta)\subset \boldsymbol{C}_j^*=\{\eta;\ \varkappa^{-1}(1-\varepsilon)2^j \leqslant|\eta|\leqslant\varkappa(1+\varepsilon)2^{j+1}\}.$$

不难看出,对每个 $\eta\in\mathbf{R}^n$, 包含 η 的 $\boldsymbol{C}_j^*$ 的个数不超过某固定的正整数, 故可象定理 3.5 的证明之最后一段论证一样地完成本定理的证明. 证毕.

尽管 $\mathrm{Op}(S^0_{1,1})$ 类算子不一定是 L^2 有界的, 但对任何 $S>0$,它们都是 H^s 有界的. 这是与 $\mathrm{Op}(S^0)$ 类算子同样的性质. 一般地,我们有如下的结果.

定理 4.4 设 $a(x,\xi)$ 对所有 β 和 $|\alpha|\leqslant n_1$ 满足(1,1)型的估计式

$$|a^{(\alpha)}_{(\beta)}(x,\xi)|\leqslant C_{\alpha\beta}\langle\xi\rangle^{m+|\beta|-|\alpha|},\tag{4.15}$$

则对任何 $s>m$, 算子 $a(x,D)$ 都是由 H^s 到 H^{s-m} 有界的.

证明 利用第一章定理 1.1 将象征 $a(x,\xi)$ 分解为

$$a(x,\xi)=\sum_{j=-1}^{\infty}a_j(x,\xi),$$

其中

$$a_{-1}(x,\xi)=a(x,\xi)\psi(\xi),$$

$$a_j(x,\xi)=a(x,\xi)\varphi(2^{-j}\xi),\ j=0,1\cdots$$

积分号下求导有

$$\partial_{x_k}a_j(x,D)u(x)=\int e^{ix\xi}(i\xi_k+\partial_{x_k})a_j(x,\xi)\hat{u}(\xi)đ\xi.$$

一般地,对重指标 β, 有

$$\partial_x^\beta a_j(x,D)u(x)=\int e^{ix\xi}(i\xi+\partial_x)^\beta a_j(x,\xi)\hat{u}(\xi)đ\xi.\tag{4.16}$$

令 $a_{j\beta}(x,\xi)=(i\xi+\partial_x)^\beta a_j(x,\xi)$,于是(4.16)化为

$$\partial_x^\beta a_j(x, D)u(x) = a_{j\beta}(x, D)u(x). \tag{4.17}$$

注意 $\operatorname{supp}_\xi a_j(x, \xi) \subset \boldsymbol{C}_j$，故由(4.15)可知

$$|a_{j\beta}^{(\alpha)}(x, \xi)| \leqslant C_{\alpha\beta} 2^{j(m-|\alpha|+|\beta|)}$$

对所有 β 和 $|\alpha| \leqslant n_1$ 成立．再令 $b_{j\beta}(x, \xi) = a_{j\beta}(2^{-j}x, 2^j\xi)$，则由上式又有

$$|b_{j\beta}^{(\alpha)}(x, \xi)| \leqslant C_{\alpha\beta} 2^{j(m+|\beta|)} \tag{4.18}$$

对所有 β 和 $|\alpha| \leqslant n_1$ 成立．注意到

$$\operatorname{supp}_\xi b_{j\beta}(x, \xi) \subset \boldsymbol{C}_0, \tag{4.19}$$

由引理 3.3 便知算子 $b_{j\beta}(x, D)$ 为 L^2 有界且

$$\|b_{j\beta}(x, D)\| \leqslant C_\beta 2^{j(m+|\beta|)}.$$

从而由引理 3.4 和(4.17)又有

$$\|\partial_x^\beta a_j(x, D)\| = \|b_{j\beta}(x, D)\| \leqslant C_\beta 2^{j(m+|\beta|)}. \tag{4.20}$$

由环体 $\boldsymbol{C}_j$ 的定义知存在自然数 N，使

$$\boldsymbol{C}_j \cap \boldsymbol{C}_k = \varnothing, \text{ 当 } |j-k| > N \text{ 时,}$$

所以有

$$\begin{aligned}\partial_x^\beta a_j(x,D)u(x) &= \int e^{ix\xi} a_{j\beta}(x, \xi) \sum_{|k-j|\leqslant N} \varphi(2^{-k}\xi)\hat{u}(\xi)d\xi \\ &= \sum_{|k-j|\leqslant N} \partial_x^\beta a_j(x, D)u_k(x),\end{aligned} \tag{4.21}$$

其中$\{u_k\}$为 u 的环形分解．由(4.20)与(4.21)得到

$$\begin{aligned}\|\partial_x^\beta a_j(x, D)u\|_0 &\leqslant \|\partial_x^\beta a_j(x, D)\| \sum_{|k-j|\leqslant N} \|u_k\|_0 \\ &\leqslant C_\beta 2^{j(m-s+|\beta|)} \sum_{|k-j|\leqslant N} c_k,\end{aligned} \tag{4.22}$$

其中 c_k 为 u 之环形分解之估计式中的常数，因而有 $\|\{c_k\}\|_{l^2} \leqslant C\|u\|_s$．于是按第一章定理 1.4，由(4.22)即得

$$\|a(x, D)u\|_{s-m} \leqslant C\|u\|_s.$$

证毕．

最后，我们来建立 (1,1) 型算子在 Hölder 空间上的连续性．为此，先来证明一个引理．

引理 4.3 设 $a(x,\xi)$ 关于 x 连续而关于 ξ 为 n_1 次连续可微且满足

$$|\partial_\xi^\alpha a(x,\xi)| \leqslant M, \quad |\alpha| \leqslant n_1 = \left[\frac{n}{2}\right]+1.$$

又设有 $r>0$, 使 $\operatorname{supp}_\xi a(x,\xi) \subset B_r$. 则相应的算子 $a(x,D)$ 是 L^∞ 有界的且模不超过 CM.

证明 由定义出发可得

$$\begin{aligned}|a(x,D)u(x)| &= \left|\iint e^{i(x-y)\xi} a(x,\xi) u(y)\,dy\,đ\xi\right| \\ &\leqslant \|u\|_{L^\infty}\int |\hat{a}_x(y)|\,dy,\end{aligned}$$

其中 $\hat{a}_x(y)$ 为 $a(x,\xi)$ 关于 ξ 的 Fourier 变换. 易见, 只须证明

$$\int |\hat{a}_x(y)|\,dy \leqslant CM.$$

由 Schwarz 不等式,我们有

$$\begin{aligned}\int |\hat{a}_x(y)|\,dy &= \int \langle y\rangle^{-n_1}\langle y\rangle^{n_1}|\hat{a}_x(y)|\,dy \\ &\leqslant C\left\{\int \langle y\rangle^{2n_1}|\hat{a}_x(y)|^2 dy\right\}^{1/2}.\end{aligned}$$

分部积分并应用 Parseval 等式,使得

$$\begin{aligned}\int |\hat{a}_x(y)|\,dy &\leqslant C\sum_{|\alpha|\leqslant n_1}\left\{\int |y^\alpha \hat{a}_x(y)|^2 dy\right\}^{1/2} \\ &\leqslant C\sum_{|\alpha|\leqslant n_1}\left\{\int |\partial_\xi^\alpha a(x,\xi)|^2 d\xi\right\}^{1/2} \\ &\leqslant CM.\end{aligned}$$

证毕.

定理 4.5 设定理 4.4 的条件成立,则对任何 $r>m$, 相应的拟微分算子 $a(x,D)$ 是由 $C^r(\mathbf{R}^n)$ 到 $C^{r-m}(\mathbf{R}^n)$ 连续的.

证明 使用定理 4.4 证明中的记号, 按引理 4.3, 由(4.18)与(4.19)知算子 $b_{j\beta}(x,D)$ 为 L^∞ 有界且

$$\|b_{j\beta}(x,D)\| \leqslant C_\beta 2^{j(m+|\beta|)}.$$

从而由引理 3.4 和(4.17)又有

$$\|\partial_x^\beta a_j(x, D)\| = \|a_{j\beta}(x, D)\| = \|b_{j\beta}(x, D)\| \leqslant C_\beta 2^{j(m+|\beta|)}. \tag{4.23}$$

利用关系式(4.21),象(4.22)一样地得到

$$\|\partial_x^\beta a_j(x, D)u\|_{L^\infty} \leqslant \|\partial_x^\beta a_j(x, D)\| \sum_{|k-j|\leqslant N} \|u_k\|_{L^\infty} \leqslant C_\beta 2^{j(m+|\beta|-r)}\|u\|_{C^r}. \tag{4.24}$$

于是由第一章定理 2.2 与 2.3 便知

$$\|a(x,D)u\|_{C^{r-m}} \leqslant C\|u\|_{C^r}.$$

证毕.

第三章 仿　积

应用分布理论处理非线性偏微分方程的各种问题，首先遇到的困难是分布的乘法运算．在引入仿微分算子以便用来处理非线性问题时，也必须先解决分布的乘法问题．这促使我们引入仿积的概念并用它来代替通常的分布乘积．

设 $a(x)\in L^{\infty}(\mathbb{R}^n)$，或进一步地设 $a(x)\in C^{\rho}(\mathbb{R}^n)$ 或 $H^t(\mathbb{R}^n)$，又设 u 为某个函数空间M的元素，若想使得乘以 $a(x)$ 之后，仍有 $au\in M$，则仅对少数的空间才能办到．例如，对于偏微分方程理论中最常用的两类空间 C^{σ} 和 H^t 而言，这一要求也不是总能办到的．仿积的概念，正是为了适应这一要求而引入的．

在本章中，我们将系统地介绍仿积及其运算规律．在§1中给出仿积的两种定义并证明它们的一些基本性质．§2中讲述仿积的运算法则．最后在§3中概述余法分布的仿积运算及其性质．

§1. 定义及其基本性质

仿积的概念是八十年代初由 J.M. Bony 引入的(参见[Bo1])．指导思想是从通常的乘积 au 之中分出一个“主要部分”，记为 T_au．它关于 u 为线性的，且具有所要求的有界性和便于运算的法则，而误差 $au-T_au$ 或 $au-T_au-T_ua$ 具有较高的光滑性．

设 $\phi(\theta,\eta)\in C^{\infty}(\mathbb{R}^n\times\mathbb{R}^n\backslash\{0\})$ 为正齐零次函数且对足够小的 $\varepsilon_2>\varepsilon_1>0$ 有

$$\phi(\theta,\eta)=\begin{cases}1, & \text{当 } |\theta|\leqslant\varepsilon_1|\eta| \text{ 时},\\ 0, & \text{当 } |\theta|\geqslant\varepsilon_2|\eta| \text{ 时}.\end{cases}$$

又设 $s(\eta)\in C^{\infty}(\mathbb{R}^n)$ 且对某$R>0$有

$$s(\eta)=\begin{cases}0, & 当\ |\eta|\leqslant R\ 时,\\ 1, & 当\ |\eta|\geqslant 2R\ 时.\end{cases}$$

令

$$\chi(\theta,\eta)=\phi(\theta,\eta)s(\eta), \tag{1.1}$$

显然，$\chi(\theta,\eta)\in C^\infty(\mathbb{R}^n\times\mathbb{R}^n)$. 今后我们称 $\chi(\theta,\eta)$ 为仿截断因子.

定义 1.1 设 $a, u\in\mathscr{S}'$ 而 $\chi(\theta,\eta)$ 为仿截断因子. 令

$$\widehat{T_a u}(\xi)=\int\chi(\xi-\eta,\eta)\hat{a}(\xi-\eta)\hat{u}(\eta)d\eta, \tag{1.2}$$

称 $T_a u$ 为由 a 对 u 所作的(积分形式的)仿积,并称 T_a 为仿乘法算子.

这个定义是积分形式的，我们还可以改用级数形式的表达式来定义仿积并将证明两种定义实质上是一致的.

对于给定的对应于常数 κ 的环体序列 $\{\boldsymbol{C}_j\}_{j=-1}^\infty$，记 $\boldsymbol{B}_k=\bigcup_{j=-1}^{k-1}\boldsymbol{C}_j$，并约定 $k<-1$ 时，$\boldsymbol{B}_k=\{0\}$，则可选取足够大的正整数N和适当的 $\kappa'>\kappa$，使得

$$\boldsymbol{C}_q+\boldsymbol{B}_{q-N}\subset\boldsymbol{C}'_q, \tag{1.3}$$

其中 $\{\boldsymbol{C}'_q\}_{j=-1}^\infty$ 为对应于另一个常数 κ' 的环体序列.

定义 1.2 设 $a(x), u(x)$ 的环形分解分别为 $\{a_q\}$ 和 $\{u_q\}$. 令

$$T'_a u=\sum_{q=N-1}^\infty\sum_{p=-1}^{q-N}a_p u_q, \tag{1.4}$$

称 $T'_a u$ 为由 a 对 u 所作的(级数形式的)仿积,并也称 T'_a 为仿乘法算子.

容易看出,不但仿积的两种定义有所不同,而且积分形式的定义式 (1.2) 与仿截断因子 χ 的选法有关，级数形式的定义式 (1.4) 与环形分解中的 $\{\kappa,\varphi,N\}$ 的选法有关. 因此,只有在说明了这些因素对仿积的影响都是非实质性的之后，才表明上述定义有确切的含意,应用时才可以随意选用两种定义之一来使用.

为了确切刻划算子的光滑性质，我们引入如下的

定义 1.3 如果对于所有实数 σ 和 s，存在某实数 ρ，使算子 T 是 $C^\sigma \to C^{\sigma+\rho}$ 和 $H^s \to H^{s+\rho}$ 有界的，则称算子 T 是 ρ **正则的**. 算子 T 的模记为 $|||T|||$.

注意，在这个定义中，容许 $\rho < 0$，这时算子 T 起着降低正则性的作用. 但为了以后在叙述有关结果时统一起见，仍称之为 ρ 正则的.

定理 1.1 设 σ 和 s 为任意实数.

(1) 若 $a \in L^\infty(\mathbf{R}^n)$，则算子 T'_a 是 C^σ 和 H^s 有界的，且有 $|||T'_a||| \leqslant C\|a\|_{L^\infty}$，此处常数 C 与 σ 或 s 有关.

(2) 若 $a \in C^\rho(\mathbf{R}^n)$，$\rho < 0$，则算子 T'_a 是 ρ 正则的且有 $|||T'_a||| \leqslant C\|a\|_{C^\rho}$.

(3) 若 $a \in H^t(\mathbf{R}^n)$，$t < \dfrac{n}{2}$，则算子 T'_a 是 $t - \dfrac{n}{2}$ 正则的且 $|||T'_a||| \leqslant C\|a\|_t$.

证明 将 (1.4) 改写为

$$T'_a u = \sum_q f_q,\ f_q = \sum_{p \leqslant q-N} a_p u_q. \tag{1.5}$$

由 (1.3) 知

$$\operatorname{supp}\hat{f}_q \subset \boldsymbol{C}'_q. \tag{1.6}$$

另一方面，我们有

$$\|f_q\|_{L^\infty} \leqslant \|S_{q-N+1}(a)\|_{L^\infty}\|u_q\|_{L^\infty}, \tag{1.7}$$

$$\|f_q\|_0 \leqslant \|S_{q-N+1}(a)\|_{L^\infty}\|u_q\|_0. \tag{1.8}$$

因 $a \in L^\infty$，故由第一章引理 4.1 知

$$\|S_{q-N+1}(a)\|_{L^\infty} \leqslant C\|a\|_{L^\infty}. \tag{1.9}$$

将 (1.9) 分别代入 (1.7) 和 (1.8)，得到

$$\|f_q\|_{L^\infty} \leqslant C\|a\|_{L^\infty}\|u_q\|_{L^\infty}, \tag{1.10}$$

$$\|f_q\|_0 \leqslant C\|a\|_{L^\infty}\|u_q\|_0. \tag{1.11}$$

若 $u \in C^\sigma$，则由第一章定理 2.1 知

$$\|u_q\|_{L^\infty} \leqslant C_\sigma 2^{-q\sigma}\|u\|_{C^\sigma}. \tag{1.12}$$

将 (1.10) 与 (1.12) 结合起来,得到

$$\|f_q\|_{L^\infty} \leqslant C_\sigma 2^{-q\sigma}\|a\|_{L^\infty}\|u\|_{C^\sigma}. \tag{1.13}$$

按 C^σ 的特征性质,由 (1.6) 与 (1.13) 便得

$$\|T'_a u\|_{C^\sigma} \leqslant C_\sigma\|a\|_{L^\infty}\|u\|_{C^\sigma}. \tag{1.14}$$

若 $u \in H^s$, 则由第一章定理 1.2 知

$$\|u_q\|_0 \leqslant 2^{-qs}c_q, \ q = -1, 0, 1, \cdots, \ \left\{\sum_q c_q^2\right\}^{1/2} \leqslant C_s\|u\|_s. \tag{1.15}$$

将 (1.11) 与 (1.15) 结合起来得到

$$\|f_q\|_0 \leqslant C\|a\|_{L^\infty} \cdot 2^{-qs}c_q. \tag{1.16}$$

按第一章定理 1.3, 由 (1.6) 与 (1.16) 便得

$$\|T'_a u\|_s \leqslant C_s\|a\|_{L^\infty}\|u\|_s. \tag{1.17}$$

由 (1.14) 与 (1.17) 可见,定理的论断 (1) 成立.

当 $a \in C^\rho(\mathbb{R}^n)$, $\rho < 0$, 按定义知

$$\|S_{q-N+1}(a)\|_{L^\infty} \leqslant C_\rho 2^{-q\rho}\|a\|_{C^\rho}. \tag{1.18}$$

将 (1.18) 代入 (1.7) 和 (1.8) 并与 (1.12) 和 (1.15) 结合起来,便得

$$\|f_q\|_{L^\infty} \leqslant C_{\sigma,\rho}2^{-q(\rho+\sigma)}\|a\|_{C^\rho}\|u\|_{C^\sigma},$$

$$\|f_q\|_0 \leqslant C_\rho 2^{-q(\rho+s)}\|a\|C^\rho \cdot c_q.$$

由此及 (1.6) 即得估计式

$$\|T'_a u\|_{C^{\rho+\sigma}} \leqslant C_{\sigma,\rho}\|a\|_{C^\rho}\|u\|_{C^\sigma},$$

$$\|T'_a u\|_{s+\rho} \leqslant C_{s,\rho}\|a\|_{C^\rho}\|u\|_s.$$

这就证明了定理的论断 (2) 成立.

设 $a \in H^t(\mathbb{R}^n)$, $t < n/2$, 则由推广的嵌入定理(第一章定理 2.4) 知 (3) 成立. 证毕

由 Sobolev 嵌入定理和定理 1.1 之(1)可得

推论 1.1 若 $a \in H^t(\mathbb{R}^n)$, $t > n/2$, 则算子 T'_a 是 C^σ 和 H^s 有界的且 $\|T'_a\| \leqslant C\|a\|_t$.

下面我们要来估计差算子 $T_a - T'_a$. 为此, 先估计 (1.4) 式中N取不同值时所引起的差.

设N是使 (1.3) 成立的正整数，ν 是某一正整数. 由 (1.4) 定义的分别对应于N和$N+\nu$ 的仿积记为 $T'_{1a}u$ 和 $T'_{2a}u$，二者之差记为

$$\delta_a u = \sum_q \left(\sum_{p=q-N-\nu+1}^{q-N} a_p \right) u_q \triangleq \sum_q g_q. \tag{1.19}$$

引理 1.1 设算子 δ_a 由 (1.19) 所给出.

(1) 若 $a \in C^\rho(\mathbb{R}^n)$，则 δ_a 为 ρ 正则的;

(2) 若 $a \in H^t(\mathbb{R}^n)$，则 δ_a 为 $t-\dfrac{n}{2}$ 正则的.

证明 由第一章得到的推广的嵌入定理知 (2) 是 (1) 的直接推论，故只须证明 (1).

由 g_q 的定义和N所满足的条件 (1.3) 知

$$\operatorname{supp}\hat{g}_q \subset C'_q. \tag{1.20}$$

已知 $a \in C^\rho(\mathbb{R}^n)$，当 $u \in C^\sigma(\mathbb{R}^n)$ 或 $u \in H^s(\mathbb{R}^n)$ 时，由第一章所述 C^ρ 与 H^s 的特征性质分别有

$$\begin{aligned} \|g_q\|_{L^\infty} &\leqslant \sum_{p=q-N-\nu+1}^{q-N} \|a_p\|_{L^\infty} \|u_q\|_{L^\infty} \\ &\leqslant C 2^{-q(\sigma+\rho)} \|a\|_{C^\rho} \|u\|_{C^\sigma}, \end{aligned} \tag{1.21}$$

$$\begin{aligned} \|g_q\|_0 &\leqslant \sum_{p=q-N-\nu+1}^{q-N} \|a_p\|_{L^\infty} \|u_q\|_0 \\ &\leqslant C 2^{-q(s+\rho)} \|a\|_{C^\rho} \cdot c_q, \end{aligned} \tag{1.22}$$

其中常数C与q无关，而 $\sum\limits_q C_q^2 \leqslant C\|u\|_s^2$. 按空间 H^s 和 C^σ 的特征性质，由 (1.19)—(1.22) 便得

$$\|\delta_a u\|_{C^{\sigma+\rho}} \leqslant C\|a\|_{C^\rho}\|u\|_{C^\sigma},$$

$$\|\delta_a u\|_{s+\rho} \leqslant C\|a\|_{C^\rho}\|u\|_s.$$

这就是说，算子 δ_a 是 ρ 正则的. 证毕.

定理 1.2 设 ρ 和 t 为任意实数.

(1) 若 $a \in C^\rho(\mathbb{R}^n)$，则算子 $T_a - T'_a$ 是 ρ 正则的且 $|||T_a - T'_a||| \leqslant C\|a\|_{C^\rho}$.

(2) 若 $a\in H^t(\mathbb{R}^n)$，则算子 $T_a-T'_a$ 是 $t-\frac{n}{2}$ 正则的，且 $|||T_a-T'_a|||\leqslant C\|a\|_t$.

证明 显然，只须证明(1). 利用 $a(x)$ 与 $u(x)$ 的环形分解，将(1.2)改写为

$$\widehat{T_a u}(\xi)=\sum_{p,q}\int\chi(\xi-\eta,\eta)\widehat{a_p}(\xi-\eta)\hat{u}_q(\eta)d\eta. \tag{1.23}$$

我们先来考察(1.23)右端每项积分中被积函数的支集. 对于非负整数 p,q，按定义知

$$\operatorname{supp}\hat{u}_q\subset\{\eta;\kappa^{-1}2^q\leqslant|\eta|\leqslant\kappa 2^{q+1}\},$$

$$\operatorname*{supp}_{\eta}\hat{a}_p(\xi-\eta)\subset\{\eta;\kappa^{-1}2^p\leqslant|\xi-\eta|\leqslant\kappa 2^{p+1}\}.$$

选取两个正整数 $N_2>N_1$，使二者都满足(1.3)的要求，且使 $2^{-N_1}\geqslant 2\varepsilon_2\kappa^2, 2^{-N_2}\leqslant\frac{1}{2}\varepsilon_1\kappa^{-2}$. 显然，只要 ε_2 足够小，这一点是可以办到的. 于是由仿截断因子的定义式(1.1)可知，在 $\operatorname{supp}\hat{a}_p(\xi-\eta)\widehat{u_q}(\eta)$ 上有

$$\chi(\xi-\eta,\eta)=\begin{cases}1, & 当\ p\leqslant q-N_2\ 时,\\ 0, & 当\ p\geqslant q-N_1, p\neq -1\ 时.\end{cases}$$

于是我们可以把(1.23)改写为

$$\widehat{T_a u}(\xi)=\sum_{p\leqslant q-N}\sum\int\hat{a}_p(\xi-\eta)\hat{u}_q(\eta)d\eta+\widehat{R_1 u}+\widehat{R_2 u},$$

其中

$$R_1 u=\sum_{q-N_2<p<q-N_1}\sum\int e^{ix(\theta+\eta)}\chi(\theta,\eta)\hat{a}_p(\theta)\hat{u}_q(\eta)d\theta d\eta, \tag{1.24}$$

$$R_2 u=\int e^{ix(\theta+\eta)}\chi(\theta,\eta)\hat{a}_{-1}(\theta)\widehat{S_{N_1}(u)}(\eta)d\theta d\eta. \tag{1.25}$$

由引理1.1知，我们可将 N_2 视为定义1.2中的 N，于是有

$$T_a u=T'_a u+R_1 u+R_2 u. \tag{1.26}$$

因而，为证 $T_a-T'_a$ 是 ρ 正则的，只须分别证明 R_1 和 R_2 都是 ρ 正则的就行了.

利用 $\hat{u}_q(\eta)$ 和 $\hat{a}_p(\theta)$ 的支集性质，我们选取 $r(s,t)\in\mathscr{S}(\mathbb{R}^n\times$

$\mathbf{R}^n$)，使得 $\hat{\chi}(\theta,\eta)\in C_c^\infty(\mathbf{R}^n\times\mathbf{R}^n)$ 且有

$$\hat{\chi}(\theta,\eta)=\chi(\theta,\eta),\ \text{当}\ \kappa^{-1}2^{-N_2}\leqslant|\theta|、|\eta|\leqslant 2\kappa.$$

因为 $\chi(\theta,\eta)$ 是正齐零次的，故当 $\kappa^{-1}2^{-N_2}\leqslant 2^{-q}|\theta|$，$2^{-q}|\eta|\leqslant 2\kappa$ 时，

$$\hat{\chi}(2^{-q}\theta,2^{-q}\eta)=\chi(2^{-q}\theta,2^{-q}\eta)=\chi(\theta,\eta).$$

于是 (1.24) 可改写为

$$R_1u=\sum\sum_{p-N_2<p<q-N_1}\iint e^{ix(\theta+\eta)}\hat{\chi}(2^{-q}\theta,2^{-q}\eta)\hat{a}_p(\theta)\hat{u}_q(\eta)\,đ\theta\, đ\eta$$

$$=\sum_q f_q,$$

其中 f_q 可以写成

$$f_q=\sum_{q-N_2<p<q-N_1}\iint r(s,t)a_p(x-2^{-q}s)u_q(x-2^{-q}t)\,ds\,dt.$$

因为 $r(s,t)\in\mathscr{S}(\mathbf{R}^n\times\mathbf{R}^n)\subset L^1(\mathbf{R}^n\times\mathbf{R}^n)$ 是与 p,q 无关的函数，故当 $a\in C^\rho$，$u\in C^\sigma$ 或 $u\in H^s$ 时可分别得到估计式

$$\|f_q\|_{L^\infty}\leqslant C2^{-q\rho}\|a\|_{C^\rho}\|u_q\|_{L^\infty}\leqslant C2^{-q(\rho+\sigma)}\|a\|_{C^\rho}\|u\|_{C^\sigma},$$

$$\|f_q\|_0\leqslant C2^{-q\rho}\|a\|_{C^\rho}\|u_q\|_0\leqslant C2^{-q(\rho+s)}\|a\|_{C^\rho}\cdot c_q,$$

其中 $\sum_{q=-1}^{\infty}c_q^2\leqslant C\|u\|_s^2$. 另一方面，由 N_1 的选法知

$$\operatorname{supp}\hat{f}_q\subset C'_q.$$

于是由第一章定理 2.2 与 1.3 便知算子 R_1 是 ρ 正则的且 $|||R_1|||\leqslant C\|a\|_{C^\rho}$.

下面我们来证明 R_2 也是 ρ 正则的. 实际上我们将证明更强的结论，即 R_2 是无穷正则的. 由 (1.25) 知 R_2 可以视为拟微分算子

$$R_2u(x)=\int e^{ix\eta}p(x,\eta)\hat{u}(\eta)\,đ\eta,$$

其中

$$p(x,\eta)=\int e^{ix\theta}\chi(\theta,\eta)\hat{a}_{-1}(\theta)\,đ\theta\,\psi(2^{-N_1}\eta),$$

其中 ψ 是第一章定理 1.1 中给定的函数. 注意上式被积函数关于

θ 有紧支集而 $\psi(2^{-N_1}\eta)$ 关于 η 有紧支集，所以有 $p(x,\eta)\in S^{-\infty}$. 从而由第二章定理 4.4 和 4.5 便知 R_2 是无穷正则的. 证毕.

注 用类似的方法可证，当 $a\in L^\infty(\mathbb{R}^n)$ 时，$T_a-T'_a$ 是 0 正则算子.

将定理 1.1 与 1.2 结合起来，可得

定理 1.3 设 T_a 是由 (1.2) 所定义的仿乘法算子.

(1) 若 $a\in L^\infty(\mathbb{R}^n)$ 或 $a\in C^\rho(\mathbb{R}^n)$, $\rho>0$, 则 T_a 是 0 正则的，且 $|||T_a|||\leqslant C\|a\|_{L^\infty}$;

(2) 若 $a\in C^\rho(\mathbb{R}^n)$, $\rho<0$, 则 T_a 是 ρ 正则的，且 $|||T_a|||\leqslant C\|a\|_{C^\rho}$;

(3) 若 $a\in H^t$, $t>n/2$, 则 T_a 是 0 正则的，且 $|||T_a|||\leqslant C\|a\|_t$;

(4) 若 $a\in H^{n/2}(\mathbb{R}^n)$, 则对任何 $\varepsilon>0$, 算子 T_a 都是 $-\varepsilon$ 正则的;

(5) 若 $a\in H^t(\mathbb{R}^n)$, $t<n/2$, 则 T_a 是 $t-\dfrac{n}{2}$ 正则的，且 $|||T_a|||\leqslant C\|a\|_t$.

引理 1.1 说明，算子 T'_a 虽然依赖于正整数 N 的选取，但是，由 N 的两个不同值所引起的算子 T'_a 的差是 ρ 正则的. 当 $\rho>0$ 时，误差 $\delta_a u$ 具有比 $T'_a u$ 高的光滑性. 由于 T_a 与环形分解中的 $\{\kappa,\psi,\phi\}$ 无关而 T'_a 与仿截断因子 χ 无关，所以有如下的

推论 1.2 设 $a\in C^\rho(\mathbb{R}^n)$ (或 $H^t(\mathbb{R}^n)$).

(1) 若环形分解的另一选法 $\{\kappa_1,\psi_1,\varphi_1\}$ 对应的仿乘法算子为 T'_{1a}, 则 $T'_a-T'_{1a}$ 为 ρ 正则的(或 $t-n/2$ 正则的);

(2) 若另一个仿截断因子 χ_1 所对应的仿乘法算子为 T_{1a}, 则 T_a-T_{1a} 为 ρ 正则的$\left(\text{或 } t-\dfrac{n}{2}\text{ 正则的}\right)$.

注 事实上，我们还可以有更一般的结论. 即在 $T'_a u$ 的定义式中，可以将 $\{a_p\}$, $\{u_q\}$ 换成任一满足第一章 (1.9) 式或 (2.4) 式的分解，而所引起的误差是一个 ρ 正则算子，这一事实的证明留

给读者.

从定理 1.1—1.3 及推论 1.1 和 1.2 可以看出,当 $a\in C^\rho$, $\rho>0$ 或 $a\in H^t$, $t>n/2$ 时，由两种定义或由 κ, ψ, φ, N, χ 的不同选法所产生的各种误差算子作用于 u 所得的值,均具有比 T_au 和 T'_au 好的光滑性. 由于在应用时，对于给定的函数往往需要着重考虑它的光滑性较差之处，对其光滑性较差部分的分析常常是问题的关键或困难所在. 例如，当我们用一个函数来描述波的传播时，波阵面就是该函数的奇性曲面. 所以，与拟微分算子理论相仿,我们在仿积定义中,略去具有较高光滑性的部分并认为这样做所引起的误差对仿积造成的影响是非实质性的. 从这种意义来讲,定义 1.1 和 1.2 都是有确切含义的. 今后，我们讨论和应用仿积时主要就 $a\in C^\rho$, $\rho>0$ 和 $a\in H^t$, $t>n/2$ 的情形来进行.

我们在本节开头就曾提及、定义仿积的目的是要用它来近似地代替函数的乘积.这自然要求估计差 $au-T_au$ 或者 $au-T_au-T_ua$. 为此我们记

$$r(a,u)=au-T'_au-T'_ua=\sum_q\Big(\sum_{p=q-N+1}^{q+N-1}a_p\Big)u_q. \qquad (1.27)$$

引理 1.2 设 $r(a,u)$ 由 (1.27) 所给出.

(1) 若 $a\in C^\rho(\mathbb{R}^n)$, $u\in C^\sigma(\mathbb{R}^n)$, $\rho+\sigma>0$, 则有

$$\|r(a,u)\|_{C^{\rho+\sigma}}\leqslant C\|a\|_{C^\rho}\|u\|_{C^\sigma};$$

(2) 若 $a\in H^t(\mathbb{R}^n)$, $u\in H^s(\mathbb{R}^n)$, $s+t>n/2$, 则有

$$\|r(a,u)\|_{s+t-\frac{n}{2}}\leqslant C\|a\|_t\|u\|_s;$$

(3) 若 $a\in C^\rho(\mathbb{R}^n)$, $u\in H^s(\mathbb{R}^n)$, $\rho+s>0$, 则有

$$\|r(a,u)\|_{s+\rho}\leqslant C\|a\|_{C^\rho}\|u\|_s;$$

(4) 若 $a\in H^t(\mathbb{R}^n)$, $u\in C^\sigma(\mathbb{R}^n)$, $t+\sigma>n/2$, 则有

$$\|r(a,u)\|_{C^{\sigma+t-n/2}}\leqslant C\|a\|_t\|u\|_{C^\sigma}.$$

证明 将 (1.27) 改写为

$$r(a,u)=\sum_q f_q,$$

其中

$$f_q = \sum_{p=q-N+1}^{q+N-1} a_p u_q.$$

于是有

$$\operatorname{supp}\hat{f}_q \subset \boldsymbol{B}_{q+N+1}. \tag{1.28}$$

另一方面,当 $u\in C^\sigma$ 或 $u\in H^s$ 时,由第一章定理 1.2 和 C^σ 的特征性质有

$$\|f_q\|_{L^\infty} \leqslant \left\| \sum_{q-N+1}^{q+N-1} a_p \right\|_{L^\infty} \cdot C2^{-q\sigma}\|u\|_{C^\sigma}, \tag{1.29}$$

$$\|f_q\|_0 \leqslant \left\| \sum_{q-N+1}^{q+N-1} a_p \right\|_{L^\infty} \cdot 2^{-qs} \cdot c_q, \tag{1.30}$$

其中 $\sum_{q=-1}^{\infty} c_q^2 \leqslant C\|u\|_s^2$. 若 $a\in C^\rho$, 则有

$$\left\| \sum_{q-N+1}^{q+N-1} a_p \right\|_{L^\infty} \leqslant C2^{-q\rho}\|a\|_{C^\rho}. \tag{1.31}$$

若 $a\in H^t$, 则由推广的嵌入定理有 $a\in C^{t-n/2}$. 从而有

$$\left\| \sum_{q-N+1}^{q+N-1} a_p \right\|_{L^\infty} \leqslant C2^{-q\left(t-\frac{n}{2}\right)}\|a\|_t. \tag{1.32}$$

按第一章定理 2.3 和 1.4, 由 (1.28)—(1.32) 便知引理的论断 (1)—(4) 都成立.

将定理 1.1—1.3 与引理 1.2 结合起来,我们可以得到

定理 1.4 令 $r(a,u) = au - T_a u - T_u a$, $r'(a,u) = au - T_a u$.

(1) 设 $a\in C^\rho(\mathbb{R}^n)$, $\rho > 0$ 而 $u\in C^\sigma(\mathbb{R}^n)$.

(a) 若 $\sigma \geqslant 0$,则 $\|r(a,u)\|_{C^{\rho+\sigma}} \leqslant C\|a\|_{C^\rho}\|u\|_{C^\sigma}$;

(b) 若 $-\rho < \sigma < 0$, 则 $\|r'(a,u)\|_{C^{\rho+\sigma}} \leqslant C\|a\|_{C^\rho}\|u\|_{C^\sigma}$;

(c) 若 $\sigma = 0$, 则 $\|r'(a,u)\|_{C^{\rho+\sigma-\varepsilon}} \leqslant C\|a\|_{C^\rho}\|u\|_{C^\sigma}$.

(2) 设 $a\in H^t(\mathbb{R}^n)$, $t > n/2$, 而 $u\in H^s(\mathbb{R}^n)$.

(a) 若 $s \geqslant n/2$, 则 $\|r(a,u)\|_{t+s-n/2} \leqslant C\|a\|_t\|u\|_s$;

(b) 若 $-t+n/2 < s < n/2$, 则 $\|r'(a,u)\|_{t+s-n/2} \leqslant C\|a\|_t$

$\times\|u\|_s$;

(c) 若 $s=n/2$, 则 $\|r'(a,u)\|_{s-\varepsilon}\leqslant C\|a\|_s\|u\|_s$.

这个定理所讨论的是 a 与 u 属于同一类型空间的情形. 由于后面的需要,下面我们考虑 a 与 u 属于不同类型空间的情形.

定理 1.5 设 $r(a,u)$ 与 $r'(a,u)$ 如定理 1.4 所给出.

(1) 设 $a\in C^\rho(\mathbb{R}^n)$, $\rho>0$, 而 $u\in H^s(\mathbb{R}^n)$.

(a) 若 $s\geqslant 0$, 则 $\|r(a,u)\|_{s+\rho}\leqslant C\|a\|_{C^\rho}\|u\|_s$;

(b) 若 $-\rho<s\leqslant 0$, 则 $\|r'(a,u)\|_{s+\rho-\varepsilon}\leqslant C\|a\|_{C^\rho}\|u\|_s$.

(2) 设 $a\in H^t(\mathbb{R}^n)$, $t>n/2$, 而 $u\in C^\sigma(\mathbb{R}^n)$.

(a) 若 $\sigma\geqslant 0$, 则 $\|r(a,u)\|_{C^{\sigma+t-n/2}}\leqslant C\|a\|_t\|u\|_{C^\sigma}$;

(b) 若 $-t+\dfrac{n}{2}<\sigma<0$,则$\|r'(a,u)\|_{C^{t+\sigma-n/2}}\leqslant C\|a\|_t\times\|u\|_{C^\sigma}$;

(c) 若 $\sigma=0$, 则 $\|r'(a,u)\|_{C^{t-\varepsilon-n/2}}\leqslant C\|a\|_t\|u\|_{C^\sigma}$.

证明 由引理 1.2 知只须对 (1)-(b), (2)-(b), (c) 给出证明. 又因 $r'(a,u)=T_ua+r(a,u)$, 故又只须对 T_ua 进行估计.

将 (1.4) 改写为

$$T'_ua=\sum_q f_q,\quad f_q=\sum_{p\leqslant q-N}u_pa_q. \tag{1.33}$$

由第一章定理 1.2 和 2.1 知

$$\begin{aligned}\|f_q\|_0&\leqslant\|a_q\|_{L^\infty}\sum_{p\leqslant q-N}\|u_p\|_0\\&\leqslant C2^{-q(s+\rho-\varepsilon)}\|a\|_{C^\rho}\|u\|_s\cdot 2^{-q\varepsilon/2}.\end{aligned} \tag{1.34}$$

又由 (1.3) 知

$$\operatorname{supp}\hat{f}_q\subset \boldsymbol{C}'_q. \tag{1.35}$$

于是由第一章定理 1.3 便知

$$\|T'_ua\|_{s+\rho-\varepsilon}\leqslant C\|a\|_{C^\rho}\|u\|_s.$$

这就证明了 (1)-(b).

对于 (1.33) 中的 f_q, 由 C^ρ 的特征性质和推广的嵌入定理, 我们有

$$\|f_q\|_{L^\infty} \leqslant \|a_q\|_{L^\infty} \sum_{p \leqslant q-N} \|u_p\|_{L^\infty}$$

$$\leqslant C 2^{-q(s-n/2)} \|a\|_s \|u\|_{C^\rho} \sum_{p \leqslant q-N} 2^{-p\rho}.$$

由此及 (1.35) 即知 (2)-(b), (c) 成立. 证毕.

§2. 仿乘法算子的运算

本节我们来建立仿乘法算子的基本运算法则，主要有仿乘法算子的复合与共轭. 此外，还有仿乘法算子与磨光算子的交换子以及仿积的微分法与取迹运算等.

定理 2.1 设 $a \in C^\rho(\mathbf{R}^n)$, $b \in C^\rho(\mathbf{R}^n)$, $\rho > 0$, 则算子 $T_a \circ T_b - T_{ab}$ 是 ρ 正则的且 $|||T_a \circ T_b - T_{ab}||| \leqslant C\|a\|_{C^\rho}\|b\|_{C^\rho}$.

证明 选取两个使 (1.3) 成立的正整数 $N_1 \ll N_2$. 由定理 1.2 有

$$T_b u = \sum_q v_q + Ru, \quad v_q = \sum_{p_2 \leqslant q-N_1} b_{p_2} u_q, \tag{2.1}$$

其中 R 为 ρ 正则的且 $\operatorname{supp}\hat{v}_q \subset C'_q$. 由推论 1.2 知分别对应于环体序列 $\{C_q\}$ 和 $\{C'_q\}$ 的两个算子 T'_a 之差是 ρ 正则的，故有

$$T_a \circ T_b u = \sum_q \sum_{p_1 \leqslant q-N_2} a_{p_1} v_q + R_1 v + T_a \circ Ru$$

$$= \sum_q \sum_{p_1 \leqslant q-N_2} \sum_{p_2 \leqslant q-N_1} a_{p_1} b_{p_2} u_q + R_2 u, \tag{2.2}$$

其中 $v = \sum_q v_q$, 而 R_1 为 ρ 正则的, $R_2 u = R_1 v + T_a \circ Ru$. 显然, R_2 为 ρ 正则的且有 $|||R_2||| \leqslant C\|a\|_{C^\rho}\|b\|_{C^\rho}$.

另一方面，按定义 1.2 和定理 1.2, 可以将 $T_{ab}u$ 写成

$$T_{ab}u = \sum_q \sum_{p \leqslant q-N_1-1} (ab)_p u_q + R_3 u$$

$$= \sum_q \left(\sum_{p_1, p_2} \psi(2^{-q+N_1}D) a_{p_1} b_{p_2} \right) u_q + R_3 u, \tag{2.3}$$

其中 R_3 为 ρ 正则的且 $|||R_3||| \leqslant C\|a\|_{C^\rho}\|b\|_{C^\rho}$. 确定 N_1 之后，选

取适当的 N_2，使得当 $p_1 \leqslant q - N_2$，$p_2 \leqslant q - N_2$ 时有

$$\psi(2^{-q+N_1}\xi) \equiv 1, \text{ 当 } \xi \in \operatorname{supp}(\widehat{a_{p_1} b_{p_2}}) \text{ 时}. \tag{2.4}$$

然后选取 $N_3 > N_2$，使得当 $p_1 \geqslant q$，$p_2 \leqslant p_1 - N_3$（或 $p_2 \geqslant q$，$p_1 \leqslant p_2 - N_3$）时有

$$\psi(2^{-q+N_1}\xi) \equiv 0, \text{ 当 } \xi \in \operatorname{supp}(\widehat{a_{p_1} b_{p_2}}) \text{ 时}. \tag{2.5}$$

于是有

$$(T_{ab} - T_a \circ T_b)u = Hu + R_3 u - R_2 u, \tag{2.6}$$

其中

$$Hu = \sum_q \sum_{\substack{p_1 > q - N_2 \\ \text{或 } p_2 > q - N_2}} (\psi(2^{-q+N_1}D) a_{p_1} b_{p_2}) u_q.$$

由 (2.6) 可见，为证定理，只须证明算子 H 是 ρ 正则的，且满足相应的估计式。由对称性知，又只须估计算子

$$H'u = \sum_q \sum_{p_1 > q - N_2, p_1 \geqslant p_2} h_{p_1 p_2 q}, \tag{2.7}$$

其中 $h_{p_1 p_2 q} = (\psi(2^{-q+N_1}D) a_{p_1} b_{p_2}) u_q$.

注意到 (2.5)，我们可以将 (2.7) 中的和式按下标再分成 $p_1 < q$ 与 $p_1 \geqslant q$，$p^2 > p_1 - N_3$ 两部分：

$$\begin{aligned}
&\sum_{p_1 > q - N_2, p_1 \geqslant p_2} \\
&= \sum_{p_1 > q - N_2, p_1 \geqslant p_2, p_1 < q} + \sum_{p_1 > q - N_2, p_1 \geqslant p_2, p_1 \geqslant q, p_2 > p_1 - N_3} \\
&= \sum_{q - N_2 < p_1 < q, p_2 \leqslant p_1} + \sum_{p_1 \geqslant q, p_1 \geqslant p_2 > p_1 - N_3},
\end{aligned}$$

从而可写出

$$\sum_{p_1 > q - N_2, p_1 \geqslant p_2} h_{p_1 p_2 q} = \sum_{\nu=0}^{N_2 - 1} f_{\nu q} u_q + \sum_{\mu=0}^{N_3} g_{\mu q} u_q, \tag{2.8}$$

其中

$$f_{\nu q} = \sum_{p_2 \leqslant q - \nu} \psi(2^{-q+N_1}D) a_{q-\nu} b_{p_2},$$

$$g_{\mu q} = \sum_{p_1 \geqslant q} \psi(2^{-q+N_1}D) a_{p_1} b_{p_1 - \mu}.$$

按第一章定理 2.2 有

$$\begin{aligned}\|f_{\nu q}\|_{L^\infty} &\leqslant C\sum_{p_1\leqslant q-\nu}\|a_{q-\nu}b_{p_2}\|_{L^\infty}\\&\leqslant C2^{-q\rho}\|a\|_{C^\rho}\|b\|_{C^\rho}\end{aligned}\tag{2.9}$$

和

$$\begin{aligned}\|g_{\mu q}\|_{L^\infty} &\leqslant C\sum_{p_1\geqslant q}\|a_{p_1}b_{p_1-\mu}\|_{L^\infty}\\&\leqslant C2^{-2q\rho}\|a\|_{C^\rho}\|b\|_{C^\rho}.\end{aligned}\tag{2.10}$$

又因 $\operatorname{supp}\widehat{f_{\nu q}}\subset\boldsymbol{B}_{q-N_1}$，$\operatorname{supp}\widehat{g_{\mu q}}\subset\boldsymbol{B}_{q-N_1}$，所以

$$\operatorname{supp}\widehat{f_{\nu q}u_q}\subset\boldsymbol{C}'_q,\quad \operatorname{supp}\widehat{g_{\mu q}u_q}\subset\boldsymbol{C}'_q.\tag{2.11}$$

按第一章定理 1.3 与 2.2，由(2.7)—(2.11)便知算子 H'，从而算子 H 是 ρ 正则的且 $|||H|||\leqslant C\|a\|_{C^\rho}\|b\|_{C^\rho}$. 证毕.

推论 2.1 设 $F(y)$ 是一个多项式. 若 $u(x)\in C^\rho(\mathbb{R}^n)$，$\rho>0$（或 $u\in H^s(\mathbb{R}^n)$，$s>n/2$），则

$$F(u)=T_{F'(u)}u+R,\tag{2.12}$$

其中 $R\in C^{2\rho}(\mathbb{R}^n)$（或 $R\in H^{2s-n/2}(\mathbb{R}^n)$）.

证明 显然，只须对 $F(y)=y^m$（其中 m 为正整数）的情形予以证明.

设 $u\in C^\rho$，$\rho>0$. 当 $m=1$ 时，(2.12) 显然成立. 今若 $m\leqslant k$ 时 (2.12) 成立，则当 $m=k+1$ 时，由定理 1.4 有

$$u^{k+1}=u\cdot u^k=T_uu^k+T_{u^k}u+R_1,\tag{2.13}$$

其中 $R_1\in C^{2\rho}$. 按归纳假设有

$$u^k=T_{ku^{k-1}}u+R_2,$$

其中 $R_2\in C^{2\rho}$. 将此代入 (2.13) 并利用定理 2.1 便有

$$\begin{aligned}u^{k+1}&=T_u(T_{ku^{k-1}}u+R_2)+T_{u^k}u+R_1\\&=T_{ku^k}u+R_3+T_uR_2+T_{u^k}u+R_1\\&=T_{(k+1)u^k}u+R,\end{aligned}$$

其中 $R=R_3+T_uR_2+R_1\in C^{2\rho}$. 证毕.

象在第二章 § 2.2 中一样，我们利用关系式

$$(T_au,v)=(u,T_a^*v),\quad u,v\in C_c^\infty(\mathbb{R}^n)$$

来定义 T_a 的共轭算子 T_a^*. 对于共轭算子 T_a^*，我们可以讨论它在 H^s 类空间上的有界性，但却不能讨论它在 C^ρ 类空间上的有界性.

定理 2.2 设 $a\in C^\rho(\mathbf{R}^n)$. 则对所有 $s\in\mathbf{R}$, T_a 的共轭算子 T_a^* 都是 H^s 有界的. 算子 $T_{\bar a}-T_a^*$ 是 $H^s\to H^{s+\rho}$ 有界的，且 $|||T_{\bar a}-T_a^*|||\leqslant C\|a\|_{C^\rho}$.

证明 设正整数 N_0 满足 (1.3) 待定. 对于 $u, v\in C_C^\infty(\mathbf{R}^n)$，按定义有

$$
\begin{aligned}
(T_a^*u, v) &= (u, T_a v)\\
&= \sum_q\sum_r\sum_{p\leqslant r-N_0}\int u_q\bar a_p\bar v_r dx+(u, Rv),
\end{aligned}\tag{2.14}
$$

$$
(T_{\bar a}u, v)=\sum_q\sum_{p\leqslant q-N_0}\sum_r\int \bar a_p u_q\bar v_r dx+(R'u, v),\tag{2.15}
$$

其中 R 与 R' 都是 ρ 正则的且 $|||R|||$, $|||R'|||\leqslant C\|a\|_{C^\rho}$. 因为 $\widehat{a_pv_r}(\xi)=\int\hat a_p(\xi-\eta)\hat v_r(\eta)d\eta$，而且 $\operatorname{supp}\hat a_p\subset\boldsymbol{C}_p$, $\operatorname{supp}\hat v_r\cup\boldsymbol{C}_r$,

故当 $p\leqslant r-N_0$ 时，$\operatorname{supp}\widehat{a_pv_r}(\xi)$ 中的 ξ 满足关系式

$$
2^r\kappa^{-1}(1-\kappa^2 2^{-N_0+1})\leqslant|\xi|\leqslant\kappa 2^{r+1}(2^{-N_0}+1).
$$

选取 N_0 充分大，使得 $1-\kappa^2 2^{-N_0+1}\geqslant 1/2$，于是 $\operatorname{supp}\widehat{a_pv_r}(\xi)$ 中的 ξ 满足

$$
(2\kappa)^{-1}2^r\leqslant|\xi|\leqslant 2\kappa\cdot 2^{r+1}.
$$

又因 $\operatorname{supp}\hat u_q\subset\boldsymbol{C}_q$，故当 $2^{|q-r|}\geqslant 4\kappa^2$ 时有

$$
\operatorname{supp}\widehat{a_pv_r}(\xi)\cap\operatorname{supp}\hat u_q(\xi)=\varnothing.
$$

取正整数 N_1，使得 $2^{N_1}\geqslant 4\kappa^2$. 于是当 $|q-r|\geqslant N_1$, $p\leqslant r-N_0$ 时，(2.14) 与 (2.15) 中相应项的积分值为 0. 将 (2.14),(2.15) 改写成

$$
(T_a^*u, v)=\sum_q\sum_r\sum_{r>p+N}\int u_q\bar a_p\bar v_r dx+(u, Rv),
$$

$$
(T_{\bar a}u, v)=\sum_p\sum_{q>p+N_0}\sum_r\int u_q\bar a_p\bar v_r dx+(R'u, v).
$$

将两式相减并略去含 ρ 正则算子 R 与 R' 的两项，得到

$$
\begin{aligned}
&|(T_a^* u, v) - (T_{\bar{a}} u, v)| \\
&\leqslant \sum_p \Big(\sum_{q<p+N_0} \sum_{r\geqslant p+N_0} + \sum_{q\geqslant p+N_0} \sum_{r<p+N_0} \Big) \Big| \int u_q \bar{a}_p \bar{v}_r dx \Big| \\
&\leqslant \sum_p \sum_{\nu=N_0-N_1}^{N_0+N_1} \sum_{\mu=N_0-N_1}^{N_0+N_1} \int |a_p u_{p+\nu} v_{p+\mu}| dx. \qquad (2.16)
\end{aligned}
$$

由 Schwarz 不等式和第一章定理 1.2，我们有

$$
\begin{aligned}
\int |a_p u_{p+\nu} v_{p+\mu}| dx &\leqslant \|a_p\|_{L^\infty} \|u_{p+\nu}\|_0 \|v_{p+\mu}\|_0 \\
&\leqslant C\|a\|_{C^\rho} \cdot c_{p+\nu} \cdot d_{p+\mu},
\end{aligned}
$$

其中 $\|\{c_p\}\|_{l^2} \leqslant C\|u\|_s$，$\|\{d_p\}\|_{l^2} \leqslant C\|v\|_{-s-\rho}$. 将此代入 (2.16) 并利用 Cauchy 不等式即得

$$
\begin{aligned}
|(T_a^* u, v) - (T_{\bar{a}} u, v)| &\leqslant C\|a\|_{C^\rho} \|\{c_p\}\|_{l^2} \|\{d_p\}\|_{l^2} \\
&\leqslant C\|a\|_{C^\rho} \|u\|_s \|v\|_{-s-\rho}.
\end{aligned}
$$

由此即得

$$
\|(T_a^* - T_{\bar{a}})u\|_{s+\rho} \leqslant C\|a\|_{C^\rho} \|u\|_s.
$$

证毕.

对于仿积，我们也有类似于微积分学中的乘积微分法的微分运算法则.

定理 2.3 对于仿积，微分公式

$$
D_j(T_a u) = T_{D_j a} u + T_a D_j u \qquad (2.17)
$$

成立. 更一般地，有如下的 Leibniz 公式：

$$
D^\alpha(T_a u) = \sum_{\alpha'+\alpha''=\alpha} \frac{\alpha!}{\alpha'!\alpha''!} T_{D^{\alpha'} a} D^{\alpha''} u.
$$

证明 我们只证 (2.17) 式. 按仿积定义 1.1 和 Fourier 变换的性质，我们有

$$
\begin{aligned}
&[D_j(T_a u)]^\wedge(\xi) = \xi_j \widehat{T_a u}(\xi) \\
&= \int \xi_j \chi(\xi-\eta, \eta) \hat{a}(\xi-\eta) \hat{u}(\eta) đ\eta \\
&= \int \chi(\xi-\eta, \eta)(\xi_j - \eta_j) \hat{a}(\xi-\eta) \hat{u}(\eta) đ\eta
\end{aligned}
$$

$$+\int \chi(\xi-\eta,\eta)\hat{a}(\xi-\eta)\eta_j\hat{u}(\eta)d\eta$$

$$=(T_{D_j a}u)^\wedge(\xi)+(T_a D_j u)^\wedge(\xi).$$

证毕.

下面我们来讨论仿乘法算子与磨光算子之交换子的性质. 设 J_ε 是第二章(3.45)式所给出的磨光算子.

定理 2.4 设 $a\in C^\rho(\mathbb{R}^n)$, $\rho>1$, $u\in H^s(\mathbb{R}^n)$, 则

(1) $[T'_a, J_\varepsilon]u\in H^{s+1}(\mathbb{R}^n)$ 且有

$$\|[T'_a, J_\varepsilon]u\|_{s+1}\leqslant C\|u\|_s, \tag{2.18}$$

$$\|[T'_a, J_\varepsilon]u\|_s\leqslant C\varepsilon\|u\|_s, \tag{2.19}$$

其中常数 C 与 ε, u 无关;

(2) 在空间 H^{s+1} 中有

$$[T'_a, J_\varepsilon]u\to 0,\ 当\ \varepsilon\to 0\ 时.$$

证明 按定义 1.2 有

$$T'_a J_\varepsilon u=\sum_q S_{q-N}(a)(J_\varepsilon u)_q,$$

$$J_\varepsilon T'_a u=J_\varepsilon\sum_q S_{q-N}(a)u_q.$$

因为

$$(J_\varepsilon u)\hat{}_q(\xi)=\varphi(2^{-q}\xi)\hat{j}(\varepsilon\xi)\hat{u}(\xi)=(J_\varepsilon u_q)^\wedge(\xi),$$

所以有

$$T'_a J_\varepsilon u=\sum_q S_{q-N}(a)J_\varepsilon u_q.$$

于是

$$[T'_a, J_\varepsilon]u=\sum_q[S_{q-N}(a)J_\varepsilon u_q-J_\varepsilon(S_{q-N}(a)u_q)]$$

$$=\sum f_q. \tag{2.20}$$

容易验证当 ε 充分小时

$$\operatorname{supp}\hat{f}_q\subset C_q+B_{q-N}\subset C'_q. \tag{2.21}$$

按磨光算子定义和 Taylor 公式

$$f_q = \int \varepsilon^{-n} j\left(\frac{x-y}{\varepsilon}\right)[S_{q-N}(a)(x) - S_{q-N}(a)(y)]u_q(y)dy$$

$$= \varepsilon \int \varepsilon^{-n} j\left(\frac{x-y}{\varepsilon}\right) \cdot \frac{x-y}{\varepsilon}$$

$$\times \int_0^1 \nabla S_{q-N}(a)(y + t(x-y))dt\, u_q(y)dy. \tag{2.22}$$

因为 $\rho - 1 > 0$，所以

$$|\partial_\nu S_{q-N}(a)| = |S_{q-N}(\partial_\nu a)| \leqslant C\|a\|_{C^\rho},\ \nu = 1, \cdots, n,$$

其中 C 与 q 无关．从而有

$$\left\|\int_0^1 \nabla S_{q-N}(a)(y + t(x-y)dt\right\|_{L^\infty} \leqslant C\|a\|_{C^\rho}.$$

于是利用第一章定理 1.2 与 Schwarz 不等式，由 (2.22) 有

$$\|f_q\|_0^2 \leqslant C\varepsilon^2\|a\|_{C^\rho}^2 \int\left\{\int \varepsilon^{-n}\left|j\left(\frac{x-y}{\varepsilon}\right)\frac{x-y}{\varepsilon}\right| |u_q(y)|dy\right\}^2 dx$$

$$\leqslant C\varepsilon^2\|a\|_{C^\rho}^2 \int\left\{\int \varepsilon^{-n}\left|j\left(\frac{x-y}{\varepsilon}\right)\frac{x-y}{\varepsilon}\right|dy\right\}$$

$$\cdot \left\{\int \varepsilon^{-n}\left|j\left(\frac{x-y}{\varepsilon}\right)\frac{x-y}{\varepsilon}\right| |u_q(y)|^2 dy\right\} dx$$

$$\leqslant C\varepsilon^2\|a\|_{C^\rho}^2\|u_q\|_0^2.$$

两端开方得

$$\|f_q\|_0 \leqslant C\varepsilon\|a\|_{C^\rho}\|u_q\|_0 \leqslant C\varepsilon\|a\|_{C^\rho} \cdot 2^{-qs}c_q, \tag{2.23}$$

其中 $\sum c_p^2 \leqslant C\|u\|_s^2$．按第一章定理 1.3，由 (2.20)，(2.21) 和 (2.23) 即知 $[T_a', J_\varepsilon]u \in H^s$，且有

$$\|[T_a', J_\varepsilon]u\|_s \leqslant C\varepsilon\|a\|_{C^\rho}\|u\|_s.$$

这就证明了 (2.19)．

对 (2.22) 微分得

$$\partial_\nu f_q = \int \varepsilon^{-n}\partial_\nu j\left(\frac{x-y}{\varepsilon}\right)\frac{x-y}{\varepsilon}$$

$$\times \int_0^1 \nabla S_{q-N}(a)(y + t(x-y))dt\, u_q(y)dy$$

$$+ \int \varepsilon^{-n} j\left(\frac{x-y}{\varepsilon}\right) S_{q-N}(\partial_\nu a)(x)u_q(y)dy. \tag{2.24}$$

象上面一样地可以证明

$$\|\partial_\nu[T'_a, J_\varepsilon]u\|_s \leqslant C\|a\|_{C^\rho}\|u\|_s,\ \nu=1,\cdots,n.$$

故知 $[T'_a, J_\varepsilon]u \in H^{s+1}$，且有

$$\|[T'_a, J_\varepsilon]u\|_{s+1} \leqslant C\|a\|_{C^\rho}\|u\|_s.$$

这就完成了 (2.18) 的证明.

至于 (2)，象第二章定理 3.8 一样地即可证明. 证毕.

注 在定理 2.4 的条件下，若 $\rho>2$，则还可以用类似的方法进一步证明

$$[[T'_a, J_\varepsilon], J_\varepsilon]u \in H^{s+2}(\mathbf{R}^n),$$
$$\|[[T'_a, J_\varepsilon], J_\varepsilon]u\|_{s+2} \leqslant C\|u\|_s,$$
$$\|[[T'_a, J_\varepsilon], J_\varepsilon]u\|_s \leqslant C\varepsilon^2\|u\|_s$$

等.

由第一章推广的嵌入定理知

$$H^t \hookrightarrow C^{t-\frac{n}{2}}.$$

故当 $a\in H^t$，$t>\frac{n}{2}+1$ 时，$a\in C^\rho$，$\rho=t-\frac{n}{2}>1$，从而有

推论 2.2 若 $a\in H^t$，$t>\frac{n}{2}+1$，$u\in H^s(\mathbf{R}^n)$，则定理 2.4 的结论 (1) 和 (2) 成立.

由定理 1.2 知，当 $a\in C^\rho$ 时，算子 $T_a-T'_a$ 是 ρ 正则的；当 $a\in H^t$ 时，$T_a-T'_a$ 是 $t-\frac{n}{2}$ 正则的. 因而有

推论 2.3 设 $u\in H^s(\mathbf{R}^n)$.

(1) 若 $a\in C^\rho$，$\rho>1$，则 $\|[T_a, J_\varepsilon]u\|_{s+1}\leqslant C\|u\|_s$;

(2) 若 $a\in H^t$，$t>\frac{n}{2}+1$，则 $\|[T_a, J_\varepsilon]u\|_{s+1}\leqslant C\|u\|_s$.

在本节结尾，我们来研究仿积的取迹运算. 但只限于一种特殊的仿积. 设 $a(x)\in C^\rho(\mathbf{R}^n)$，$\rho>0$，$v(x')\in C^\sigma(\mathbf{R}^{n-1})$（或 $\in H^s(\mathbf{R}^{n-1})$），$\omega(t)\in C_c^\infty(\mathbf{R})$，且在 $t=0$ 的某邻域中取值为 1. 我们定义

$$T_a v = T_a(v(x')\omega(x_n)), \tag{2.25}$$

其中 $x' = (x_1, \cdots, x_{n-1})$，$(x', x_n) = x$. 这里引入截断函数 $\omega(x_n)$ 是为了使 $v(x')\omega(x_n)$ 仍属于 C^σ 或 H^s. 当对通常的连续函数乘积于 $x_n = 0$ 上取迹时，乘以这样的因子 $\omega(x_n)$ 后再取迹，其值当然不变. 由下面的讨论可知，在仿积取迹时，不同截断因子 $\omega(x_n)$ 所引起的误差是无穷正则的. 由于仿积定义本来就容许有这样的误差，所以，定义式 (2.25) 是有确切含义的.

定理 2.5 设 $a \in C^\rho(\mathbf{R}^n)$，$\rho > 0$，$v(x') \in C^\sigma(\mathbf{R}^{n-1})$（或 $H^s(\mathbf{R}^{n-1})$），则有

$$T_a v|_{x_n=0} = T_{a|_{x_n=0}} v + Rv, \tag{2.26}$$

其中算子 R 是 ρ 正则的.

证明 按定义有

$$\begin{aligned}(T_a v)|_{x_n=0} &= (T'_a(v\otimes\omega))|_{x_n=0} \\ &= \sum_p S_{p-N+1}(a)|_{x_n=0}(v\otimes\omega)_p|_{x_n=0},\end{aligned} \tag{2.27}$$

其中

$$(v\otimes\omega)_p|_{x_n=0} = \int e^{ix'\xi'}\varphi(2^{-p}\xi)\hat{v}(\xi')\hat{\omega}(\xi_n)d\xi. \tag{2.28}$$

由环形单位分解的性质知可选取正整数 ν，使当 $|\xi'| \leqslant \kappa 2^{p+1}$ 时有 $\psi(2^{-(p+\nu)}\xi') \equiv 1$. 于是 (2.28) 式可改写为

$$\begin{aligned}(v\otimes\omega)_p|_{x_n=0} = &\int e^{ix'\xi'}\psi(2^{-(p+\nu)}\xi')\hat{v}(\xi')d\xi' \\ &\cdot \int 2^p\tilde{\varphi}(2^{-p}\xi', -2^p y_n)\omega(y_n)dy_n,\end{aligned} \tag{2.29}$$

其中 ψ 和 φ 都是第一章定理 1.1 中给出的函数，而 $\tilde{\varphi}$ 表示 $\varphi(\xi)$ 关于 ξ_n 的 Fourier 逆变换. 注意到当 $j \geqslant 1$ 时，$\omega^{(j)}(0) = 0$. 故由 Taylor 公式知对于任意正整数 k，都有

$$\omega(y_n) = 1 + \frac{y_n^k}{k!}\int_0^1 k(1-t)^{k-1}\omega^{(k)}(ty_n)dt.$$

于是

$$\int 2^p\tilde{\varphi}(2^{-p}\xi', -2^p y_n)\omega(y_n)dy_n$$

$$= \int \tilde{\varphi}(2^{-p}\xi', -y_n)\omega(2^{-p}y_n)dy_n$$

$$= \varphi(2^{-p}\xi', 0) + \frac{2^{-pk}}{k!}\int \tilde{\varphi}(2^{-p}\xi', -y_n)y_n^k$$

$$\times \int_0^1 k(1-t)^{k-1}\omega^{(k)}(t2^{-p}y_n)dt\,dy_n.$$

将此式代入 (2.29)，得到

$$(v\otimes\omega)_p|_{x_n=0} = v_p(x') + r_p v(x'), \tag{2.30}$$

其中

$$r_p v(x') = \frac{2^{-pk}}{k!}\int_0^1 k(1-t)^{k-1}dt \iint e^{ix'\xi'}\widehat{S_{p+\nu}(v)}(\xi')$$

$$\cdot \tilde{\varphi}(2^{-p}\xi', -y_n)y_n^k\omega^{(k)}(t2^{-p}y_n)đ\xi' dy_n$$

$$= \frac{2^{-p(k-n+1)}}{k!}\int_0^1 k(1-t)^{k-1}dt \int \check{\varphi}(2^p(x'-y'), -y_n)$$

$$\cdot y_n^k S_{p+\nu}(v)(y')\omega^{(k)}(t2^{-p}y_n)dy. \tag{2.31}$$

将 (2.30) 代入 (2.27)，得到

$$T'_a v|_{x_n=0} = \sum_p S_{p-N+1}(a)|_{x_n=0}(v_p + r_p v)$$

$$= T'_{a|x_n=0}v + R_1 v + R_2 v, \tag{2.32}$$

其中

$$R_1 v = \sum_p [S_{p-N+1}(a)|_{x_n=0} - S_{p-N+1}(a|_{x_n=0})]v_p,$$

$$R_2 v = \sum_p S_{p-N+1}(a)|_{x_n=0} r_p v.$$

注意，在 (2.31) 中，$\omega^{(k)}$ 有界，$\check{\varphi} \in \mathscr{S}(\mathbb{R}^n)$ 且有

$$\|S_{p+\nu}(v)\|_{L^\infty} \leqslant C2^{p(|\sigma|+\varepsilon)}\|v\|_{C^\sigma}, \text{ 当 } v \in C^\sigma \text{ 时；}$$

$$\|S_{p+\nu}(v)\|_0 \leqslant C2^{p|s|}\|v\|_s, \qquad \text{ 当 } v \in H^s \text{ 时.}$$

于是由 (2.31) 得到估计式

$$\|r_p v\|_{L^\infty} \leqslant C2^{-p(k-|\sigma|-\varepsilon)}\|v\|_{C^\sigma}, \text{ 当 } v \in C^\sigma;$$

$$\|r_p v\|_0 \leqslant C2^{-p(k-|s|)}\|v\|_s, \qquad \text{ 当 } v \in H^s.$$

由 k 的任意性知算子 R_2 是无穷正则的．而由第一章定理 4.3 又知 R_1 是 ρ 正则的．从而由 (2.32) 知定理的结论对 T'_a 成立．再

由定理 1.2 即知定理的结论对 T_a 亦成立. 证毕.

注 由 (2.30) 和 (2.31) 可见，若在 (2.25) 式中将截断函数 $\omega(x_n)$ 换成另一个 $\omega'(x_n)$，则 $r_p v$ 从而 $R_2 v$ 会有相应的改变，记为 $r'_p v$ 和 $R'_2 v$. 既然我们已证得 R_2 是无穷正则的，差算子 $R_2 - R'_2$ 当然也是无穷正则的了.

§ 3. 余法型函数的仿积

本节概述余法型函数的仿积所特有的性质. 在讨论中，我们将随意选用仿积的两种定义之一，而不再考虑二者之间的差别. 这里，我们将利用第一章所定义的余法型函数空间 $C^{\rho,k}(\Sigma)$ 和 $H^{s,k}(\Sigma)$，并只考虑 $\Sigma = \{x \in \mathbf{R}^n;\ x_1 = 0\}$ 的情形.

引理 3.1 设 $a \in C^{\rho,k}(\Sigma)$，$\rho > 0$，$k \geq 1$. 记 $Z_1 = x_1 \partial_{x_1}$，则有

$$Z_1 T_a u = T_{Z_1 a} u + T_a Z_1 u + R_a u, \tag{3.1}$$

其中 R_a 是 $C^{\sigma,k} \to C^{\sigma+\rho,k}$ 和 $H^{s,k} \to H^{s+\rho,k}$ 有界的.

证明 按定义 1.2 和定理 2.3，我们有

$$\begin{aligned} x_1 \partial_{x_1}(T_a u) &= x_1 T_{\partial_{x_1} a} u + x_1 T_a \partial_{x_1} u \\ &= \sum_q x_1 S_{q-N+1}(\partial_{x_1} a) u_q \\ &\quad + \sum_p a_p \Big(x_1 \sum_{q \geq p+N} (\partial_{x_1} u)_q \Big), \end{aligned}$$

$$T_{Z_1 a} u = \sum_q S_{q-N+1}(x_1 \partial_{x_1} a) u_q,$$

$$T_a(Z_1 u) = \sum_p a_p \Big(\sum_{q \geq p+N} (x_1 \partial_{x_1} u)_q \Big).$$

将它们代入 (3.1)，得到

$$\begin{aligned} R_a u &= \sum_q \{ x_1 S_{q-N+1}(\partial_{x_1} a) - S_{q-N+1}(x_1 \partial_{x_1} a) \} u_q \\ &\quad + \sum_p a_p \{ S_{p+N}(x_1 \partial_{x_1} u) - x_1 S_{p+N}(\partial_{x_1} u) \} \\ &= R'_a u + R''_a u, \end{aligned} \tag{3.2}$$

按环形分解的作法，我们有

$$
\begin{aligned}
f_q &= x_1 S_{q-N+1}(\partial_{x_1} a) - S_{q-N+1}(x_1 \partial_{x_1} a) \\
&= \int (x_1 - y_1)\check{\psi}(2^{q-N+1}(x-y))\partial_{y_1} a(y) dy \cdot 2^{(q-N+1)n} \\
&= -\int (\xi_1 \partial_{\xi_1}\psi)^{\vee}(2^{q-N+1}(x-y)) a(y) dy \cdot 2^{(q-N+1)n}.
\end{aligned}
\tag{3.3}
$$

记 $\psi_1(\xi) = -\xi_1 \partial_{\xi_1}\psi(\xi)$，则 $\psi_1(\xi) \in C_c^\infty(\mathbf{R}^n)$，且

$$
\operatorname*{supp}_{\xi}\psi_1(2^{-(q-N+1)}\xi) \subset \boldsymbol{B}_{q-N},
$$

于是可得估计式

$$
\|f_q\|_{L^\infty} \leqslant C 2^{-q\rho}\|a\|_{C^\rho}. \tag{3.4}
$$

而由 (1.3) 又知

$$
\operatorname{supp}(\widehat{f_q u_q})(\xi) \subset \boldsymbol{C}_q + \boldsymbol{B}_{q-N} \subset \boldsymbol{C}'_q. \tag{3.5}
$$

按第一章定理 1.3 和 2.2，由 (3.3)—(3.5) 知

$$
\begin{aligned}
&R'_a u \in C^{\sigma+\rho}, \text{ 当 } u \in C^{\sigma,k} \text{ 时}; \\
&R'_a u \in H^{s+\rho}, \text{ 当 } u \in H^{s,k} \text{ 时}.
\end{aligned}
\tag{3.6}
$$

完全平行地可以证明 $R''_a u$ 也满足 (3.6)，故 $R_a u$ 亦然。

对 (3.3) 微分得

$$
\begin{aligned}
2^{-(q-N+1)n} Z_1 f_q &= x_1 \partial_{x_1} \int \check{\psi}(2^{q-N+1}(x-y)) a(y) dy \\
&= \int (Z_1 \check{\psi}_1)(2^{q-N+1}(x-y)) a(y) dy \\
&\quad + \int \check{\psi}_1(2^{q-N+1}(x-y)) \partial_{y_1}(y_1 a(y)) dy \\
&= \int (Z_1 \check{\psi}_1)(2^{q-N+1}(x-y)) a(y) dy \\
&\quad + \int \check{\psi}_1(2^{q-N+1}(x-y)) Z_1 a(y) dy \\
&\quad + \int \check{\psi}_1(2^{q-N+1}(x-y)) a(y) dy.
\end{aligned}
\tag{3.7}
$$

若记 $Z_j = \partial_{x_j} (j = 2, \cdots, n)$，则对 (3.3) 微分又有

$$Z_j f_q = \int \check{\psi}_1(2^{q-N+1}(x-y))Z_j a(y)dy \cdot 2^{(q-N+1)n},$$
$$2 \leqslant j \leqslant n. \tag{3.8}$$

将 Z_j 作用于(3.7)和(3.8)右端诸项时，也有类似的结果．因此，对重指标 $\alpha=(\alpha_1,\alpha')$，$|\alpha|\leqslant k$，可得一般公式：

$$Z^\alpha f_q = \sum_{\nu=0}^{\alpha_1}\binom{\alpha_1}{\nu}\sum_{\mu=0}^{\nu}\binom{\nu}{\mu}\int (Z_1^\mu \check{\psi}_1)(2^{q-N+1}(x-y))$$
$$\cdot Z_1^{\nu-\mu}Z^{\alpha'}a(y)dy 2^{(q-N+1)n}. \tag{3.9}$$

显然，对于 u_q，也可得到类似的公式：

$$Z^\alpha u_q = \sum_{\nu=0}^{\alpha_1}\binom{\alpha_1}{\nu}\sum_{\mu=0}^{\nu}\binom{\nu}{\mu}\int (Z_1^\mu \check{\psi})(2^q(x-y))$$
$$\cdot Z_1^{\nu-\mu}Z^{\alpha'}u(y)dy \cdot 2^{qn}. \tag{3.10}$$

当 $|\alpha|\leqslant k$ 时，$a\in C^{\rho,k}$，$u\in C^{\sigma,k}$ 和 $u\in H^{s,k}$ 分别蕴涵着 $Z^\alpha a\in C^\rho$，$Z^\alpha u\in C^\sigma$ 和 $Z^\alpha u\in H^s$．因此，利用(3.9)和(3.10)，象(3.3)—(3.6)一样地可以证明对于 $Z^\alpha R'_a u$ 也有(3.6)成立，从而 $Z^\alpha R_a u$ 亦然．这就证明了算子 R_a 是 $C^{\sigma,k}\to C^{\sigma+\rho,k}$ 和 $H^{s,k}\to H^{s+\rho,k}$ 有界的．证毕．

定理 3.1 设 $a\in C^{\rho,k}$，$\rho>0$，$k\geqslant 0$．

(1) 若 $u\in C^{\sigma,k}$，则 $T_a u\in C^{\sigma,k}$；

(2) 若 $u\in H^{s,k}$，则 $T_a u\in H^{s,k}$．

证明 用归纳法来证明．首先，由定理 1.3 知，当 $k=0$ 时定理结论成立．现在设 $k=\nu$ 成立．对任意 α，$|\alpha|=\nu+1$，记 $Z^\alpha=Z^{\alpha'}Z$，其中 $|\alpha'|=\nu$，而 Z 为 $Z_1,\cdots,Z_n$ 中之一．由定理 2.3 或引理 3.1，我们有

$$Z^\alpha(T_a u)=Z^{\alpha'}(T_{Za}u+T_a Zu+R_a u), \tag{3.11}$$

其中 $Z=Z_1$ 时，$R_a u$ 由(3.2)给出；当 $Z=Z_j$，$2\leqslant j\leqslant n$ 时，$R_a u=0$．由引理 3.1 知

$$R_a u\in C^{\sigma+\rho,\nu+1}，\text{当 } u\in C^{\sigma,\nu+1};$$
$$R_a u\in H^{s+\rho,\nu+1}，\text{当 } u\in H^{s,\nu+1}.$$

所以有

$$Z^{\alpha'}(R_a u) \in C^{\sigma+\rho}, \text{ 当 } u \in C^{\sigma,\nu+1};$$
$$Z^{\alpha'}(R_a u) \in H^{s+\rho}, \text{ 当 } u \in H^{s,\nu+1}. \tag{3.12}$$

因为 $a \in C^{\rho,\nu+1}$，$u \in C^{\sigma,\nu+1}$ 和 $u \in H^{s,\nu+1}$ 分别蕴涵着 $Za \in C^{\rho,\nu}$，$Zu \in C^{\sigma,\nu}$ 和 $Zu \in H^{s,\nu}$，所以，按归纳假设便知

$$T_{Za}u,\ T_a Zu \in C^{\sigma,\nu}, \text{ 当 } u \in C^{\sigma,\nu+1} \text{ 时};$$
$$T_{Za}u,\ T_a Zu \in H^{s,\nu}, \text{ 当 } u \in H^{s,\nu+1} \text{ 时}. \tag{3.13}$$

由 (3.11)—(3.13) 便得

$$Z^{\alpha}(T_a u) \in C^{\sigma}, \text{ 当 } u \in C^{\sigma,\nu+1} \text{ 时};$$
$$Z^{\alpha}(T_a u) \in H^{s}, \text{ 当 } u \in H^{s,\nu+1} \text{ 时}.$$

这就证明了定理的结论于 $k = \nu + 1$ 时成立．证毕．

定理 3.2 设 a，$b \in C^{\rho,k}$，$\rho > 0$，$k \geqslant 0$．记

$$R = T_a \circ T_b - T_{ab}. \tag{3.14}$$

(1) 算子 R 是 $H^{s,k} \to H^{s+\rho,k}$ 和 $C^{\sigma,k} \to C^{\sigma+\rho,k}$ 有界的；

(2) 若 $|\alpha| \leqslant k$，则交换子 $[Z^{\alpha}, R]$ 是 $H^{s,k-1} \to H^{s+\rho,k-|\alpha|}$ 有界的．

证明 首先用归纳法证明 (1)．当 $k = 0$ 时，就是定理 2.1．

现在设 (1) 对 $k = \nu$ 成立．当 $k = \nu + 1$ 时，由引理 3.1 或定理 2.3 有

$$ZRu = RZu + (T_{Za} \circ T_b - T_{(Za)b})u + (T_a \circ T_{Zb} - T_{aZb})u$$
$$+ T_a \circ R_b u + R_a \circ T_b u - R_{ab} u, \tag{3.15}$$

其中后三项中的 $R_b u$，$R_a \circ T_b u$ 和 $R_{ab} u$ 的意义与 (3.11) 中的 $R_a u$ 相同．由引理 3.1 和定理 3.1 有

$$T_a \circ R_b u,\ R_a \circ T_b u,\ R_{ab} u \in C^{\sigma+\rho,\nu+1} \text{ 或 } H^{s+\rho,\nu+1}. \tag{3.16}$$

另一方面，由假设知 Za、$Zb \in C^{\rho,\nu}$，$Zu \in C^{\sigma,\nu}$ 或 $H^{s,\nu}$．于是由归纳假设知，当 $u \in C^{\sigma,\nu+1}$ 时，

$$RZu,\ (T_{Za} \circ T_b - T_{(Za)b})u,\ (T_a \circ T_{Zb} - T_{aZb})u \in C^{\sigma+\rho,\nu}. \tag{3.17}$$

而当 $u \in H^{s,\nu+1}$ 时，

$$RZu,\ (T_{Za} \circ T_b - T_{(Za)b})u,\ (T_a \circ T_{Zb} - T_{aZb})u \in H^{s+\rho,\nu}. \tag{3.18}$$

将 (3.16)—(3.18) 代入 (3.15) 便得

$$ZRu \in C^{\sigma+\rho,\nu}, \text{ 当 } u \in C^{\sigma,\nu+1} \text{ 时；}$$

$$ZRu \in H^{s+\rho,\nu}, \text{ 当 } u \in H^{s,\nu+1} \text{ 时。}$$

从而得知

$$Ru \in C^{\sigma+\rho,\nu+1}, \text{ 当 } u \in C^{\sigma,\nu+1} \text{ 时；}$$

$$Ru \in H^{s+\rho,\nu+1}, \text{ 当 } u \in H^{s,\nu+1} \text{ 时。}$$

这就证明了 (1) 于 $k = \nu + 1$ 时成立.

再证 (2). 显然，只须就 $|\alpha| = 1$ 的情形给出证明. 这时由 (3.15) 有

$$[Z, R]u = (T_{Za} \circ T_b - T_{(Za)b})u + (T_a \circ T_{Zb} - T_{aZb})u + T_a \circ R_b u + R_a \circ T_b u - R_{ab} u.$$

由前段论证便知结论 (2) 成立. 证毕.

第四章 仿微分算子

本章中我们将仿积的概念推广到仿微分算子，而把仿积视为某类具零阶象征的仿微分算子.与仿积的定义一样，仿微分算子也可以有积分形式与级数形式两种定义. 在不计及具有较高光滑性的项的差别时，这两种定义是一致的. 在引入了仿微分算子的概念以后，我们即着手于建立仿微分算子的运算法则及有关的估计，它与拟微分算子的一套运算法则与相应的估计是十分相似的.

§1. 仿微分算子的定义

我们先引入以齐次函数为象征的仿微分算子. 为此先介绍齐次函数球调和分解的几个结果.

设 S^{n-1} 为欧氏空间 $\mathbf{R}^n$ 中的单位球面，Δ 为 S^{n-1} 上的 Laplace-Beltrami 算子，则根据椭圆算子的性质有

引理 1.1 存在 S^{n-1} 上的 C^∞ 函数系 $\{h_\nu\}$，它满足

(1) $\{h_\nu\}$ 形成 $L^2(S^{n-1})$ 中的完全标准正交系；

(2) 每个 h_ν 均为 Δ 的特征函数： $\Delta h_\nu = \lambda_\nu h_\nu$；且当 $\nu \to \infty$ 时，$\lambda_\nu \sim C\nu^M$ 对某个正数 M 成立.

本引理的证明将在附录中给出，亦可参见 [BGM1].

引理 1.2 设 $l(x, \xi)$ 是 $\xi \in \mathbf{R}^n$ 的齐 m 次函数，当 $\xi \neq 0$ 时关于 ξ 为 C^∞，且所有的 $D_\xi^\alpha l(x, \xi)$ 关于 x 属于 $C^\rho(\rho > 0)$，则有球面调和分解

$$l(x, \xi) = \sum a_\nu(x) h_\nu(\xi), \tag{1.1}$$

式中 $a_\nu(x)$ 为 C^ρ 函数，$\|a_\nu\|_{C^\rho}$ 关于 ν 速降. $h_\nu(\xi)$ 为齐 m 次，在 $\xi \neq 0$ 时属于 C^∞，而且对任意 N，$\|h_\nu\|_{C^N(S^{n-1})}$ 关于 ν 是缓增

的.

证明 利用引理 1.1 的 (1),构造 $\{h_\nu(\omega)\}$ 为 $L^2(S^{n-1})$ 中关于测度 $d\sigma(\omega)$ 的完全标准正交系，对于 $\omega\in S^{n-1}$，由 $l(x,\omega)\in L^2(S^{n-1})$ 知,它可以有分解

$$l(x,\omega)=\sum_\nu a_\nu(x)h_\nu(\omega), \tag{1.2}$$

其中

$$a_\nu(x)=\int_{S^{n-1}} l(x,\omega)\overline{h_\nu(\omega)}d\sigma(\omega), \tag{1.3}$$

于是对 $\xi\neq 0$，记 $\omega=\dfrac{\xi}{|\xi|}$，并将 $h_\nu(\omega)$ 延拓成 $\mathbf{R}^n$ 上的齐 m 次函数,则

$$\begin{aligned}l(x,\xi)=|\xi|^m l(x,\omega)&=\sum_\nu a_\nu(x)h_\nu(\omega)\cdot|\xi|^m\\&=\sum_\nu a_\nu(x)h_\nu(\xi),\end{aligned}$$

此即 (1.1) 式. 由 $a_\nu(x)$ 的表示式 (1.3) 易知它为 C^ρ 函数. 又设 λ_ν 为 S^{n-1} 上 Laplace-Beltrami 算子的特征值，则对任意 $k>0$,

$$\begin{aligned}\lambda_\nu^k[a_\nu(x)-a_\nu(y)]&=\int_{S^{n-1}}[l(x,\omega)-l(y,\omega)]\lambda_\nu^k\overline{h_\nu(\omega)}d\sigma(\omega)\\&=\int_{S^{n-1}}[l(x,\omega)-l(y,\omega)]\Delta_\omega^k\overline{h_\nu(\omega)}d\sigma(\omega)\\&=\int_{S^{n-1}}[\Delta_\omega^k l(x,\omega)-\Delta_\omega^k l(y,\omega)]\overline{h_\nu(\omega)}d\sigma(\omega),\end{aligned}$$

此处最后一个等式由无边流形的 Green 公式得出. 从而

$$\begin{aligned}\lambda_\nu^k\|a_\nu\|_{C^\rho}\leqslant&\left[\int_{S^{n-1}}\|\Delta_\omega^k l(x,\omega)\|_{C^\rho}^2 d\sigma(\omega)\right]^{1/2}\\&\times\left[\int|h_\nu(\omega)|^2 d\sigma(\omega)\right]^{1/2}.\end{aligned}$$

由引理 1.1 的性质 (2) 即知

$$\|a_\nu\|_{C^\rho}\leqslant C_k\nu^{-kM},\ \forall k\in\mathbb{N}. \tag{1.4}$$

这就说明 $\|a_\nu\|_{C^\rho}$ 关于 ν 速降. 又对任意 N，取

$$l > \frac{n}{2} + N$$

为偶数，则

$$\begin{aligned}\|h_\nu\|_{C^N(S^{n-1})} &\leqslant C\|h_\nu\|_{H^l(S^n)} \\ &\leqslant C\sum_{j=0}^{\frac{l}{2}}\|\Delta^j h_\nu\|_{L^2(S^{n-1})} \\ &\leqslant C\sum_{j=0}^{\frac{l}{2}}\lambda_\nu^j.\end{aligned}$$

故有

$$\|h_\nu\|_{C^N(S^{n-1})} \leqslant C\nu^{(\frac{l}{2}+1)M}. \tag{1.5}$$

这就说明对任意 N，$\|h_\nu\|_{C^N(S^{n-1})}$ 关于 ν 为缓增的.

注 1 用类似的方法可证，$\|a_\nu\|_{L^\infty}$ 关于 ν 是速降的.

注 2 若 $l(x,\xi)$ 及其关于 ξ 的导数属于 $H^s(R^n\times(R^n\backslash\{0\}))$，$s>\frac{n}{2}$，则在分解式 (1.1) 中 $a_\nu(x)\in H^s(R^n)$，且 $\|c_\nu\|_s$ 关于 ν 速降.

注 3 若 $l(x,\xi)$ 关于 x 有紧支集，则 $a_\nu(x)$ 亦然.

我们记

$$\|l\|_{(\rho,2k)} = \sum_{j=1}^{k}\left(\int_{S^{n-1}}\|\Delta_\omega^j l(x,\omega)\|_{C^\rho}^2 d\omega\right)^{1/2}, \tag{1.6}$$

它在今后估计仿微分算子的范数时常常要用到. 易见，当 l 不依赖于 ω 时，对一切 $k\geqslant 0$，$\|l\|_{(\rho,2k)}$ 与 $\|l(x)\|_{C^\rho}$ 等价.

设 $\chi(\theta,\eta)$ 为上章 (1.1) 式中引入的仿截断因子，则可仿照仿积的积分形式的定义引入仿微分算子的概念如下.

定义 1.1 设 $l(x,\xi)$ 满足引理 1.2 中的条件，算子 T_l 按下式定义:

$$(\widehat{T_l u})(\xi) = \int\chi(\xi-\eta,\eta)\hat{l}(\xi-\eta,\eta)\hat{u}(\eta)d\eta, \tag{1.7}$$

其中 $\hat{l}(\theta,\eta)$ 为 $l(x,\eta)$ 关于 x 的 Fourier 变换，则称 T_l 是

以 $l(x,\xi)$ 为象征的仿微分算子.

若 $l(x,\xi)$ 为有限项满足引理 1.2 中条件的函数之和，$l=\sum l_i$，则 T_l 可相应地定义为 $\sum T_{l_i}$.

由定义 1.1 可知，当象征 l 与 ξ 无关时，(1.7) 即化成第三章中 (1.2) 式，故仿积就是一类特殊的仿微分算子. 此外，如果在 (1.7) 式右边略去截断函数 χ，则积分 $\int \hat{l}(\xi-\eta,\eta)\hat{u}(\eta)d\eta$ 正是一个拟微分算子 $l(x,D)$ 作用于 u 以后的 Fourier 变换. 所以，仿微分算子可以视作拟微分算子经过了某种"修正"而来，然而正是这一修正使仿微分算子在非线性偏微分方程的研究中发挥了重大的作用，也正是由于这一修正，我们得重新详细地考察这类算子的运算法则以及算子运算和象征运算之间的关系.

定理 1.1 由 (1.7) 所定义的仿微分算子是 $H^s\to H^{s-m}$ 或 $C^\sigma\to C^{\sigma-m}$ 的线性连续映射，且对某个正整数 k，算子模被 $C\|l\|_{(0,2k)}$ 所控.

证明 由上一章 (1.1) 式，$\chi(\theta,\eta)=\psi(\theta,\eta)s(\eta)$，令 $s_1(\eta)\in C^\infty(\mathbb{R}^n)$，使它在 $|\eta|\leqslant\frac{R}{2}$ 时为 0，且在 $\operatorname{supp} s(\eta)$ 上为 1，则 $\psi(\theta,\eta)s_1(\eta)=\chi(\theta,\eta)$，于是 (1.7) 可以写成

$$\sum_\nu\int\chi(\xi-\eta),\eta)a_\nu(\xi-\eta)h_\nu(\eta)s_1(\eta)\hat{u}(\eta)d\eta, \qquad (1.8)$$

(1.8) 中的单项，即 $T_{a_\nu}\cdot h_\nu(D)s_1(D)u$，其中 T_{a_ν} 就是仿乘法算子. 当 $u\in H^s$ 时，$h_\nu(D)s_1(D)u\in H^{s-m}$，而当 $u\in C^\sigma$ 时，$h_\nu(D)s_1(D)u\in C^{\sigma-m}$，因此由上一章中介绍的仿积的性质知，$T_{a_\nu}(h_\nu(D)s_1(D))u$ 是 $H^s\to H^{s-m}$ 或 $C^\sigma\to C^{\sigma-m}$ 的映照.

现在再证级数 $\sum T_{a_\nu}(h_\nu(D)s_1(D))u$ 的收敛性. 由于

$$\|h_\nu\|_{C^N(S^{n-1})}$$

对任意 N 关于 ν 是缓增的，故 $\|h_\nu(D)s_1(D)u\|_{H^{s-m}}$ 与 $\|h_\nu(D)\times s_1(D)u\|_{C^{\rho-m}}$ 也如此. 又由第三章定理 1.1 知 T_{a_ν} 的模被 $C\|a_\nu\|_{L^\infty}$ 所控，由引理 1.2的注知 $\|a_\nu\|_{L^\infty}$ 关于 ν 速降，故级数 $\sum T_{a_\nu}(h_\nu(D)\times$

$s_1(D))u$ 收敛，从而得所需之结论．证毕．

以后我们也常把仿微分算子 T_l 写成

$$T_l u=\sum_{\nu} T_{a_\nu} h_\nu(D) s_1(D) u. \tag{1.9}$$

在定义 1.1 中规定了 T_l 是以 $l(x,\xi)$ 为象征的仿微分算子，然而为了说明这个定义的合理性，我们必须指出此定义与截断函数 χ, s_1 的选取无关．更确切地说，仿微分算子作用于一个固定函数的值在不计一个较高光滑性的函数的意义下与 χ, s_1 无关，同时，根据表达式 (1.9) 我们也必须指出，在上述意义下，(1.9) 中的仿乘法算子也可以用任意与其等价的算子代替．

定理 1.2 设 $l(x,\xi)$ 满足引理 1.2 的条件，则若将 (1.8) 中 χ, s_1 换成满足同样假定条件的 $\tilde{\chi}, \tilde{s}_1$，或在 (1.9) 中将 T_{a_ν} 换成上章 (1.4) 式所定义的 T'_{a_ν}，则对 T_l 所引起的误差是 $\rho-m$ 正则算子，且存在正整数 k，使差算子的模被 $C\|l\|_{(\rho,2k)}$ 所控．

证明 当 s_1 改成 $\tilde{s}_1$ 时，在 (1.8) 式右端所产生的差为一个 C^∞ 函数，当 χ 改成 $\tilde{\chi}$ 与 (1.9) 式中 T_{a_ν} 改成 T'_{a_ν} 的情形相仿，故我们只需讨论 T_{a_ν} 改为 T'_{a_ν} 时对 T_l 所引起的误差即可．由第三章定理 1.2 知，$T_{a_\nu}-T'_{a_\nu}$ 是一个 ρ 正则算子且其模被 $C\|a_\nu\|_{C^\rho}$ 所控．再利用引理 1.2 中指出的 $\|a_\nu\|_{C^\rho}$ 关于 ν 的速降性即知 T_l 与按 $T'_l=\sum\limits_{\nu} T'_{a_\nu} h_\nu(D) s(D) u$ 所定义的算子 T'_l 之差为 $\rho-m$ 正则算子．证毕．

仿乘法算子自然可视为仿微分算子的一个特例．当仿积取级数形式时，我们有 $T'_a u=\Sigma S_{p-N}(a) u_p$，式中 $S_{p-N}(a)$ 为 a 的环形分解的部分和，故若以 $(S_p l)(x,\xi)$ 记 $l(x,\xi)$ 单独关于 x 作环形分解所得的前 p 项之和，可得

$$\begin{aligned} T_l u &= \sum_{\nu} T'_{a_\nu} h_\nu(D) s_1(D) u \\ &= \sum_{p} (S_{p-N} l)(x, D) s_1(D) u_p. \end{aligned} \tag{1.10}$$

(1.7)与 (1.10) 分别称为仿微分算子的积分表示与级数表示式，由

前面的讨论知，它们相差一个 $\rho-m$ 正则算子.

下面给出仿微分算子作用于余法型函数的性质:

定理 1.3 设 l 满足引理 1.2 的条件，$\rho+j>k$，则由(1.7)所定义的 T_l 是 $H^{s,k}\to H^{s-m-j,k}$ 和 $C^{\sigma,k}\to C^{\sigma-m-j,k}$ 的线性连续映射.

证明 我们只需考察 T_l 表示式(1.9)中的一项. 若 $u\in H^{s,k}$，则 $h_\nu(D)s_1(D)u\in H^{s-m,k}$，在 $k\geqslant j$ 时，$h_\nu(D)s_1(D)u\in H^{s-m,k-j}$，$a_\nu\in C^\rho\subset C^{\rho+j-k,k-j}$. 于是由第三章定理 3.1 知，$T_{a_\nu}h_\nu(D)s_1(D)u\in H^{s-m,k-j}\subset H^{s-m-j,k}$. 又当 $k\leqslant j$ 时，$T_lu\in H^{s-m}\subset H^{s-m-j,k}$ 是显然的.

关于 $C^{\sigma,k}\to C^{\sigma-m-j,k}$ 的连续性也可类似地推得. 证毕.

定理 1.4 设 $l(x,\xi)$ 如引理 1.2 所述，$\rho>m$，记 $l(x,D)=\sum a_\nu(x)h_\nu(D)s_1(D)$，则算子 $l(x,D)-T_l$ 为 L^2 有界的且对某正整数 k，其算子模被 $C\|l\|_{(\rho,2k)}$ 所控. 特别地，当 $D_\xi^\alpha l(x,\xi)$ 关于 x 为 C^∞ 时，$l(x,D)-T_l$ 为无穷正则的.

证明 根据 $l(x,\xi)$ 的球调和分解，问题归结为说明

$$\sum_\nu (T_{a_\nu}-a_\nu)h_\nu(D)s_1(D)$$

具有所指出的性质. 首先，$h_\nu(D)s_1(D)$ 将 H^s 映射到 H^{s-m}，它的模被 $C\|h_\nu(\xi)\|_{C^M(S^{n-1})}$ 所控. 而由第三章定理 1.5 又知，$T_{a_\nu}-a_\nu$ 将 H^{-m} 连续地映射到 L^2，其模被 $C\|a_\nu\|_{C^\rho}$ 所控. 因此由引理 1.2 可得 $\sum\limits_\nu(T_{a_\nu}-a_\nu)h_\nu(D)s_1(D)$ 的收敛性. 从而 $l(x,D)-T_l$ 是 L^2 有界的，且此算子的模被 $C\|l\|_{(\rho,2k)}$ 所控.

又当 $D_\xi^\alpha l(x,\xi)$ 关于 x 为 C^∞ 时，对任意 $s'>s-m$，算子 $T_{a_\nu}-a_\nu$ 将 H^{s-m} 映到 $H^{s'}$，其算子模被 $C\|a_\nu\|_{C^{s'-s+m}}$ 所控. 仍利用引理 1.2 可知，前面所作出的算子级数按 $H^s\to H^{s'}$ 算子模收敛. 故这个和式仍为 $H^s\to H^{s'}$ 算子. 由 s 和 s' 的任意性即知 $T_l-l(x,D)$ 为无穷正则算子. 证毕.

前面我们对于满足引理 1.2 中条件的函数 $l(x,\xi)$ 定义了相应的仿微分算子，这里 $l(x,\xi)$ 称为**仿微分算子** T_l 的**象征**，它是

关于 ξ 的齐次函数. Y. Meyer 在 [My1] 中引入了更广的一类仿微分算子,我们在此扼要地加以介绍.

设 $\sigma(x,\xi)\in C^\infty(\mathbf{R}^n\times\mathbf{R}^n)$ 满足条件:

(1) 对任意 $\alpha\in\mathbf{N}^n$, 都有

$$\|\partial_\xi^\alpha\sigma(x,\xi)\|_{C^r(\mathbf{R}_x^n)}\leqslant C_\alpha(1+|\xi|)^{m-|\alpha|};\tag{1.11}$$

(2) 对任一固定的 ξ, $x\to\sigma(x,\xi)$ 的谱含于

$$\{\eta;\ |\eta|\leqslant\varepsilon|\xi|\},\quad \varepsilon>0 \text{ 给定},\tag{1.12}$$

于是根据 Bernstein 定理, $\sigma(x,\xi)$ 必满足

(3) $$\|\partial_x^\beta\partial_\xi^\alpha\sigma(x,\xi)\|_{L^\infty(\mathbf{R}_x^n)}\leqslant C_{\alpha,\beta}(1+|\xi|)^{m-|\alpha|+|\beta|-r},\tag{1.13}$$

其中 $\alpha\in\mathbf{N}^n$, $\beta\in\mathbf{N}^n$ 且 $|\beta|>r$.

于是 $\sigma(x,\xi)\in S_{1,1}^{m-r}$. 由它可以定义一个拟微分算子 $\sigma(x,D)$. 今若有函数 $l(x,\xi)$ 关于 x 属于 C^r,关于 ξ 属于 C^∞ 且满足

$$\|\partial_\xi^\alpha l(x,\xi)\|_{C^r(\mathbf{R}_x^n)}\leqslant C_\alpha(1+|\xi|)^{m-|\alpha|},\quad \forall\alpha\in\mathbf{N}^n,\tag{1.14}$$

则取 $\chi(\xi,\eta)$ 为第三章 (1.1) 式中引入的仿截断因子时,函数

$$\sigma_l(x,\xi)=\int e^{ix\theta}\chi(\theta,\xi)\hat{l}(\theta,\xi)d\theta$$

就满足条件 (1.11) 和 (1.12),从而可以定义拟微分算子 $\sigma_l(x,D)$. 易见,当 $l(x,\xi)$ 关于 ξ 为齐次,从而满足引理 1.2 的条件时,$\sigma_l(x,D)$ 就是由 (1.7) 所定义的仿微分算子 T_l. 这样, 如象拟微分算子理论中那样, 我们也可用 (1.14) 式来代替对象征的齐次性的要求,对更广的一类象征定义仿微分算子, 即令 $T_l=\sigma_l(x,D)$. 联系到第二章 § 4 中的讨论可见, 这里所定义的仿微分算子恰是 $O_p(S_{1,1}^0)$ 类拟微分算子中较好的子类. 利用第二章的定理 4.3 还可知, 对于这种仿微分算子, 本章定理 1.1 的有界性结论仍然成立.

§ 2. 仿微分算子的运算

本节中我们讨论仿微分算子的运算, 指出它与相应的象征运

算之间的关系．读者可以随时比较仿微分算子运算法则与拟微分算子运算法则之异同．虽然在上节末尾已指出，以 $l(x,\xi)$ 为象征的仿微分算子 T_l，可以视为以 $\sigma_l(x,\xi)$ 为象征的拟微分算子，但由于 $\sigma_l(x,D)$ 为 (1, 1) 型的拟微分算子，而对这类算子没有与算子运算相应的象征运算法则．因此，在讨论仿微分算子的运算时，仍需回到象征 $l(x,\xi)$ 来建立一套象征运算法则．此外，在本节中，我们还将介绍在一般开集上的仿微分算子的概念及其性质．

首先我们考虑一种最简单的运算：一个拟微分算子作用于一个仿乘法算子的情形．对此，有如下的展开定理．

定理 2.1 设 $h(\xi)$ 为 C^∞ 函数，在原点邻域为 0 且当 $|\xi|$ 充分大时为 m 次齐次，又设 $a(x)\in C^\rho$，$\rho>0$，则

$$h(D)T_a u=\sum_{|\alpha|\leqslant[\rho]}\frac{1}{\alpha!}T_{D^\alpha a}h^{(\alpha)}(D)u+Ru,\qquad (2.1)^{1)}$$

其中 R 是 $\rho-m$ 正则算子，且算子模被 $C\|a\|_{C^\rho}\|h\|_{C^M(S^{n-1})}$ 所控，M 为适当大的正整数．

证明 首先按第三章所述，可以将 T_a 替换成 T'_a，其中 N 取充分大，记为 N_0。这时，由 (2.1) 所定义的算子 R 被替换为

$$R'u=\sum_q\sum_{p\leqslant q-N_0}h(D)a_pu_q$$
$$-\sum_{|\alpha|\leqslant[\rho]}\sum_q\sum_{p\leqslant q-N_0}\frac{1}{\alpha!}D^\alpha a_ph^{(\alpha)}(D)u_q,\qquad (2.2)$$

其中 a_p，u_q 分别为函数 a 和 u 关于环体序列 $\{\boldsymbol{C}_q\}$ 所作的环形分解．今再作两个环体序列 $\{\boldsymbol{C}'_q\}$、$\{\boldsymbol{C}''_q\}$，使 $\boldsymbol{C}_q\subset\boldsymbol{C}'_q\subset\boldsymbol{C}''_q$ 且使 $p\leqslant q-N_0$ 时，a_pu_q 的谱总含于 C'_q 之中．再取 $\varphi_0\in C_c^\infty(\boldsymbol{C}''_0)$，使得在 $\boldsymbol{C}'_0$ 中有 $\varphi_0=1$，并令 $\varphi(\xi)=h(\xi)\varphi_0(\xi)$，则当 $\xi\in\boldsymbol{C}'_q$ 时，

$$h(\xi)=2^{mq}\varphi(2^{-q}\xi).\qquad (2.3)$$

另一方面，由 $\varphi(\xi)\in C_c^\infty(\boldsymbol{C}''_0)$ 知 $\check{\varphi}(x)\in\mathscr{S}$ 且存在正整数 M，使

1) 这里和以后的 $[\rho]$ 表示小于 ρ 的最大整数.

$$\|(1+|x|)^\rho\check{\varphi}(x)\|_{L^1}\leqslant C\|h(\xi)\|_{C^M(S^{n-1})}. \tag{2.4}$$

所以,注意到 $\varphi^{(\alpha)}(\xi)$ 的 Fourier 逆变换为 $(-ix)^\alpha\check{\varphi}(x)$, 有

$$\begin{aligned}R'u=&\sum_q\sum_{p\leqslant q-N_0}2^{mq}\Big[\varphi(2^{-q}D)a_p\\&-\sum_{|\alpha|\leqslant[\rho]}2^{-|\alpha|q}\frac{1}{\alpha!}D^\alpha a_p\varphi^{(\alpha)}(2^{-q}D)\Big]u_q\\=&\sum_q\sum_{p\leqslant q-N_0}2^{mq}\int\check{\varphi}(t)\Big\{a_p(x-2^{-q}t)\\&-\sum_{|\alpha|\leqslant[\rho]}\frac{1}{\alpha!}\frac{\partial^\alpha a_p}{\partial x^\alpha}2^{-|\alpha|q}(-t)^\alpha\Big\}\\&\times u_q(x-2^{-q}t)dt.\end{aligned} \tag{2.5}$$

从而 $R'u$ 可以写成 $\sum f_q$ 的形式，其中每个 f_q 为 (2.5) 中固定 q 所得到的内层和式，由 (2.2) 知 $\operatorname{supp}\hat{f}_q\subset\boldsymbol{C}'_q$ 且由 (2.5) 知

$$\begin{aligned}\|f_q\|_0\leqslant&\,C2^{mq}\int\Big|\sum_{p\leqslant q-N_0}\check{\varphi}(t)\Big\{a_p(x-2^{-q}t)\\&-\sum_{|\alpha|\leqslant[\rho]}\frac{1}{\alpha!}\frac{\partial^\alpha a_p}{\partial x^\alpha}2^{-|\alpha|q}(-t)^\alpha\Big\}\Big|dt\|u_q\|_0\\\leqslant&\,C2^{mq}\Big\|\sum_{p\leqslant q-N_0}a_p\Big\|_{C^\rho}2^{-\rho q}\||t|^\rho\check{\varphi}(t)\|_{L^1}\cdot\|u_q\|_0\\\leqslant&\,C2^{(m-\rho)q}\|a\|_{C^\rho}\|u_q\|_0\|h\|_{C^M(S^{n-1})},\end{aligned} \tag{2.6}$$

这里,在最后一步估计中已经用了 (2.4) 式以及不等式

$$\Big\|\sum_{p\leqslant q-N_0}a_p\Big\|_{C^\rho}\leqslant C\|a\|_{C^\rho}.$$

再利用 $u\in H^s$ 时有 $\|u_q\|_0\leqslant C_q2^{-qs}$, 其中 $\sum C_q^2\leqslant C\|u\|_s$, 即可由第一章定理 1.3 知 $\sum f=f_q\in H^{s-m+\rho}$ 且 $\|f\|_{s-m+\rho}\leqslant C\|a\|_{C^\rho}\times\|h\|_{C^M(S^{n-1})}\|u\|_s$.

同理,代替 (2.6) 而估计 $|f_q|$, 我们有

$$\begin{aligned}|f_q|\leqslant&\,C2^{mq}\Big\|\sum_{p\leqslant q-N_0}a_p\Big\|_{C^\rho}\cdot2^{-\rho q}\||t|^\rho\check{\varphi}(t)\|_{L^1}\cdot|u_q|\\\leqslant&\,C2^{(m-\rho)q}\|a\|_{C^\rho}\|h\|_{C^M(S^{n-1})}|u_q|.\end{aligned} \tag{2.7}$$

在 $u\in C^\sigma$ 时,即得

$$|f_q| \leqslant C2^{(m-\rho-\sigma)q}\|a\|_{C^\rho}\|h\|_{C^M(S^{n-1})}.$$

故由第一章定理 2.2 知 $f=\sum f_q \in C^{\sigma-m+\rho}$ 而且 $\|f\|_{C^{\sigma-m+\rho}} \leqslant C\|a\|_{C^\rho}\|h\|_{C^M(S^{n-1})}\|u\|_{C^\sigma}$. 证毕.

利用定理 2.1 可以讨论仿微分算子运算与其象征运算之关系.

定理 2.2 设 $l_1(x,\xi)$, $l_2(x,\xi)$ 满足引理 1.2 的条件，它们关于 ξ 分别为 m_1 次与 m_2 次. 又令

$$l(x,\xi)=(l_1 \# l_2)(x,\xi)=\sum_{|\alpha|\leqslant[\rho]}\frac{1}{\alpha!}\partial_\xi^\alpha l_1 D_x^\alpha l_2, \tag{2.8}$$

则有 $T_{l_1}\circ T_{l_2}=T_l+R$, 其中 R 为 $\rho-m_1-m_2$ 正则算子，又对适当的 k, R 的算子模被 $C\|l_1\|_{(\rho,2k)}\|l_2\|_{(\rho,2k)}$ 所控.

证明 若 $l_1(x,\xi)=\sum a_\nu(x)h_\nu(\xi)$ 及 $l_2(x,\xi)=\sum b_\nu(x)h_\nu(\xi)$ 是 l_1 和 l_2 的球调和分解，则

$$T_{l_1}\circ T_{l_2}=\sum_\mu\sum_\nu T_{a_\mu}(h_\mu(D)s(D))T_{b_\nu}(h_\nu(D)s(D))$$

$$=\sum_{\mu,\nu}A_{\mu\nu}. \tag{2.9}$$

按定理 2.1，我们有

$$A_{\mu\nu}=T_{a_\mu}\left\{\sum_{|\alpha|\leqslant[\rho]}\frac{1}{\alpha!}T_{D^\alpha b_\nu}h_\mu^{(\alpha)}(D)s(D)h_\nu(D)s(D)\right\}$$

$$+T_{a_\mu}R_{\mu\nu}h_\nu(D)s(D), \tag{2.10}$$

其中 $T_{a_\mu}R_{\mu\nu}b_\nu(D)s(D)$ 将 H^s 映入 $H^{s-m_1-m_2+\rho}$, 其模被

$$C\|a_\mu\|_{C^\rho}\|b_\nu\|_{C^\rho}\|h_\mu\|_{C^M(S^{n-1})}\|h_\nu\|_{C^M(S^{n-1})} \tag{2.11}$$

所控. 对于 (2.10) 右边第一部分，可利用第三章定理 2.1，得到

$$T_{a_\mu}T_{D^\alpha b_\nu}=T_{a_\mu D^\alpha b_\nu}+R_{\mu\nu}^\alpha,$$

其中 $R_{\mu\nu}^\alpha$ 将 H^s 映到 $H^{s-|\alpha|+\rho}$, 算子模被 $C\|a_\mu\|_{C^\rho}\cdot\|D^\alpha b_\nu\|_{C^{\rho-|\alpha|}}$ 所控. 于是，对 $|\alpha|\leqslant[\rho]$, 算子 $R_{\mu\nu}^\alpha h_\mu^{(\alpha)}(D)h_\nu(D)s^2(D)$ 也将 H^s 映射到 $H^{s-m_1-m_2+\rho}$, 其模被 (2.11) 所控. 注意到级数

$$\sum_\mu\sum_\nu\|a_\mu\|_{C^\rho}\|b_\nu\|_{C^\rho}\|h_\mu\|_{C^M(S^{n-1})}\|h_\nu\|_{C^M(S^{n-1})}$$

收敛，且对适当的 k, 其和被 $C\|l_1\|_{(\rho,2k)}\|l_2\|_{(\rho,2k)}$ 所控制，便知

$T_{l_1}\circ T_{l_2}$ 可以写成

$$\sum_{\mu,\nu}\sum_{|\alpha|\leqslant[\rho]}\frac{1}{\alpha!}T_{a_\mu D^\alpha b_\nu}h_\mu^{(\alpha)}(D)h_\nu(D)s^2(D)+R$$
$$=T_l+R,$$

其中R为H^s到$H^{s-m_1-m_2+\rho}$的线性连续映射，R的算子模被$C\|l_1\|_{(\rho,2k)}\|l_2\|_{(\rho,2k)}$所控.完全相仿地可证明$R$为$C^\sigma\to C^{\sigma-m_1-m_2+\rho}$的线性连续映射．证毕．

定理 2.3 设 $l(x,\xi)$ 满足引理 1.2 的条件,又令

$$l^*(x,\xi)=\sum_{|\alpha|\leqslant[\rho]}\frac{1}{\alpha!}\partial_\xi^\alpha D_x^\alpha\bar{l}(x,\xi),\tag{2.12}$$

则 T_l 的共轭 T_l^* 是 $H^s\to H^{s-m}$ 的线性连续映射,又 $T_l^*-T_{l^*}$ 为 $H^s\to H^{s-m+\rho}$ 的线性连续映射且对适当的 k,其算子模被 $C\|l\|_{(\rho,2k)}$ 所控.

证明 设 $l(x,\xi)=\sum a_\nu(x)h_\nu(\xi)$ 是 $l(x,\xi)$ 的球调和分解,则对任意的 C_c^∞ 函数 u,v 有

$$(T_l^*u,v)=(u,T_lv)=\sum_\nu(u,T_{a_\nu}h_\nu(D)s(D)v)$$
$$=\sum_\nu(T_{a_\nu}^*u,h_\nu(D)s(D)v).$$

按第三章定理 2.2,

$$(T_{a_\nu}^*u,h_\nu(D)s(D)v)$$
$$=(T_{\bar{a}_\nu}u,h_\nu(D)s(D)v)+(R_\nu u,h_\nu(D)s(D)v),$$

其中

$$|(R_\nu u,h_\nu(D)s(D)v)|\leqslant C\|R_\nu u\|_{s+\rho}\|h_\nu(D)s(D)v\|_{-s-\rho}$$
$$\leqslant C\|a_\nu\|_{C^\rho}\|h_\nu\|_{C^M(S^{n-1})}\|u\|_s\|v\|_{-s-\rho+m}.$$

又据定理 2.1,

$$(T_{\bar{a}_\nu}u,h_\nu(D)s(D)v)=(\bar{h}_\nu(D)s(D)T_{\bar{a}_\nu}u,v)$$
$$=\sum_{|\alpha|\leqslant[\rho]}\frac{1}{\alpha!}(T_{D^\alpha\bar{a}_\nu}\bar{h}_\nu^{(\alpha)}(D)s(D)u,v)+(R_\nu'u,v)$$

且

$$|(R_\nu'u,v)|\leqslant C\|a_\nu\|_{C^\rho}\|h_\nu\|_{C^M(S^{n-1})}\|u\|_s\|v\|_{-s-\rho+m}.$$

因为对适当的正整数 k，有 $\sum\|a_\nu\|_{C^\rho}\|h_\nu\|_{C^M(S^{n-1})}\leqslant C\|l\|_{(\rho,2k)}$，故得

$$|((T_l^*-T_{l^*})u,v)|\leqslant C\|l\|_{(\rho,2k)}\|u\|_s\|v\|_{-s-\rho+m}.$$

从而可得定理中所述的 T_l^* 与 $T_l^*-T_{l^*}$ 之性质. 证毕.

这两个定理给出的公式 (2.8)，(2.12) 和第二章中的公式 (2.16)，(2.14) 类似，区别在于 (2.8) 与 (2.12) 中的和式均为有限和. 这是因为仿微分算子的象征 $l(x,\xi)$ 关于变量 x 只是有限阶光滑的缘故，但这也恰好与拟微分算子只容许 $Op(S^{-\infty})$ 的误差而仿微分算子则容许高 ρ 阶光滑性的误差的差别相适应.

下面的定理相当于在有限阶光滑的意义下，仿微分算子的拟局部性与拟微局部性定理. 读者可将它与第二章中的定理 2.8 相比较.

定理 2.4 设 $l(x,\xi)$ 如引理 1.2 所述，$u\in H^s$（或 C^σ），U 是 $\mathbb{R}_x^n\times\mathbb{R}_\xi^n$ 中的开锥.

(1) 若在 U 上 $l(x,\xi)=0$，则 T_lu 在 U 上为微局部 $H^{s-m+\rho}$（相应地，$C^{\sigma-m+\rho}$）.

(2) 若 $u\in H_U^{s'}$（相应地，$u\in C_U^{\sigma'}$），则 $T_lu\in H_U^t,t=\min\{s-m+\rho,\ s'-m\}$（相应地，$T_lu\in C_U^\tau$，$\tau=\min\{\sigma+\rho-m,\sigma'-m\}$）.

证明 作函数 $k(x,\xi)\in C^\infty(\mathbb{R}^n\times(\mathbb{R}^n\backslash\{0\}))$，使它关于 ξ 为齐零次且 $\mathrm{supp}k\subset U$，则由定理 1.4 和 2.2，

$$\begin{aligned}k(x,D)T_lu&=T_kT_lu+R_1u\\&=\sum_{|\alpha|\leqslant[\rho]}\frac{1}{\alpha!}T_{\partial_\xi^\alpha kD_x^\alpha l}u+R_2u+R_1u,\end{aligned}$$

其中 R_1 为无穷正则算子，R_2 为 $\rho-m$ 正则算子，故得 (1).

为证(2)，取 k 如前，并设 $k_1(x,\xi),k_2(x,\xi)$ 也是 $C^\infty(\mathbb{R}^n\times(\mathbb{R}^n\backslash\{0\}))$ 函数，关于 ξ 为齐零次且满足 $\mathrm{supp}\,k_1\subset U,k_1$ 在 $\mathrm{supp}\,k$ 上恒为 1，$k_2=1-k_1$，于是

$$\begin{aligned}k(x,D)T_lu&=T_kT_lk_1(x,D)u+T_kT_lk_2(x,D)u+R_1u\\&=T_kT_lk_1(x,D)u+T_kT_lT_{k_2}u+R_2u+R_1u,\end{aligned}$$

其中 R_1 与 R_2 都是无穷正则算子. 同前面的证明一样地可知 $T_l T_{k_2}$ 为 $\rho - m$ 正则算子, 故知 $T_k T_l T_{k_2} u \in H^{s-m+\rho}$ (相应地, $C^{\sigma+\rho-m}$). 另一方面, $k_1(x, D) u \in H^{s'}$ (相应地, $C^{\sigma'}$), 从而 $T_k T_l k_1(x, D) u \in H^{s'-m}$ (相应地, $C^{\sigma'-m}$). 证毕.

现在讨论定义在一般开集 $\Omega \subset \mathbb{R}^n$ 上的仿微分算子. 首先引入如下的

定义 2.1 设 Ω 是 $\mathbb{R}^n$ 中的开集, $m \in \mathbb{R}$, $\rho > 0$ 非整数, 以 $\sum_\rho^m(\Omega)$ 记定义在 $\Omega \times (\mathbb{R}^n \backslash 0)$ 上函数 $l(x, \xi)$ 的集合:

$$l(x,\xi) = l_m(x,\xi) + l_{m-1}(x,\xi) + \cdots + l_{m-[\rho]}(x,\xi), \tag{2.13}$$

其中 $l_{m-k}(x, \xi)$ 关于 ξ 为 $m-k$ 次齐次的 C^∞ 函数, 而关于 x 属于 $C_{\text{loc}}^{\rho-k}$.

定义 2.2 设 Ω 是 $\mathbb{R}^n$ 中的开集, $l \in \sum_\rho^m(\Omega)$. 设 L 是 $\mathscr{D}'(\Omega)$ 到其自身的线性映射, 满足

(1) L 为恰当支的映射, 从而对任一紧集 $K \subset \Omega$, 必存在另一紧集 $\hat{K} \subset \Omega$, 使得

(a) 若 supp $u \subset K$, 则 supp $Lu \subset \hat{K}$;

(b) 若 supp $u \cap \hat{K} = \varnothing$, 则 supp $Lu \cap K = \varnothing$.

(2) 对任一紧集 $K \subset \Omega$, 若 ϕ 是在 K 上恒等于 1 的 C_c^∞ 函数, 则 $Lu - \phi T_{\phi l} u$ 是 $H^s(K) \to H^{s-m+\rho}$ (或 $C^\sigma(K) \to C^{\sigma-m+\rho}$) 的线性连续映射, 其中 $H^s(K)$, $C^\sigma(K)$ 分别表示支集在 K 上的所有 H^s, C^σ 函数的集合.

则称 L 为以 l 为象征的仿微分算子. 记作 $L \in \mathrm{Op}(\sum_\rho^m)(\Omega)$ (或 $L \in \widetilde{\mathrm{Op}}(\sum_\rho^m)(\Omega)$).

注 1 当条件 (2) 成立时, 若 ϕ_1 为另一个在 K 上恒等于 1 的 $C_c^\infty(\Omega)$ 函数, 则 $Lu - \phi_1 T_{\phi_1 l} u$ 必也满足 (2) 中所示的性质. 事实上,

$$\phi T_{\phi l} u - \phi_1 T_{\phi_1 l} u = (\phi - \phi_1) T_{\phi l} u + \phi_1 T_{(\phi-\phi_1) l} u. \tag{2.14}$$

由于 supp $u \cap$ supp $(\phi - \phi_1) = \varnothing$, 故由定理 2.4 之 (1) 知, $\phi_1 T_{(\phi-\phi_1) l} u \in H^{s-m+\rho}$. 又由定理 2.4 之 (2) 知, $(\phi - \phi_1) T_{\phi l} u \in$

$H^{s-m+\rho}$，故得 $Lu-\phi_1 T_{\phi_1 l} u \in H^{s-m+\rho}$.

注 2 对于给定的 $l \in \Sigma_\rho^m(\Omega)$，可按下法构造一个以 l 为象征的仿微分算子．作 $\{\Omega_i\}$ 为 Ω 的局部有限覆盖及 $\{\varphi_i\}$ 为从属于 $\{\Omega_i\}$ 的单位分解，再于每个 Ω_i 上作 $\phi_i \in C_c^\infty(\Omega_i)$，使得在 $\operatorname{supp} \varphi_i$ 上有 $\phi_i \equiv 1$，然后令

$$Lu = \sum \phi_i T_{\phi_i l}(\varphi_i u), \tag{2.15}$$

则有 $L \in \operatorname{Op}(\sum_\rho^m)(\Omega)$ 和 $L \in \widetilde{\operatorname{Op}}(\sum_\rho^m)(\Omega)$，且算子 L 以 $l(x, \xi)$ 为象征.

事实上，对于任一紧集 K，至多只有有限个 Ω_i 与 K 相交，将这些指标 i 的集合记为 I，则当 u 具有紧支集 K 时，(2.15) 右边化为 $\sum\limits_{i \in I} \phi_i T_{\phi_i l}(\varphi_i u)$．今记 $\hat{K} = \bigcup\limits_{i \in I} \operatorname{supp} \phi_i$，于是有 $\operatorname{supp} Lu \subset \hat{K}$．类似地可证 $\operatorname{supp} u \cap \hat{K} = \varnothing$ 时，有 $\operatorname{supp} Lu \cap K = \varnothing$.

又若 $u \in H_K^s$，设 ϕ 是在 $\hat{K}$ 上恒等于 1 的函数，于是

$$\begin{aligned} Lu - \phi T_{\phi l} u &= \sum_{i \in I} \phi_i T_{\phi_i l}(\varphi_i u) - \sum_{i \in I} \phi T_{\phi l}(\varphi_i u) \\ &= \sum_{i \in I} (\phi_i T_{\phi_i l} - \phi T_{\phi l})(\varphi_i u). \end{aligned}$$

对和式中每一项运用注 1 中所作的说明，即知 $Lu - \phi T_{\phi l} u \in H^{s-m+\rho}$．当 $u \in C_K^\infty$ 时也可进行类似的讨论.

仿照建立拟微分算子运算与其象征的运算之间的对应，这里也可以建立仿微分算子运算与其象征的运算间的对应．在 $\sum_\rho^m(\Omega)$ 类中，我们引入的共轭运算与乘法运算为

定义 2.3 若 $l \in \sum_\rho^m(\Omega)$，则定义 $*$ 运算为

$$l^* = \sum_{|\alpha|+k \leqslant [\rho]} \frac{1}{\alpha!} \partial_\xi^\alpha D_x^\alpha \bar{l}_{m-k}. \tag{2.16}$$

若 $l^i \in \Sigma_\rho^{m_i}(\Omega)$，$i=1, 2$，则定义 # 运算为

$$l^1 \# l^2 = \sum_{|\alpha|+k_1+k_2 \leqslant [\rho]} \frac{1}{\alpha!} \partial_\xi^\alpha l^1_{m_1-k_1} D_x^\alpha l^2_{m_2-k_2}. \tag{2.17}$$

于是有

定理 2.5 设 $L \in \operatorname{Op}(\sum_\rho^m)(\Omega)$，则存在唯一的象征 l，按定

义 2.2 的意义与之对应，这样的象征映射 $L \longmapsto \sigma(L)=l$ 是从 $\mathrm{Op}(\sum_\rho^m)(\Omega)$ 到 $\sum_\rho^m(\Omega)$ 的满映射，它的核是从 $H_{loc}^s(\Omega)$ 到 $H_{loc}^{s-m+\rho}(\Omega)$ 的线性连续映射．对于 $L\in \widetilde{\mathrm{Op}}(\sum_\rho^m)(\Omega)$，也有相应的结论．

本定理的证明留到后面进行．

定理 2.6 设 $L^j\in \mathrm{Op}(\sum_\rho^{m_j})(\Omega)$， $j=1,2$， 则 $L^1\circ L^2\in \mathrm{Op}(\sum_\rho^{m_1+m_2})(\Omega)$，且 $\sigma(L^1\circ L^2)=\sigma(L^1)\#\sigma(L^2)$． 又若 $L\in \mathrm{Op}(\sum_\rho^m)(\Omega)$，则 $L^*\in \mathrm{Op}(\sum_\rho^m)(\Omega)$，且 $\sigma(L^*)=(\sigma(L))^*$．

证明 设 K 是 Ω 中的紧集，$\psi\in C_c^\infty(\Omega)$ 在 K 的邻域中为 1．于是

$$\psi l^1\#\psi l^2=\psi^2(l^1\# l^2)+g,$$

其中 g 在 K 上为零．因而对于支集在 K 中的 u，我们有

$$T_{\psi l^1\#\psi l^2}u=T_{\psi^2(l^1\# l^2)}u+R_1u, \tag{2.18}$$

其中 R_1 为 $\rho-m_1-m_2$ 正则算子．由定理 2.2 知

$$T_{\psi l^1\#\psi l^2}=T_{\psi l^1}\circ T_{\psi l^2}+R_2,$$

其中 R_2 也是 $\rho-m_1-m_2$ 正则算子．于是

$$\begin{aligned}R&=L^1\circ L^2-\psi^2T_{\psi^2(l^1\# l^2)}\\&=\psi T_{\psi l^1}\circ\psi T_{\psi l^2}-\psi^2T_{\psi^2(l^1\# l^2)}+R_3\\&=\psi^2T_{\psi l^1}\circ T_{\psi l^2}-\psi^2T_{\psi^2(l^1\# l^2)}+R_3+R_4\\&=\psi^2R_1-\psi^2R_2+R_3+R_4,\end{aligned}$$

此处 R_3，R_4，R 都是 $\rho-m_1-m_2$ 正则算子． 因此，$L^1\circ L^2\in \mathrm{Op}(\sum_\rho^{m_1+m_2})(\Omega)$ 且 $\sigma(L^1\circ L^2)=\sigma(L^1)\#\sigma(L^2)$． 定理的后一结论可以类似地证明．证毕．

定理 2.7 设 $L\in \mathrm{Op}(\sum_\rho^m)(\Omega)$ 的象征为 $l=l_m+\cdots+l_{m-[\rho]}$． 若存在 (x_0,ξ_0) 使 $l_m(x_0,\xi_0)\neq 0$，则必存在 H，$H'\in \mathrm{Op}(\sum_\rho^{-m})(\Omega)$，使得

$$LH=I+R',\ H'L=I+R'', \tag{2.19}$$

其中 R',R'' 均为在 (x_0,ξ_0) 处的微局部 ρ 正则算子．

证明 类似于第二章定理 2.9 的证明，我们可以找到 (x_0,ξ_0) 的锥邻域 U 以及象征 $h(x,\xi)$，$h'(x,\xi)\in\sum_\rho^{-m}(\Omega)$，使得在 U 上

$$l\# h=h'\# l=1.$$

(但与第二章定理 2.9 不同，这里只需作有限步运算而不必构造渐近和)．按照定义 2.2 后所述的方法构造以 h 与 h' 为象征的仿微分算子 $H, H' \in \mathrm{Op}(\sum_\rho^m)(\Omega)$，则由定理 2.6 便知，它们满足(2.19)．证毕．

注 1 定理 2.7 相当于椭圆算子的拟基本解存在定理．在此定理的假设之下，若M是一个零阶拟微分算子，其全象征在(x_0, ξ_0)的充分小的锥邻域外为零，则可以找到 $H, H' \in \mathrm{Op}(\sum_\rho^{-m})(\Omega)$，使

$$LH = M + R', \quad H'L = M + R''$$

成立．

注 2 利用反证法立即可证，若 $L \in \mathrm{Op}(\sum_\rho^m)(\Omega)$ 且将H^s映到 $H^{s-m+\varepsilon}(\varepsilon > 0)$，则其 $\sum_\rho^m(\Omega)$ 象征的齐m次部分必为零．

定理 2.5 的证明 对于给定的 L，象征 l 的存在性是由L的定义本身给出的．而由定义 2.2 后面的注 2 知 $L \to \sigma(L)$ 为满映射．又由定理 2.7 的注 2 容易说明 $L \to \sigma(L)$ 是单映射．事实上，若 l^1，l^2 均为L的象征，则 $l^1 - l^2$ 就是零算子的象征．由这个注可知 $l^1 - l^2$ 的最高次项为零．类似地可证 $l^1 - l^2$ 的各项均为零，从而 $l^1 = l^2$．最后，当 $\sigma(L) = l$ 为零时，有 $\phi T_{\phi l} = 0$，而 $L - \phi T_{\phi l}$ 为 $\rho - m$ 正则算子，故映射 $L \to \sigma(L)$ 的核为 $H^s_{loc}(\Omega) \to H^{s-m+\rho}_{loc}(\Omega)$ 或 $C^\sigma_{loc}(\Omega) \to C^{\sigma-m+\rho}_{loc}(\Omega)$ 的映射．证毕．

我们也称仿微分算子L之象征的首项 $l_m(x, \xi)$ 为L的主象征，记作 $\sigma_m(L)$．又称 $l(x, \xi) = l_m(x, \xi) + l_{m-1}(x, \xi) + \cdots + l_{m-[\rho]}(x, \xi)$ 为L的全象征．与拟微分算子不同的是，对于同一个算子 L，在将它看成为具不同指标ρ的 $\mathrm{Op}(\sum_\rho^m)$ 中的元素时，它所对应的全象征 l 也不相同．因为当ρ取得小时，需从 $l(x, \xi)$ 的展开式中舍去一些低次项．特别地，我们有

定理 2.8 设L是定义在Ω上的m阶恰当支的经典拟微分算子，其象征为

$$l(x, \xi) \sim \sum_j l_{m-j}(x, \xi),$$

其中每个 $l_{m-j}(x,\xi)$ 关于 ξ 为 $m-j$ 次齐次,关于 x 为 C^∞,则对每个 $\rho>0$, $\rho\notin\mathbf{N}$, 都有 $L\in\mathrm{Op}(\sum_\rho^m)(\Omega)$, 且其象征为

$$\sigma(L)=\sum_{0\leqslant j\leqslant[\rho]} l_{m-j}. \tag{2.20}$$

证明 设 $K\subset\Omega$ 为任一紧集, ψ 为在 K 上恒等于 1 的 $C_c^\infty(\Omega)$ 函数, 则由定理 1.4 知, 对任意的 j, $\psi l_{m-j}(x,D)-T_{\psi l_{m-j}}$ 为 C^∞ 正则算子. 又由拟微分算子的性质知, $L-\psi\sum\limits_{0\leqslant j\leqslant[\rho]} l_{m-j}(x,D)$ 对于支集在 K 上的分布是 $m-[\rho]-1$ 阶算子, 从而若记 $\tilde{l}=\sum\limits_{0\leqslant j\leqslant[\rho]} l_{m-j}$, 则 $L-\psi T_{\tilde{l}}$ 就至少是 $\rho-m$ 正则算子. 这就说明,按 $\mathrm{Op}(\sum_\rho^m)(\Omega)$类仿微分算子象征的定义有 $\sigma(L)=\tilde{l}$. 证毕.

下面我们再列举一些有关 $\mathrm{Op}(\sum_\rho^m)(\Omega)$类仿微分算子及其象征的某些性质.

(1) 对 $d>0$, $\mathrm{Op}(\sum_\rho^m)(\Omega)\subset\mathrm{Op}(\sum_{\rho+d}^{m+d})(\Omega)$.

(2) 若 $L\in\mathrm{Op}(\sum_\rho^m)(\Omega)$, $\rho>1$, 又 $\sigma_m(L)=0$, 则 $L\in\mathrm{Op}(\sum_{\rho-1}^{m-1})(\Omega)$.

(3) 若 $L_j\in\mathrm{Op}(\sum_\rho^{m_j})(\Omega)$, $j=1,2$, 则在 $\rho>1$ 时有

$$[L_1,L_2]\in\mathrm{Op}(\textstyle\sum_{\rho-1}^{m_1+m_2-1})(\Omega),$$

$$\sigma_{m_1+m_2-1}([L_1,L_2])=\frac{1}{i}\{\sigma_{m_1}(L_1),\sigma_{m_2}(L_2)\};$$

而在 $0<\rho<1$ 时,又有

$$[L_1,L_2]\in\mathrm{Op}(\textstyle\sum_\rho^{m_1+m_2})(\Omega),$$

$$\sigma_{m_1+m_2}([L_1,L_2])=0.$$

关于 $\mathrm{Op}(\sum_\rho^m)(\Omega)$类仿微分算子的拟局部性质,有与定理 2.4 相仿的结果:

定理 2.9 设 $L\in\mathrm{Op}(\sum_\rho^m)(\Omega)$,$U$是 $\Omega\times(\mathbf{R}^n\backslash 0)$ 中的开锥, $u\in H_{\mathrm{loc}}^s(\Omega)$ (相应地, $C_{\mathrm{loc}}^\sigma(\Omega)$).

(1) 若在 U 上有 $\sigma(L)=0$, 则 $Lu\in H_U^{s-m+\rho}$ (相应地, $C_U^{\sigma-m+\rho}$);

(2) 若 $u\in H_U^{s'}$ (或 $C_U^{\sigma'}$),则 $Lu\in H_U^t$, $t=\min\{s+\rho-m,$

$s'-m\}$（相应地，C_U^τ，$\tau=\min\{\sigma+\rho-m,\sigma'-m\}$）.

证明从略.

与拟微分算子一样，也可以考察仿微分算子在自变量变换下象征的变化规律. 设 Ω_x 为 $\mathbf{R}_x^n$ 中的开集，O_y 为 $\mathbf{R}_y^n$ 中的开集，ϕ 为

$$\Omega_x \ni x \longmapsto \phi(x) \in Oy$$

的微分同胚，则有

定理 2.10 设 $L \in \mathrm{Op}(\sum_\rho^m)(\Omega_x)$，其象征为 $l(x,\xi)$，则按照

$$u \longmapsto (L(u\circ\phi))\circ\phi^{-1} \tag{2.21}$$

所定义的算子属于 $\mathrm{Op}(\sum_\rho^m)(O_y)$ 且其象征为

$$\sum_\alpha{}' \frac{1}{\alpha!} l^{(\alpha)}(x,{}^t\phi'(x)\eta) D_z^\alpha e^{i\langle\chi(x,z),\eta\rangle}\big|_{z=x=\phi^{-1}(y)}, \tag{2.22}$$

其中 $\chi(x,z)=\phi(z)-\phi(x)-\phi'(x)(z-x)$ 而 $\sum\limits_\alpha{}'$ 表示当 α 取各种可能的重指标时，所有关于 η 的次数不低于 $m-[\rho]$ 的那些项之和.

证明 注意到变换 ϕ 是 C^∞ 双方可逆映射且把紧集变成紧集，便知对任意 s,σ，空间 $H^s,H^s_{\mathrm{comp}},H^s_{\mathrm{loc}},C^\sigma,C^\sigma_{\mathrm{comp}}$ 和 C^σ_{loc} 都在 ϕ 映射下不变. 从而我们只须对满足引理 1.2 条件且关于 x 有紧支集的 $l(x,\xi)$ 讨论算子

$$u \longmapsto T_l(u\circ\phi)\circ\phi^{-1}.$$

现在设 $l(x,\xi)=\sum a_\nu(x)h_\nu(\xi)$ 是 l 的球调和分解，于是

$$T_l(u\circ\phi)\circ\phi^{-1}=\sum_\nu[(T_{a_\nu}-a_\nu)h_\nu(D)s(D)(u\circ\phi)]\circ\phi^{-1}$$

$$+\sum_\nu(a_\nu\circ\phi^{-1})(h_\nu(D)s(D)(u\circ\phi))\circ\phi^{-1}. \tag{2.23}$$

根据第二章中所述的拟微分算子在自变量变换下的性质可知，$[h_\nu(D)S(D)(u\circ\phi)]\circ\phi^{-1}$ 也是拟微分算子，它的象征有展开式

$$\left[\sum_\alpha{}'+\Big(\sum_{|\alpha|\le 2[\rho]}-\sum_\alpha{}'\Big)\right]\frac{1}{\alpha!}h_\nu^{(\alpha)}({}^t\phi'(x)\eta)$$

$$\cdot D_z^\alpha e^{i\langle\chi(x,z),\eta\rangle}\big|_{z=x=\phi^{-1}(y)}+R_\nu,$$

这里和式中每一单项以及 R_ν 在 $\eta\in S^{n-1}$ 上的绝对值都可以用 $C\|h_\nu\|_{C^M(S^{n-1})}$ 来控制，只要取 M 足够大即可．由于

$$\left(\sum_{|\alpha|\leqslant 2[\rho]}-\sum_\alpha{}'\right)$$

与 R_ν 均表示 η 的幂次不超过 $m-[\rho]-1$ 的项，所以它们所对应的算子是 $\rho-m$ 正则的．因此，和式

$$(a_\nu\circ\phi^{-1})\sum_\alpha{}'\frac{1}{\alpha!}h_\nu^{(\alpha)}({}^t\phi'(x)\eta)D_z^\alpha e^{i\langle X(x,z),\eta\rangle}\big|_{z=x=\phi^{-1}(y)}$$

就是算子 L_ν'

$$u\longmapsto(a_\nu h_\nu(D)S(D)(u\circ\phi))\circ\phi^{-1}$$

的象征表示．再利用 $\|a_\nu\|_{C^\rho}$ 的速降性与 $\|h_\nu\|_{C^M(S^{n-1})}$ 的缓增性，可知

$$\sum_\nu\sum_\alpha{}'\frac{1}{\alpha!}a_\nu(x)h_\nu^{(\alpha)}({}^t\phi'(x)\eta)D_z^\alpha e^{i\langle X(x,z),\eta\rangle}\big|_{z=x=\phi^{-1}(y)}$$

收敛且它等于 (2.22)．易见，它正是 $\mathrm{Op}(\sum_\rho^m)(O_y)$ 算子

$$\sum_\nu(a_\nu\circ\phi^{-1})(h_\nu(D)S(D)(u\circ\phi))\circ\phi^{-1}$$

的象征．

再考察 (2.23) 右边第一个和式．由于 $a_\nu\in C^\rho$，故 $\|T_{a_\nu}-a_\nu\|$ 作为 ρ 正则算子的模被 $C\|a_\nu\|_{C^\rho}$ 所控．从而再利用 $\|a_\nu\|_{C^\rho}$ 关于 ν 的速降性和 $\|h_\nu\|_{C^M(S^{n-1})}$ 关于 ν 的缓增性可知 $\sum\limits_\nu\left[(T_{a_\nu}-a_\nu)h_\nu(D)S(D)(u\circ\phi)\right]\circ\phi^{-1}$ 收敛于一个 $\rho-m$ 正则算子，于是知 (2.21) 为 $\mathrm{Op}(\sum_\rho^m)(O_y)$ 算子．证毕．

§3. 仿微分算子的估计

类似于第二章 §3—§4 中所作的估计，我们可以建立仿微分算子的各种估计．首先对 $\mathbb{R}^n$ 上的仿微分算子给出几个估计．

定理 3.1 设 $l(x,\xi)$ 为 $\xi\in\mathbb{R}^n$ 的齐 m 次函数，$\xi\neq 0$ 时关于 ξ 为 C^∞ 且作为 x 的函数 $D_\xi^\alpha l(x,\xi)\in C^\rho$，$\rho>1$．又设 J_ε 为

磨光算子，则对 $u\in H^s(\mathbb{R}^n)$，有

$$\|[T_l, J_\varepsilon]u\|_{s-m+1}\leqslant C\|u\|_s, \tag{3.1}$$

$$\|[T_l, J_\varepsilon]u\|_{s-m}\leqslant C\varepsilon\|u\|_s, \tag{3.2}$$

其中常数 C 与 ε, u 无关.

证明 我们只要就 $s=0$ 的情形加以证明. 由 (1.9),

$$T_l=\sum_\nu T_{a_\nu}h_\nu(D)S_1(D).$$

由于磨光算子 J_ε 可以看成是以 $\hat{j}(\varepsilon\xi)$ 为 Fourier 乘子的算子，所以它与那些象征只依赖于变量 ξ 的拟微分算子可以交换，从而

$$[T_{a_\nu}h_\nu s_1, J_\varepsilon]=[T_{a_\nu}, J_\varepsilon]h_\nu s_1.$$

由第三章定理 2.4 可知

$$\begin{aligned}\|[T_{a_\nu}h_\nu s_1, J_\varepsilon]u\|_{-m+1}&=\|[T_{a_\nu}, J_\varepsilon]h_\nu s_1 u\|_{-m+1}\\&\leqslant C\|h_\nu s_1 u\|_{-m}\leqslant C\|u\|_0,\end{aligned}$$

其中 C 线性地依赖于 $\|a_\nu\|_{C^\rho}$. 于是由引理 1.2 的注 2 可得

$$\|[\sum T_{a_\nu}h_\nu s_1, J_\varepsilon]u\|_{-m+1}\leqslant C\|u\|_0,$$

这就完成了 (3.1) 的证明.

类似地可得 (3.2) 式. 证毕.

注 利用第三章定理 2.4 的注，还可证明，若定理 3.1 的条件成立，且 $\rho>2$，则

$$\|[[T_l, J_\varepsilon], J_\varepsilon]u\|_{s-m+2}\leqslant C\|u\|_s,$$

$$\|[[T_l, J_\varepsilon], J_\varepsilon]u\|_{s-m}\leqslant C\varepsilon^2\|u\|_s.$$

定理 3.2 设 $l(x,\xi)$ 为 ξ 的齐 m 次函数，满足引理 1.2 的条件，又存在常数 $\delta>0$，使得对 $\xi\neq 0$ 有 $\mathrm{Re}\,l(x,\xi)\geqslant\delta|\xi|^m$，则对任何 $s\in\mathbb{R}$ 与 $u\in\mathscr{S}$，都有

$$\mathrm{Re}(T_l u, u)\geqslant C_0\|u\|^2_{m/2}-C_1\|u\|^2_s. \tag{3.3}$$

证明 由条件知，当 $\xi\neq 0$ 时，$\mathrm{Re}\,l(x,\xi)-\dfrac{\delta}{2}|\xi|^m>0$.

令 $b(x,\xi)=\left(\mathrm{Re}\,l(x,\xi)-\dfrac{\delta}{2}|\xi|^m\right)^{1/2}$，则它是满足定理 1.2 条件的 $\dfrac{m}{2}$ 阶象征. 于是由定理 2.2 可得

$$0 \leqslant (T_b^* T_b u, u)$$
$$\leqslant (T_{\mathrm{Re}\,l} u, u) + (R_1 u, u) - \frac{\delta}{2} \|u\|_{m/2}^2, \tag{3.4}$$
其中 R_1 由定理 2.2 中的余项 $\rho - m$ 正则算子以及展开式 (2.8) 中诸低阶项所对应的算子所组成. 所以
$$|(R_1 u, u)| \leqslant C_1 \|u\|_{m/2} \|u\|_{(m/2)-1}.$$
又利用定理 2.3 可知
$$\begin{aligned}\mathrm{Re}(T_l u, u) &= \frac{1}{2}[(T_l u, u) + (T_l^* u, u)] \\ &= \frac{1}{2}((T_l + T_{\bar{l}}) u, u) + (R_2 u, u) \\ &= (T_{\mathrm{Re}\,l} u, u) + (R_2 u, u),\end{aligned} \tag{3.5}$$
其中 R_2 满足
$$|(R_2 u, u)| \leqslant C_2 \|u\|_{m/2} \|u\|_{(m/2)-1}.$$
利用关于 Sobolev 空间的插值不等式,对任意 $\varepsilon > 0$ 和 $s \in \mathbf{R}$,有 $C(\varepsilon)$ 使
$$\|u\|_{(m/2)-1} \leqslant \varepsilon \|u\|_{m/2} + C(\varepsilon) \|u\|_s. \tag{3.6}$$
取 $\varepsilon = \delta/2(C_1 + C_2)$, 将 (3.4) 和 (3.6) 代入 (3.5) 即得
$$\mathrm{Re}(T_l u, u) \geqslant \frac{\delta}{4} \|u\|_{m/2}^2 - (C_1 + C_2) C(\delta/2(C_1 + C_2)) \|u\|_s^2.$$
证毕.

定理 3.3 设 $l(x, \xi)$ 为满足引理 1.2 的条件的 m 阶象征, 其中 $\rho > 2$, 又设 $l(x, \xi) \geqslant 0$, 则存在常数 C, 使对所有 $u \in \mathscr{S}$, 都有
$$\mathrm{Re}(T_l u, u) \geqslant -C \|u\|_{(m-1)/2}^2. \tag{3.7}$$
证明. 不妨设 $m = 1$. 我们写
$$(T_l u, u) = ((T_l - l(x, D)) u, u) + (l(x, D) u, u).$$
由定理 1.4 知
$$|((T_l - l(x, D)) u, u)| \leqslant C \|u\|_0^2.$$
故为证定理,只须证明
$$\mathrm{Re}(l(x, D) u, u) \geqslant -C \|u\|_0^2. \tag{3.8}$$

检验定理 3.7 的证明可知，当对 $l(x, D)$ 重复定理 3.7 证明中的论证时，仅有的疑问之处是 (3.44) 所给出的 $r''(x, \xi)$ 不再属于 S^0，从而不能应用定理 3.2 而得到算子 $r''(x,D)$ 的 L^2 有界性. 然而，容易验证，这时 $r''(x, \xi)$ 恰好满足定理 4.2 的条件，因而算子 $r''(x, D)$ 仍然是 L^2 有界的. 所以照样可证明 (3.8) 式. 证毕.

对于定义在开集 Ω 上的仿微分算子，可以类似地建立相应的估计.

定理 3.1′ 设 $T_l \in \mathrm{Op}(\Sigma^m_\rho)(\Omega)$，$\rho > 1$，$J_\varepsilon$ 如定理 3.1 所示，则对紧集 $K \subset \Omega$，有常数 $C > 0$，使当 $u \in H^s(K)$ 时，有

$$\|[T_l, J_\varepsilon]u\|_{s-m+1} \leqslant C\|u\|_s, \tag{3.9}$$

$$\|[T_l, J_\varepsilon]u\|_{s-m} \leqslant C\varepsilon\|u\|_s. \tag{3.10}$$

定理 3.2′ 设 $T_l \in \mathrm{Op}(\Sigma^m_\rho)(\Omega)$，$\rho > 0$，又存在常数 $\delta > 0$，使 $\mathrm{Re}\,l(x, \xi) \geqslant \delta|\xi|^m$ 对充分大的 ξ 成立，则对 $s \in \mathbb{R}$ 与紧集 $K \subset \Omega$，有常数 C_0，$C_1 > 0$，使得当 $u \in C^\infty_c(K)$ 时

$$\mathrm{Re}(T_l u, u) \geqslant C_0\|u\|^2_{\frac{m}{2}} - C_1\|u\|^2_s. \tag{3.11}$$

定理 3.3′ 设 $T_l \in \mathrm{Op}(\Sigma^m_\rho)(\Omega)$，$\rho > 2$. 又设 $l(x, \xi) \geqslant 0$，则对任一紧集 $K \subset \Omega$，有常数 C，使得当 $u \in C^\infty_c(K)$ 时，

$$\mathrm{Re}(T_l u, u) \geqslant -C\|u\|^2_{\frac{m-1}{2}}. \tag{3.12}$$

注 由于 $t > \dfrac{n}{2}$ 时，$\mathrm{Op}(\Sigma^m_t)(\Omega) \subset \mathrm{Op}(\Sigma^m_{t-\frac{n}{2}})(\Omega)$，故对相应的 $\mathrm{Op}(\Sigma^m_t)(\Omega)$ 类仿微分算子也有类似于定理 3.1′—3.3′ 的结论.

第五章 仿线性化

从这一章起，我们着手讨论仿微分算子在非线性偏微分方程中的应用．在以往的各种非线性方程线性化方法中，其误差一般并不具有更高的正则性，从而在研究非线性问题解的正则性时常难以得到较满意的结果．我们在第三章中用仿积代替乘积就是使误差的正则性提高的一种方法．在这一章中，我们要把这个结果推广到一般的非线性偏微分算子而首先要推广到非线性函数．这里所引入的处理非线性函数的方法称为仿线性化．在 §1 及 §2 中先对 C^∞ 的非线性函数及偏微分算子实现这种仿线性化的过程，而在 §3, §4 中讨论非 C^∞ 的情形．当非 C^∞ 时，情况较为复杂，此时我们着手讨论一种相应于坐标变换的复合函数的仿线性化，由此引入仿复合算子的概念，并对它进行详细的研究．讨论结果表明，在非线性问题中应用仿复合算子为工具，常可避免直接用复合算子讨论时出现的困难．

非线性算子经仿线性化后，归结为对所出现的仿微分算子及仿复合算子的研究，然后再将所得的结果还原于原来的非线性问题，得到非线性问题的结果．这一过程将是下一章的主题．

§1. C^∞ 非线性函数的仿线性化

在第三章推论 2.1 中已看到，若 $F(y)$ 是一个多项式，则对实 C^ρ 函数 $u(x)$, $\rho>0$ 有

$$F(u(x)) = T_{F'(u(x))}\cdot u + R(x),$$

其中 $R\in C^{2\rho}$, $T_{F'(u(x))}\cdot u$ 是仿积.

现在将此结果推广到 F 是一般的 C^∞ 函数的情形.

定理 1.1 设 $F(y_1,\cdots,y_N)$ 是 $\mathbb{R}^N$ 上的 C^∞ 函数，且它的各阶导数在任意紧集 $K\subset\mathbb{R}^N$ 上有界，则对实函数 $u^j(x)\in C^\rho(\mathbb{R}^n)$，$\rho>0, j=1,\cdots,N$，有

$$F(u^1(x),\cdots u^N(x))=\sum_{j=1}^N T_{\frac{\partial F}{\partial y_j}(u^1(x),\cdots,u^N(x))}\cdot u^j(x)+R(x), \tag{1.1}$$

其中 $R(x)\in C^{2\rho}(\mathbb{R}^n)$，$T_{\frac{\partial F}{\partial y_j}(u^1(x),\cdots,u^N(x))}\cdot u^j(x)$ 是函数 $\frac{\partial F}{\partial y_j}(u^1(x),\cdots,u^N(x))$ 与 $u^j(x)$ 的仿积.

若 $u^j(x)\in H^s(\mathbb{R}^n)$，$s>\frac{n}{2}, j=1,\cdots,N$，则 (1.1) 仍成立，且 $R(x)\in H^{2s-\frac{n}{2}}(\mathbb{R}^n)$.

证明 先设 $u^j(x)\in C^\rho(\mathbb{R}^n)$，$\rho>0$，记 $u(x)=(u^1(x),\cdots,u^N(x))$，故 $F(u^1,\cdots,u^N)=F\circ u$，在 u 的环形分解下，由 F 之连续性，有

$$F\circ u=\lim_{k\to\infty}F\circ(S_ku)=F\circ(S_0u)$$
$$+\sum_{k=0}^\infty[F\circ(S_{k+1}u)-F\circ(S_ku)], \tag{1.2}$$

$F\circ(S_0u)\in C^\infty$，且 S_0u 有界，故由 F 的假设条件知 $F\circ(S_0u)\in C^{2\rho}$，于是可将此项并入 (1.1) 的 $R(x)$ 之中. 记

$$F\circ(S_{k+1}u)-F\circ(S_ku)=r_k\cdot u_k+S_{k-N_0}(F'\circ u)\cdot u_k, \tag{1.3}$$

其中符号“·”表示 $\mathbb{R}^N$ 上的数积而 F' 表示 F 的梯度. 故由第三章知，当 N_0 足够大时，$\sum_{k=0}^\infty S_{k-N_0}(F'\circ u)\cdot u_k$ 就是仿积 $\sum_{j=1}^N T_{\frac{\partial F}{\partial y_j}(u^1(x),\cdots,u^N(x))}u^j(x)$. 可见，为证 (1.1) 式，关键在于估计 r_k. 为此我们写

$$r_k=\int_0^1 F'\circ(tS_{k+1}u+(1-t)S_ku)\,dt-S_{k-N_0}(F'\circ u)$$
$$=\mathrm{I}_k-\mathrm{II}_k-\mathrm{III}_k,$$

其中

$$\mathrm{I}_k = \int_0^1 F'\circ(tS_{k+1}u + (1-t)S_ku)\,dt - F'\circ(S_{k+1}u),$$

$$\mathrm{II}_k = S_{k-N_1}(F'\circ u) - S_{k+1}(F'\circ u),$$

$$\mathrm{III}_k = S_{k+1}(F'\circ u) - F'\circ(S_{k+1}u).$$

显然，由 $F'\circ u\in C^\rho$ 知 $\|\partial^\alpha \mathrm{II}_k\|_{L^\infty}\leqslant C_\alpha 2^{k(|\alpha|-\rho)}$、而由第一章定理4.1的(4.8)式知 $\|\partial^\alpha \mathrm{III}_k\|_{L^\infty}\leqslant C_\alpha 2^{k(|\alpha|-\rho)}$，下面来证明，对于 I_k 也成立估计式

$$\|\partial^\alpha \mathrm{I}_k\|_{L^\infty}\leqslant C_\alpha 2^{k(|\alpha|-\rho)}, \tag{1.4}$$

为此，改写 I_k 为

$$\begin{aligned}\mathrm{I}_k &= \int_0^1 [F'\circ(tS_{k+1}u + (1-t)S_ku)dt - F'\circ(S_{k+1}u)]\,dt\\ &= \int_0^1\left\{\int_0^1 [F''\circ(stS_{k+1}u + s(1-t)S_ku\right.\\ &\quad \left.+ (1-s)S_{k+1}u)]\,ds\,(t-1)\cdot u_k\right\}dt\\ &= \left\{\int_0^1 (t-1)dt\int_0^1 F''\circ(S_ku + stu_k + (1-s)\,u_k)\,ds\right\}\cdot u_k.\end{aligned}$$

因为上述积分中，由假设条件 $\|F''\|_{L^\infty}\leqslant C'$，故 $\|\mathrm{I}_k\|_{L^\infty}\leqslant C'\|u_k\|_{L^\infty}\leqslant C_0 2^{-k\rho}$，即(1.4)对 $\alpha=0$ 成立。

当 $|\alpha|\geqslant 1$ 时，

$$\begin{aligned}&\partial^\alpha\left\{\int_0^1 (t-1)dt\int_0^1 F''\circ\,(S_ku + stu_k + (1-s)\,u_k)\,ds\right\}\\ &= \int_0^1 (t-1)dt\int_0^1 \partial^\alpha[F''\circ(S_ku + stu_k + (1-s)u_k)]\,ds.\end{aligned}$$

写出上述被积函数求导后的式子，然后进行估计，易知

$$\begin{aligned}&\left\|\partial^\alpha\left\{\int_0^1 (t-1)\,dt\int_0^1 F''\circ(S_ku + stu_k + (1-s)ds\right\}\right\|_{L^\infty}\\ &\leqslant\begin{cases}C'_\alpha, & |\alpha|\leqslant\rho,\\ C'_\alpha 2^{k(|\alpha|-\rho)}, & |\alpha|>\rho.\end{cases}\end{aligned}$$

于是 $\|\partial^\alpha \mathrm{I}_k\|_{L^\infty}\leqslant C_\alpha 2^{k(|\alpha|-\rho)}$，即(1.4)成立．因此，结合 II_k，III_k 之估计有

$$\|\partial^\alpha r_k\|_{L^\infty} \leqslant C_\alpha 2^{k(|\alpha|-\rho)}, \tag{1.5}$$

进而 $\|\partial^\alpha(r_k\cdot u_k)\|_{L^\infty} \leqslant C_\alpha 2^{k(|\alpha|-2\rho)}$. 故由第一章定理 2.2 及定理 2.3 知 $\sum\limits_{k=0}^{\infty} r_k u_k \in C^{2\rho}$，从而定理于 $u^j \in C^\rho$ 时成立.

当 $u^j \in H^s(\mathbb{R}^n)$, $s > \frac{n}{2}$, $j = 1, \cdots, N$ 时，上面推理仍然成立，只是由第一章定理 2.4 知，(1.5) 式应换为

$$\|\partial^\alpha r_k\|_{L^\infty} \leqslant C_\alpha 2^{k(|\alpha|-s+\frac{n}{2})}. \tag{1.6}$$

注意到 $a(x,\xi) = \sum\limits_{k=0}^{\infty} r_k\varphi(2^{-k}\xi) \in S_{1,1}^{-s+\frac{n}{2}}$，而

$$\sum_{k=0}^{\infty} r_k \cdot u_k = a(x,D)u,$$

故由第二章定理 4.4 知，当 $u \in H^s$ 时 $a(x,D)u \in H^{s+s-\frac{n}{2}} = H^{2s-\frac{n}{2}}$，即

$$\sum_{k=0}^{\infty} r_k \cdot u_k \in H^{2s-\frac{n}{2}}.$$

这就是所需要的. 证毕

注 1 可以证明，精确地说，当 $u^j \in H^s$, $s > \frac{n}{2}$时，$R(x) \in B_{2,1}^{2s-\frac{n}{2}}$.

注 2 定理 1.1 中的函数 F 还可以依赖于 x，即当将定理中的 $F(y_1, \cdots, y_N)$ 换为 $F(x_1, \cdots, x_n, y_1, \cdots, y_N)$ 时，仍有同样的结论：

$$F(x, u^1(x), \cdots, u^N(x)) = \sum_{i=1}^{N} T_{\frac{\partial F}{\partial y_i}(x, u^1(x), \cdots, u^N(x))} u^i(x) + R(x), \tag{1.7}$$

且当 $u^j \in C^\rho(\mathbb{R}^n)$, $\rho > 0$ 时，$R(x) \in C^{2\rho}$. 当 $u^j \in H^s(\mathbb{R}^n)$ 时，$s > \frac{n}{2}$, $R(x) \in H^{2s-\frac{n}{2}}$.

仿线性化定理 1.1 及其证明是有代表性的，仿此也可以根据实际问题需要讨论在其他空间中的仿线性化. 下面我们将定理 1.1 推广到 $\Sigma=\{x\in\mathbb{R}^n, x_1=0\}$ 的余法型空间 $H^{s,k}(\Sigma)$ 中.

定理 1.2 设 $F(y)$ 如定理 1.1 中所述，实函数 $u^j(x)\in H^{s,k}(\Sigma), j=1,\cdots,N$，则当 $s>\frac{n}{2}$ 时有

$$F(u^1(x),\cdots,u^N(x))=\sum_{j=1}^{N}T_{\frac{\partial F}{\partial y_j}(u^1(x),\cdots,u^N(x))}\cdot u^j(x)+R(x), \tag{1.8}$$

其中 $R(x)\in H^{2s-\frac{n}{2},k}(\Sigma)$, $\Sigma=\{x\in\mathbb{R}^n; x_1=0\}$.

证明 对 k 用归纳法证明这个定理. 当 $k=0$ 时，它就是定理 1.1. 现设定理对 $k=\nu$ 成立，往证当 $k=\nu+1$ 时定理仍然成立. 记

$$u(x)=(u^1(x),\cdots,u^N(x))\in H^{s,\nu+1}(\Sigma),$$
$$F\circ u=F(u^1(x),\cdots,u^N(x)).$$

取 V 是切于 Σ 的任一个 C^∞ 矢量场，有

$$V(F\circ u)=\sum_{j=1}^{N}\left(\frac{\partial F}{\partial y_j}\circ u\right)\cdot(Vu^j).$$

将上式右面视为一个以 $u^1,\cdots,u^N$ 及 $Vu^1,\cdots,Vu^N$ 为变量的 C^∞ 函数，此函数具有定理叙述中 F 所具有的性质. 另外，$u^j(x)$, $(Vu^j)(x)\in H^{s,k}(\Sigma)$, $j=1,\cdots,N$. 故由归纳法的假定，有

$$\begin{aligned}V(F\circ u)&=\sum_{j,l=1}^{N}T_{((F''_{y_jy_l}\circ u)(Vu^l))}u^j(x)+\sum_{j=1}^{N}T_{(F'_{y_j}\circ u)}(Vu^j)+R_1(x)\\&=\sum_{j=1}^{N}\left[T_{V(F'_{y_j}\circ u)}u^j(x)+T_{(F'_{y_j}\circ u)}(Vu^j)\right]+R_1(x),\end{aligned}$$

其中 $R_1\in H^{2s-\frac{n}{2},\nu}(\Sigma)$.

由第三章引理 3.1 知

$$T_{V(F'_{y_j}\circ u)}u^j+T_{(F'_{y_j}\circ u)}(Vu^j)=V(T_{(F'_{y_j}\circ u)}u^j)+R_{F'_{y_j}\circ u}u^j,$$

且 $R_{F'_{y_j}\circ u}u^j\in H^{2s-\frac{n}{2},\nu+1}(\Sigma)$，于是

$$V(F\circ u)=\sum_{i=1}^{N}V(T_{(F'_{y_j}\circ u)}u^j)+H^{2s-\frac{n}{2},\nu}(\Sigma).$$

与(1.8)式两边作用算子 V 相比较即知 $VR(x)\in H^{2s-\frac{n}{2},\nu}(\Sigma)$. 从而 $R(x)\in H^{2s-\frac{n}{2},\nu+1}(\Sigma)$. 于是由归纳法知命题成立. 证毕.

§2. 非线性偏微分方程的仿线性化

在 $\mathbf{R}^n$ 中考虑如下的非线性偏微分方程

$$F(x,u(x),\cdots,\partial^\alpha u(x),\cdots)_{|\alpha|\leqslant m}=0, \tag{2.1}$$

其中 F 是它的自变量的 C^∞ 函数，记 N 是重指标 α 取尽 $|\alpha|\leqslant m$ 时的全体 α 的个数，则 $F(x,y)\in C^\infty(\mathbf{R}^{n+N})$，又假设对 $\mathbf{R}^N$ 上任意紧集 K，$F(x,y)$ 及其各阶导数在 $\mathbf{R}^n\times K$ 上有界.

我们有如下的仿线性化定理.

定理 2.1 设 $u\in C^{\rho+m}$，$\rho>0\left(\text{或 } u\in H^{s+m},\ s>\frac{n}{2}\right)$是(2.1)的一个实解，则存在象征为

$$\sigma(P)=\sum_{|\beta|\leqslant m}\frac{\partial F}{\partial y_\beta}(x,\cdots,\partial^\alpha u,\cdots)(i\xi)^\beta\in\Sigma_\rho^m \tag{2.2}$$

的仿微分算子 $P\in\mathrm{Op}(\Sigma_\rho^m)$，使得

$$Pu(x)=\sum_{|\beta|\leqslant m}T_{\frac{\partial F}{\partial y_\beta}}\partial^\beta u(x)\in C^{2\rho}\left(\text{或 } H^{2s-\frac{n}{2}}\right). \tag{2.3}$$

算子 P 的主象征是

$$\sigma_m(P)=\sum_{|\beta|=m}\frac{\partial F}{\partial y_\beta}(i\xi)^\beta. \tag{2.4}$$

证明 下面仅对 $u(x)\in C^{\rho+m}$，$\rho>0$ 的情形加以证明. 当 $u\in H^{s+m}$，$s>\frac{n}{2}$ 时，其证明是类似的.

由于 $u\in C^{\rho+m}$，$\rho>0$，故对 $|\alpha|\leqslant m$ 有 $\partial^\alpha u\in C^{\rho+m-|\alpha|}\subset$

C^ρ, 从而 $\frac{\partial F}{\partial y_\beta}(x,\partial^{(\alpha)}u)\in C^\rho\subset\sum_\rho^0$. 由定理 1.1 知

$$F(x,\cdots,\partial^\alpha u,\cdots)=\sum_{|\beta|\leqslant m}T_{\frac{\partial F}{\partial y_\beta}}\partial^\beta u(x)+R(x)$$
$$=Pu(x)+R(x), \tag{2.5}$$

其中 $R(x)\in C^{2\rho}$. 注意到 $u(x)$ 是方程 (2.1) 的解，则

$$Pu(x)=-R(x)\in C^{2\rho}.$$

这就是 (2.3) 式，又由第四章定理 2.8 知，微分算子 ∂^β 也是象征为 $(i\xi)^\beta$ 的仿微分算子，$\partial^\beta\in\mathrm{Op}(\sum_0^{|\beta|})$. 故由仿微分算子复合定理知道，$T_{\frac{\partial F}{\partial y_\beta}}\partial^\beta$ 是象征为 $\frac{\partial F}{\partial y_\beta}(i\xi)^\beta$ 的仿微分算子，所以 $P\in\mathrm{Op}(\sum_\rho^m)$，它的主象征为 (2.4). 证毕.

注 若 $\rho<m$，则可将 (2.5) 中和式分成 $|\beta|\leqslant m-\rho$ 与 $|\beta|>m-\rho$ 两部分. 对于满足 $|\beta|\leqslant m-\rho$ 的 β 而言，相应的 $T_{\frac{\partial F}{\partial y_\beta}}\partial^\beta u\in C^{\rho+m-|\beta|}\subset C^{2\rho}$. 于是可以将它并入余项 $R(x)$ 之中，从而 (2.3) 中的 $Pu(x)$ 可以取成 $\sum_{m-\rho<|\beta|\leqslant m}T_{\frac{\partial F}{\partial y_\beta}}\partial^\beta u(x)$，仍有 $Pu(x)\in C^{2\rho}$.

当方程 (2.1) 是拟线性或半线性时，定理 2.1 的结论还可以改进.

定理2.2 若 (2.1) 是如下形式的拟线性方程

$$\sum_{|\beta|=m}A_\beta(x,\cdots,\partial^\alpha u,\cdots)_{|\alpha|\leqslant m-1}\cdot\partial^\beta u(x)$$
$$+B(x,\cdots,\partial^\alpha u,\cdots)_{|\alpha|\leqslant m-1}=0, \tag{2.6}$$

其中 A_β 及 B 满足定理 2.1 中对 F 的假设条件. 又设 $u(x)\in C^{\rho+m}$, $\rho>-\frac{1}{2}$ $\left(\text{或 } H^{s+m},\ s>\frac{n}{2}-\frac{1}{2}\right)$ 是 (2.6) 的实解，则存在象征属于 $\sum_{\rho+1}^m$ 的仿微分算子 P，使得

$$Pu(x)\in C^{2\rho+1}\ (\text{或 } H^{2s-\frac{n}{2}+1}), \tag{2.7}$$

且 P 具有如下形式：

当 $\rho > 0$（或 $s > \frac{n}{2}$）时

$$P = \sum_{|\beta|=m} T_{A_\beta}\partial^\beta + \sum_{|\beta|=m}\sum_{|\gamma|\leqslant m-1} T_{(\partial^\beta u)\cdot \frac{\partial A_\beta}{\partial y_\gamma}}\partial^\gamma + \sum_{|\beta|\leqslant m-1} T_{\frac{\partial B}{\partial y_\beta}}\partial^\beta. \tag{2.8}$$

当 $\rho \leqslant 0$（或 $s \leqslant \frac{n}{2}$）时

$$P = \sum_{|\beta|=m} T_{A_\beta}\partial^\beta + \sum_{|\beta|\leqslant m-1} T_{\frac{\partial B}{\partial y_\beta}}\partial^\beta. \tag{2.9}$$

算子 P 的主象征为

$$\sum_{|\beta|=m} A_\beta(x,\cdots,\partial^\alpha u,\cdots)(i\xi)^\beta. \tag{2.10}$$

证明 与定理 2.1 一样，我们只对 $u(x)\in C^{\rho+m}$，$\rho > -\frac{1}{2}$ 的情形给予证明.

由 $u(x)\in C^{\rho+m}$ 知，当 $|\beta|\leqslant m-1$ 时有 $\partial^\beta u(x)\in C^{\rho+m-|\beta|}\subset C^{\rho+1}$，从而 $A_\beta(x,\cdots,\partial^\alpha u,\cdots)_{|\alpha|\leqslant m-1}\in C^{\rho+1}$，注意到 $A_\beta(x,\cdots,\partial^\alpha u,\cdots)$ 与 $\partial^\beta u(x)$ 的 Hölder 指数之和至少为 $2\rho+1>0$，故由第三章定理 1.4

$$A_\beta(x,\cdots,\partial^\alpha u,\cdots)_{|\alpha|\leqslant m-1}\partial^\beta u$$

$$= \begin{cases} T_{A_\beta}\partial^\beta u + T_{\partial^\beta u}A_\beta + R_1, & \rho > 0, \\ T_{A_\beta}\partial^\beta u + R_1, & \rho \leqslant 0, \end{cases} \tag{2.11}$$

其中 $R_1\in C^{2\rho+1}$. 另一方面，$B(x,\cdots,\partial^\alpha u,\cdots)_{|\alpha|\leqslant m-1}\in C^{\rho+1}$，对它应用定理 1.1 有

$$B(x,\cdots,\partial^\alpha u,\cdots)_{|\alpha|\leqslant m-1} = \sum_{|\beta|\leqslant m-1} T_{\frac{\partial B}{\partial y_\beta}}\partial^\beta u + R_2(x), \tag{2.12}$$

其中 $R_2\in C^{2\rho+2}$，将此两式代入 (2.6)，即在 $\rho\leqslant 0$ 时得到了定理.

又当 $\rho > 0$ 时，对 $A_\beta(x,\cdots,\partial^\alpha u,\cdots)$ 再作仿线性化

$$T_{\partial^\beta u} A_\beta(x,\cdots,\partial^\alpha u,\cdots)_{|\alpha|\leqslant m-1} = T_{\partial^\beta u}\left[\sum_{|\gamma|\leqslant m-1} T_{\frac{\partial A_\beta}{\partial y_\gamma}} \partial^\gamma u(x) + R_2\right]$$

$$= T_{(\partial^\beta u)\frac{\partial A_\beta}{\partial y_\gamma}} \partial^\gamma u(x) + R_3 + T_{\partial^\beta u} R_2. \qquad (2.13)$$

容易看到，$R_2 \in C^{2\rho+2}$，$T_{\partial^\beta u} R_2 \in C^{2\rho+2} \subset C^{2\rho+1}$，$R_3 \in C^{2\rho+1}$. 故由(2.10)—(2.13)即知定理在 $\rho > 0$ 时也成立. 证毕.

用同样的方法可以考虑半线性方程

$$\sum_{|\alpha|=m} a_\alpha(x)\, \partial^\alpha u = B(x, u, \cdots, \partial^\beta u, \cdots)_{|\beta|\leqslant m-1}$$

的仿线性化,且可得到比定理 2.2 更好的结果. 即 $u(x)$ 所在空间的指标可进一步减弱,而 P 可属于正则性更好的仿微分算子类,且 $Pu(x)$ 属于更高指标的函数类,读者可以作为练习讨论此种情形.

若 $F(x,y)$ 是 C^∞ 函数且满足定理 2.1 中条件. 又设 $s > \frac{n}{2}$，k 为非负整数,$\Sigma = \{x \in \mathbf{R}^n, x_1 = 0\}$. 则实函数 $u^j(x) \in H^{s,k}(\Sigma)$，$j = 1,\cdots,N$ 时可推知 $F(x, u^1(x),\cdots,u^N(x)) \in H^{s,k}(\Sigma)$(参见[Al$_3$]),当 $\rho > 0$，k 为非负整数时,若 $u^j(x) \in C^{\rho,k}(\Sigma)$,也有类似结论. 于是利用第三章定理 3.1 可知,定理 2.1 的结论对实函数解 $u(x) \in H^{s+m,k}(\Sigma)$，$s > \frac{n}{2}$ 仍成立,只不过此时 (2.3) 式为 $Pu(x) \in H^{2s-\frac{n}{2},k}(\Sigma)$.

利用上面一些仿线性化结果,在忽略掉正则性较高的项以后,一个非线性方程就可以化成一个仿微分方程. 这样，研究非线性方程解的正则性就化为相应的仿微分方程解的正则性的讨论，而后者已可以说是属于线性问题的范畴了.

§3. 非 C^∞ 函数的仿线性化及仿复合算子概念

3.1 非 C^∞ 函数的仿线性化

当 $F(y)$ 是非 C^∞ 函数时，也可得到类似于定理 1.1 的结果.

此时,如象证明定理 1.1 时需要第一章的逼近定理 4.1 那样，我们在这里需要第一章的逼近定理 4.2.

定理 3.1 设 $F(y)\in C^{\sigma}(\mathbf{R}^N)$, $\sigma>1$. $u^j(x)\in C^{\rho+1}(\mathbf{R}^n)$, $\rho>0$, $j=1,\cdots,N$, 则

$$F(u^1(x),\cdots,u^N(x))=\sum_{j=1}^{N}T_{\frac{\partial F}{\partial y_j}(u^1(x),\cdots,u^N(x))}u^j(x)$$

$$+\sum_{k\geqslant 0}F_k\circ(s_k u)+R(x),\tag{3.1}$$

其中 $\{F_k\}$ 为 F 在 $\mathbf{R}^n$ 中所作的环形分解, $R(x)\in C^{\rho+1+\varepsilon}$, $\varepsilon=\min(\sigma-1,\rho+1)$.

若 $F\in H^s(\mathbf{R}^N)$, $s>\frac{N}{2}+1$, $u^j(x)\in H^{r+1}(\mathbf{R}^n)$, $r>\frac{n}{2}$, 则(3.1)仍成立,但 $R\in H^{r+1+\varepsilon'}$, $\varepsilon'=\min\left(s-\frac{N}{2}-1,\ r-\frac{n}{2}+1\right)$.

证明 记 $u(x)=(u^1(x),\cdots,u^N(x))$, 故 $F(u^1,\cdots,u^N)=F\circ u$, 对它进行环形分解得

$$F\circ u=(S_0F)\circ u+\sum_{k>0}F_k\circ u.\tag{3.2}$$

对 $F_k\circ u$ 用 (1.2) 式有

$$F\circ u=(S_0F)\circ u+\sum_{k\geqslant 0}F_k\circ(S_0u)$$

$$+\sum_{k,l\geqslant 0}[F_k\circ(S_{l+1}u)-F_k\circ(S_lu)].\tag{3.3}$$

将上式右面的二重和式分解成 $0\leqslant l\leqslant k-1$ 与 $l\geqslant k$ 两部分，我们有

$$\sum_{k\geqslant 0}\left\{\sum_{0\leqslant l\leqslant k-1}[F_k\circ(S_{l+1}u)-F_k\circ(S_lu)]\right\}$$

$$=\sum_{k\geqslant 0}[F_k\circ(S_ku)-F_k\circ(S_0u)],$$

$$\sum_{k\geqslant 0}\sum_{l\geqslant k}[F_k\circ(S_{l+1}u)-F_k\circ(S_lu)]$$

$$=\sum_{l\geqslant 0}\left[\left(\sum_{0\leqslant k\leqslant l}F_k\right)\circ(S_{l+1}u)-\left(\sum_{0\leqslant k\leqslant l}F_k\right)\circ(S_lu)\right]$$

$$- \sum_{l\geq 0} (S_{l+1}F - S_0F)\circ(S_{l+1}u)$$

$$- \sum_{l\geq 0}(S_{l+1}F - S_0F)\circ(S_lu),$$

将它们代入 (3.3) 式得

$$F\circ u = (S_0F)\circ u + \sum_{l\geq 0}[(S_0F)\circ(S_lu) - (S_0F)\circ(S_{l+1}u)]$$

$$+ \sum_{k\geq 0} F_k\circ(S_ku) + \sum_{l\geq 0}[(S_{l+1}F)\circ(S_{l+1}u) - (S_{l+1}F)\circ(S_lu)].$$

再对 $(S_0F)\circ u$ 用 (1.2) 式即知

$$F\circ u = \sum_{k\geq 0} F_k\circ(S_ku) + \sum_{l\geq 0}[(S_{l+1}F)\circ(S_{l+1}u) - (S_{l+1}F)\circ(S_lu)] + (S_0F)\circ(S_0u). \tag{3.4}$$

先设 $F\in C^\sigma$ 及 $u\in C^{\rho+1}$, $\sigma>1$, $\rho>0$.

显然，$(S_0F)\circ(S_0u)\in C^{\rho+1+\varepsilon}$，这一项可归入 (3.1) 的 R 之中．再比较 (3.4) 及 (3.1) 可知，关键在于处理 (3.4)式中第二个和式．利用定理 1.1 的证明方法，记

$$(S_{l+1}F)\circ(S_{l+1}u) - (S_{l+1}F)\circ(S_lu) = r_l\cdot u_l + S_{l-N_0}(F'\circ u)\cdot u_l,$$

其中符号“·”表示 $\mathbf{R}^N$ 上的数积．$\sum_{l\geq 0} S_{l-N_0}(F'\circ u)\cdot u_l$ 就是 (3.1) 中的仿积，而

$$r_l = \int_0^1 (S_{l+1}F)'\circ(tS_{l+1}u + (1-t)S_lu)dt - S_{l-N_0}(F'\circ u).$$

于是只要证明

$$\|\partial^\alpha r_l\|_{L^\infty} \leqslant C_\alpha 2^{l(|\alpha|-\varepsilon)}$$

成立，则定理结论成立．

与定理 1.1 相仿，记

$$\mathrm{I}_l = \int_0^1 (S_{l+1}F)'\circ(tS_{l+1}u + (1-t)S_lu)dt - (S_{l+1}F)'\circ(S_{l+1}u),$$

$$\mathrm{II}_l = S_{l-N_0}(F'\circ u) - S_{l+1}(F'\circ u),$$

$$\mathrm{III}_l = S_{l+1}(F'\circ u) - (S_{l+1}F)'\circ(S_{l+1}u).$$

由 $F'\circ u\in C^\varepsilon$ 知 $\|\partial^\alpha \mathrm{II}_l\|_{L^\infty}\leqslant C_\alpha 2^{l(|\alpha|-\varepsilon)}$．而由 $(S_{l+1}F)' = S_{l+1}F'$，用第一章定理 4.2 的 (4.13) 式知$\|\partial^\alpha \mathrm{III}_l\|_{L^\infty}\leqslant C_\alpha 2^{l(|\alpha|-\varepsilon)}$．

于是，我们只要证明

$$\|\partial^{\alpha}\mathrm{I}_l\|_{L^\infty} \leqslant C_\alpha 2^{l(|\alpha|-\varepsilon)} \tag{3.5}$$

成立．为此，注意到 $(S_{l+1}F')' = S_{l+1}F''$，可写 I_l 成为

$$\mathrm{I}_l = \left[\int_0^1 (t-1)dt\int_0^1 (S_{l+1}F'')\circ(S_l u + stu_l + (1-s)u_l)ds\right]\cdot u_l. \tag{3.6}$$

当 $\alpha = 0$ 时，分为如下三种情形分别估计之．

(1) $\sigma - 1 > 1$ 时，因为 $F'' \in C^{\sigma-2}$，$\sigma - 2 > 0$，故由第一章 §2 知

$$\|(S_{l+1}F'')\circ(S_l u + stu_l + (1-s)u_l)\|_{L_\infty(\mathbb{R}^n_y)} \leqslant \|S_{l+1}F''\|_{L_\infty(\mathbb{R}^n_x)} \leqslant C,$$

从而 $\|\mathrm{I}_l\|_{L^\infty} \leqslant C\|u_l\|_{L^\infty} \leqslant C2^{-l(\rho+1)} \leqslant C2^{-l\varepsilon}$．

(2) $0 < \sigma - 1 < 1$ 时，因 $F' \in C^{\sigma-1}$，$\sigma - 1 > 0$，故

$$\|(S_{l+1}F'')\circ(S_l u + stu_l + (1-s)u_l)\|_{L_\infty(\mathbb{R}^n_y)} \leqslant \|D(S_{l+1}F')\|_{L^\infty_x} \leqslant C_1 2^{l(1-(\sigma-1))},$$

从而 $\|\mathrm{I}_l\|_{L^\infty} \leqslant C_1 2^{l(1-(\sigma-1))}C'2^{-l(\rho+1)} \leqslant C2^{-l(\sigma-1+\rho)} \leqslant C2^{-l\varepsilon}$．

(3) $\sigma - 1 = 1$ 时，$\varepsilon = 1$，于是对任意 $\eta > 0$ 有

$$\|(S_{l+1}F'')\circ(S_l u + stu_l + (1-s)u_l)\|_{L^y_\infty} \leqslant \|(S_{l+1}F'')\|_{L_\infty(\mathbb{R}^n_x)} \leqslant C_\eta 2^{l\eta},$$

从而 $\|\mathrm{I}_l\|_{L^\infty} \leqslant C_\eta 2^{l\eta}C'2^{-l(\rho+1)} \leqslant C2^{-l\varepsilon}$．

由此，当 $\alpha = 0$ 时 (3.5) 成立．

当 $\alpha = k > \rho + 1$ 时，记 $w = S_l u + stu_l + (1-s)u_l$，则如象由第一章定理 4.2 证明及其后的注可知

$$\partial^\alpha((S_{l+1}F'')\circ w) = \sum_{\substack{\alpha_1+\cdots+\alpha_q=\alpha \\ |\alpha|\geqslant q\geqslant 1}} C_{\alpha_1\cdots\alpha_q}[(S_{l+1}F'')^{(q)}\circ w]\, w^{(\alpha_1)}\cdots w^{(\alpha_q)},$$

$$\|\partial^\alpha_y((S_{l+1}F'')\circ w\|_{L^\infty} \leqslant C\,2^{l(|\alpha|-\min(\rho+1,\sigma-2))}.$$

于是当 $\rho + 1 \geqslant \sigma - 2$ 时

$$\|\partial^\alpha \mathrm{I}_l\|_{L^\infty} \leqslant 2^{l(|\alpha|-(\sigma-2))}\|u_l\|_{L^\infty} \leqslant 2^{l(|\alpha|-\sigma+2-\rho-1)} \leqslant 2^{l(|\alpha|-\varepsilon)};$$

当 $\rho + 1 < \sigma - 2$ 时

$$\|\partial^\alpha \mathrm{I}_\alpha\|_{L^\infty} \leqslant 2^{l(|\alpha|-\rho-1)}\|u_l\|_{L^\infty} \leqslant 2^{l(|\alpha|-\varepsilon)}.$$

总之,当 $|\alpha| > \rho + 1$ 时 (3.5) 式成立.再用 Gagliardo-Nirenberg 不等式就知 (3.5) 对任意 $\alpha \in \mathbf{N}^n$ 成立.

类似地可得本定理第二部分的结论. 证毕.

3.2 $\mathscr{E}'(\Omega)$ 上的仿复合算子

比较定理 3.1 和定理1.1的结论,当 F 非 C^∞ 时,在仿线性化过程中增加了一项 $\sum\limits_{k\geq 0} F_k \circ (S_k u)$,我们希望,在某种正则性误差所允许的范围内,$\sum\limits_{k\geq 0} F_k \circ (S_k u)$ 可以作为复合算子的一种逼近. 第三章中当我们用仿积算子去替代乘积算子时也是这样做的.

根据今后的需要,我们将限于讨论坐标变换这种最简单而又最为重要的复合情形,并引入仿复合算子的概念. 这种算子作用于函数 $u(x)$ 上以后,本质上就是上述的 $\sum\limits_{k} F_k \circ (S_k u)$(但和式中的 F 要改成现在所考虑的函数 u,而和式中的 u 要改成坐标变换函数 χ),并且它与仿积一样可以保持 $u(x)$ 的原有正则性,而不受可能只具有较差光滑性的坐标变换函数 χ 的影响. 本章中我们主要讨论在 $\mathbf{R}^n$ 中的开集上由坐标变换所诱导的仿复合算子,并先对具紧支集的分布定义仿复合算子,然后再推广到一般的情形.

先引入一些有关的记号,设 Ω_1, Ω_2 是 $\mathbf{R}^n$ 中两个给定的区域,χ: $\Omega_1 \to \Omega_2$ 是一个 $C^{\rho+1}$ 同胚变换,$\rho > 0$. 又设 $u \in \mathscr{E}'(\Omega_2)$, $\mathrm{supp}u \subset K$, $u(x)$ 有环形分解 $u(x) = \sum\limits_{j=-1}^{\infty} u_j(x)$, $\mathrm{supp}\hat{u}_j \subset \boldsymbol{C}_j$, 其中 $\boldsymbol{C}_j$ 如第一章 (1.1) 所示. 在上述同胚变换 $\chi: y \mapsto x$ 下,相应的对偶变量 η, ξ 之间有关系 $\eta = \langle {}^t\chi'(y), \xi \rangle$, 从而可选取适当大的数 $\bar{\kappa} > 1$, $\chi^{-1}(K)$ 的邻域 $\Omega_1' \subset \Omega_1$, 使对任意 $y \in \Omega_1'$, $\xi \in \boldsymbol{C}_j$, 有 $\eta \in \boldsymbol{C}_j = \{\eta;\ \bar{\kappa}^{-1}2^j \leqslant |\eta| \leqslant \kappa 2^{j+1}\}$.

取 $\psi_1(y) \in C_c^\infty(\Omega_1)$, 且在 $\chi^{-1}(K)$ 的邻域上为 1, 令 $\tilde{\chi} = \psi_1 \chi$.

由于在仿线性化处理中往往舍去正则性较高的项，所以我们更关心 $u_j\circ\tilde{\chi}$ 的奇谱(波前集)，而由奇谱的性质知

$$WF(u_j\circ\tilde{\chi})\subset\{(y,{}^t\chi'(y)\xi);\ (\chi(y),\xi)WF(y_j)\}$$

(参见 [QC1])，因此，$u_j\circ\tilde{\chi}$ 的奇谱在 C_j 之中. 这是以后在利用 $u_j\circ\tilde{\chi}$ 构造 $u\circ\chi$ 的逼近时值得注意的事实.

我们又取 $\psi(y)\in C_c^\infty(\Omega_1)$，它在 $\chi^{-1}(K)$ 的一邻域内为 1，而使上述 $\psi_1(y)$ 在 $\mathrm{supp}\psi$ 之邻域内为 1.

定义 3.1 设 u 及 χ 如上，$\psi(y)\in C_c^\infty(\Omega_1)$，它在 $\chi^{-1}(K)$ 邻近为 1，作

$$\chi^*u=\sum_k[\psi(u_k\circ\chi)]_k \tag{3.7}$$

其中 $[\cdot]$ 的意义为 $[v]_k=\sum\limits_j v_j$，而和式的足标 j 取遍使 v_j 的谱与环体 C_k 相交的那些项. 由第一章知道，这个和中被加项的数目不超过与 k 无关的正整数 $2N+1$.

我们称 χ^* 为仿复合算子，显然，它是一个线性算子.

在允许相差一个 ρ 正则算子的约定下，(3.7) 右边也可以用 $\sum\limits_k[\psi(u_k\circ S_k\tilde{\chi})]_k$ 来代替，其中 $\tilde{\chi}=\psi_1\chi$ 如前所述，事实上，记

$$Ru=\sum_k[\psi(u_k\circ\chi)-\psi(u_k\circ S_k\tilde{\chi})]_k,$$

则其中第 k 项的谱在 C_k 之中，且由于 $\psi(u_k\circ\chi)=\psi(u_k\circ\tilde{\chi})$. 故

$$\begin{aligned}&\|[\psi(u_k\circ\chi)-\psi(u_k\circ S_k\tilde{\chi})]_k\|_{L^\infty}\\ &\quad\leqslant C'\|u_k'\|_{L^\infty}\cdot\|\tilde{\chi}-S_k\tilde{\chi}\|_{L^\infty}\\ &\quad\leqslant C2^{k(1-\sigma)}2^{-k(\rho+1)}=C2^{-k(\sigma+\rho)}.\end{aligned}$$

$$\begin{aligned}&\|[\psi(u_k\circ\chi)-\psi(u_k\circ S_k\tilde{\chi})]_k\|_0\\ &\quad\leqslant C'\|u_k'\|_0\cdot\|\tilde{\chi}-S_k\tilde{\chi}\|_{L^\infty}\\ &\quad\leqslant c_k2^{k(1-\sigma)}2^{-k(\rho+1)}=c_k2^{-k(\sigma+\rho)}.\end{aligned}$$

且 $\sum c_k^2<\infty$. 因此由第一章知，当 $u\in C^\sigma$ 时，$Ru\in C^{\sigma+\rho}$，当 $u\in H^s$ 时，$Ru\in H^{s+\rho}$，这就表示 R 是一个 ρ 正则算子.

于是仿复合算子也可定义为

$$\chi^* u=\sum_k[\psi(u_k\circ S_k\tilde{\chi})]_k. \tag{3.8}$$

在下面的引理 3.2 中,还将看到,当 $\sigma+\rho>0$ 或 $s+\rho>0$ 时,$\chi^* u$ 与 $\psi\sum_{k=0} u_k\circ(S_k\tilde{\chi})$ 实际上也只相差一个 ρ 正则算子.

若将仿积的定义 1.2 写成

$$T'_a u=\sum_k S_{k-N}a\cdot u_k,$$

并与(3.7)式相比较,我们可以看到仿乘法算子与仿复合算子的定义方式有一个共同特点,即通过定义象元素($T'_a u$ 或 $\chi^* u$)的环形分解的每一项来确定这个象元素,而此环形分解中的每一项用下述方式只涉及到原象 u 的环形分解的有限项:具体地说,如果我们有一个线性算子 L,则利用环形分解技术可以诱导出另一个算子

$$\mathscr{L}u=\sum_k (Lu_k)_k, \tag{3.9}$$

这里 $(\cdot)_k$ 可表示某个环形分解的第 k 项,也可以是谱含于某个环体序列的第 k 个环体中的项. 如在定义 3.1 中它被取为 $[\cdot]_k$. 当 L 是 $L^2\to L^2$ 的连续映射时,$\mathscr{L}$ 是 $H^s\to H^s$ 的连续映射,又若 L 是 $L^\infty\to L^\infty$ 的连续映射,$\mathscr{L}$ 是 $C^\rho\to C^\rho$ 的连续映射,这一点将有助于我们理解定义 3.1 的由来与其含义.

上面所定义的仿复合算子 χ^*, 形式上还依赖于 $\psi(y)$ 以及 $\{C_k\}$,$\{\tilde{C}_k\}$ 的选取,因此,为了说明上述定义的合理性,我们还将证明在允许相差一个 ρ- 正则算子的意义下,上述定义不依赖于 ψ 及 $\{C_k\}$,$\{\tilde{C}_k\}$ 的选取.

我们先证明如下的重裁引理. 该引理的结论及证明思想将在下面对仿复合算子的讨论中经常用到.

引理 3.1 设 $v\in C^\infty(\Omega_2)$, 且 $\operatorname{supp}\hat{v}\subset C_j$, ψ, $\psi_1\in C_c^\infty(\Omega_1)$, 且 ψ_1 在 $\operatorname{supp}\psi$ 邻域中为 1, 记 $\tilde{\chi}=\psi_1\chi$,设 N 为定义 3.1 中引入的常数,它表示环体序列 $\{C_l\}$ 中任一环体 C_l 与环体序列 $\{\tilde{C}_l\}$ 中

诸环体相交的最大数，则有如下结论:

(1) 当 $l \geqslant j+N+1$ 时，对 $\forall m \in \mathbf{N}$ 有

$$\|(\psi(v \circ S_k \tilde{\chi}))_l\|_{L^\infty} \leqslant C_m 2^{-lm} 2^{k(m-\rho)_+} \|v\|_{L^\infty} \tag{3.10}$$

及

$$\|(\psi(v \circ S_k \tilde{\chi}))_l\|_0 \leqslant C_m 2^{-lm} 2^{k(m-\rho)_+} \|v\|_0. \tag{3.11}$$

(2) 当 $-1 \leqslant l' \leqslant l \leqslant j-N-1$ 时，对 $\forall m \in \mathbf{N}$ 有

$$\left\| \sum_{p=l'}^{l} (\psi(v \circ S_k \tilde{\chi}))_p \right\|_{L^\infty} \leqslant C_m 2^{-jm} 2^{k(m-\rho)_+} \|v\|_{L^\infty} \tag{3.12}$$

及

$$\left\| \sum_{p=l'}^{l} (\psi(v \circ S_k \tilde{\chi}))_p \right\|_0 \leqslant C_m 2^{-jm} 2^{k(m-\rho)_+} \|v\|_0, \tag{3.13}$$

其中 k 是适当大的正整数，且

$$(m-\rho)_+ = \begin{cases} m-\rho, & m > \rho, \\ 0, & m \leqslant \rho. \end{cases}$$

证明 先证结论 (1) 中两个估计式，设 $l \geqslant j+N+1$，$\varphi(\xi)$ 为第一章定理 1.1 中引入的函数，则按环形分解定义有

$$\begin{aligned} W_l(y) &= (\psi(v \circ S_k \tilde{\chi}))_l(y) \\ &= \int_l e^{i(y-y')\eta} \varphi(2^{-l}\eta) \psi(y') v((S_k \tilde{\chi})(y')) dy' d\eta, \end{aligned} \tag{3.14}$$

当 k 适当大时 $S_k \tilde{\chi}$ 也是同胚的. 又取 $\varphi_1(\xi) \in C_c^\infty$，使在 $\boldsymbol{C}_0$ 上为 1，则由 $\operatorname{supp} \hat{v} \subset \boldsymbol{C}_{j0}$ 知

$$v(x) = \int e^{i(x-z)\xi} \varphi_1(2^{-j}\xi) v(z) dz d\xi.$$

取 $x = S_k \tilde{\chi}(y')$，并将它代入上式得

$$\begin{aligned} W_l(y) = \int & e^{i(\langle (S_k \tilde{\chi})(y'), \xi \rangle - \langle y', \eta \rangle)} e^{i(\langle y, \eta \rangle - \langle z, \xi \rangle)} \psi(y') \varphi_1(2^{-j}\xi) \\ & \cdot \varphi(2^{-l}\eta) v(z) dz d\xi dy' d\eta. \end{aligned}$$

显见，$\eta \in \boldsymbol{C}_l$，而由 $y' \in \operatorname{supp} \psi$ 知 ${}^t\tilde{\chi}'(y')\xi \in \boldsymbol{C}_j$，根据 N 的选取可知 ${}^t\tilde{\chi}'(y')\xi \neq \eta$. 又由于 $S_k \tilde{\chi}'$ 是 $\tilde{\chi}'$ 的逼近，在 k 充分大时必有 ${}^t(S_k \tilde{\chi}')(y')\xi \neq \eta$. 这样我们就可用稳定位相法，借助算子

$$L = -i |\langle {}^t(S_k \tilde{\chi}')(y'), \xi \rangle - \eta|^{-2} [\langle {}^t(S_k \tilde{\chi}')(y'), \xi \rangle - \eta] \cdot \partial_{y'}$$

来估计 $W_l(y)$. 对任意的 $m\in\mathbf{N}$, 可以将 $W_l(y)$ 写成

$$W_l(y)=\int e^{i(\langle (S_k\tilde{\chi})(y'),\xi\rangle-\langle y',\eta\rangle)}e^{i(\langle y,\eta\rangle-\langle z,\xi\rangle)}[({}^tL)^m\phi(y')]$$

$$\cdot\varphi_1(2^{-j}\xi)\varphi(2^{-l}\eta)v(z)dzd\xi dy'd\eta. \tag{3.15}$$

于是,我们首先要估计

$$a_{m,k}(y',\eta,\xi)=({}^tL)^m\phi(y').$$

为简单起见,记 $L=A({}^t(S_k\tilde{\chi}')(y'),\eta,\xi)\partial_{y'}$, 于是

$$a_{m,k}(y',\eta,\xi)=\sum_{\gamma_0+\cdots+\gamma_m=m}C_{\gamma_0\cdots\gamma_m}(\partial_{y'}^{\gamma_0}\phi)(\partial_{y'}^{\gamma_1}A)\cdots(\partial_{y'}^{\gamma_m}A),$$

$a_{m,k}(y',\eta,\xi)$ 关于 η,ξ 是 $-m$ 次正齐次的,因此可先对 $|\xi|^2+|\eta|^2\leqslant 1$ 估计,然后再用 Fourier 级数展开去掉这个限制.

当 $|\xi|^2+|\eta|^2\leqslant 1$ 时,若 $m\leqslant[\rho]$, 显然有 $|a_{m,k}(y',\eta,\xi)|\leqslant C$,而当 $m>[\rho]$ 时,有

$$\|\partial_{y'}^\gamma({}^t(S_k\tilde{\chi}'(y'))\|_{L^\infty}\leqslant C_\gamma 2^{k(|\gamma|-\rho)}\leqslant C_\gamma 2^{k|\gamma|(1-\frac{\rho}{m})},\forall|\gamma|\leqslant m.$$

将 $A({}^t(S_k\tilde{\chi}')(y'),\eta,\xi)$ 视为 $A(z,\eta,\xi)$ 与 $z={}^t(S_k\tilde{\chi}')(y')$ 的复合,并注意到 A 是 z 的 C^∞ 函数,则由

$$\partial_{y'}^\gamma A({}^t(S_k\tilde{\chi}')(y'),\eta,\xi)$$

$$=\sum_{\substack{\alpha_1+\cdots+\alpha_q=\gamma\\1\leqslant q\leqslant|\gamma|}}C_{\alpha_1\cdots\alpha_q}(\partial^q A)(\partial_{y'}^{\gamma_1}({}^tS_k\tilde{\chi}(y')))\cdots(\partial_{y'}^{\gamma_q}({}^tS_k\tilde{\chi}'(y')))$$

知

$$\|\partial_{y'}^\gamma A\|_{L^\infty}\leqslant C_\gamma 2^{k|\gamma|(1-\frac{\rho}{m})},\quad\forall|\gamma|\leqslant m.$$

所以,当 $m>[\rho]$ 时

$$|a_{m,k}(y',\eta,\xi)|\leqslant C2^{k(m-\rho)}.$$

这样当 $|\xi|^2+|\eta|^2\leqslant 1$ 时,我们得到估计式

$$|a_{m,k}(y',\eta,\xi)|\leqslant C2^{k(m-\rho)_+}, \tag{3.16}$$

为除去 $|\xi|^2+|\eta|^2\leqslant 1$ 的限制,注意到 $a_{m,k}(y',\eta,\xi)$ 关于 η,ξ 的 $-m$ 次正齐次性,令 $\eta'=2^{-l}\eta$, $\xi'=2^{-l}\xi$, 即可有

$$a_{m,k}(y',\eta,\xi)=2^{-lm}a_{m,k}(y',\eta',\xi'),$$

由 $\eta\in\boldsymbol{C}_l$ 及 $\xi\in\boldsymbol{C}_j$ 知 η',ξ' 属于紧集 $\boldsymbol{C}_0$, 所以由 Fourier 级数展

开，有

$$a_{m,k}(y',\eta',\xi')=\sum_{\alpha,\beta}a_{m,k}^{\alpha,\beta}(y')e^{i\alpha\xi'}e^{i\beta\eta'}.$$

由于 $|\xi'|^2+|\eta'|^2\leqslant 1$，故对 $a_{m,k}(y',\eta',\xi')$ 有(3.16)的估计．另外，因为 $a_{m,k}(y',\eta,\xi')$ 中的 η',ξ' 属于紧集，故 $a_{m,k}(y',\eta',\xi')$ 关于 η',ξ' 求导后易知此导数也有(3.16)形式的估计，从而利用

$$\begin{aligned}a_{m,k}^{\alpha,\beta}(y')&=(2\pi)^{-2n}\int a_{m,k}(y',\eta',\xi')e^{i\alpha\xi'}e^{i\beta\eta'}d\xi'd\eta'\\&=(2\pi)^{-2n}(1+|\alpha|^2+|\beta|^2)^{-1}\int(1-\Delta_{\xi',\eta'})\\&\quad\cdot a_{m,k}(y',\eta',\xi')e^{i\alpha\xi'}e^{i\beta\eta'}d\xi'd\eta'.\end{aligned}$$

易得

$$\sum_{\alpha,\beta}\|a_{m,k}^{\alpha,\beta}\|_{L^\infty}\leqslant C2^{k(m-\rho)_+}. \tag{3.17}$$

将上述 Fourier 级数展开代入(3.15)式

$$\begin{aligned}W_l(y)=2^{-lm}\sum_{\alpha,\beta}\int e^{i(y-y')\eta}\,e^{i\langle(S_k\tilde{\chi})(y')-z,\xi\rangle}\,a_{m,k}^{\alpha,\beta}(y')\,e^{2^{-l}i\alpha\xi}\\\cdot e^{2^{-l}i\beta\eta}\varphi_1(2^{-l}\xi)\varphi(2^{-l}\eta)v(z)dzdy'd\eta d\xi\end{aligned}$$

或

$$\hat{W}_l(\eta)=2^{-lm}\sum_{\alpha,\beta}\varphi(2^{-l}\eta)e^{2^{-l}i\beta\eta}[a_{m,k}^{\alpha,\beta}\cdot(\tilde{v}\circ S_k\tilde{\chi})]^\frown(\eta).$$

此处 $\tilde{v}$ 由 $\hat{\tilde{v}}=e^{2^{-l}i\alpha\xi}\hat{v}(\xi)$ 所确定．故 $\tilde{v}(x)=v(x+2^{-l}\alpha)$．由此又可得 $\|\tilde{v}\|_0=\|v\|_0$ 及 $\|\tilde{v}\|_{L^\infty}=\|v\|_{L^\infty}$．

因此有

$$\begin{aligned}\|W_l\|_0&\leqslant C2^{-lm}\sum_{\alpha,\beta}\|a_{m,k}^{\alpha,\beta}\|_{L^\infty}\cdot\|\tilde{v}\circ S_k\tilde{\chi}\|_0\\&\leqslant C_m2^{-lm}2^{k(m-\rho)_+}\|\tilde{v}\|_0\\&\leqslant C_m2^{-lm}2^{k(m-\rho)_+}\|v\|_0.\end{aligned}$$

这就是(3.11)式．

为得(3.10)式，改写

$$W_l(y)=2^{-lm}\sum_{\alpha,\beta}[a_{m,k}^{\alpha,\beta}\cdot(\tilde{v}\circ S_k\tilde{\chi})]*f,$$

其中

$$f(y) = \int e^{i\langle y,\eta\rangle}\varphi(2^{-l}\eta)\, 2^{2^{-l}i\beta\eta} d\eta$$

$$= 2^{nl}\int e^{i2^{l}\langle y,\eta\rangle}\varphi(\eta) e^{i\beta\eta} d\eta = 2^{nl}\check{\varphi}(2^{l}y + \beta).$$

因此

$$\|f\|_{L^1} = 2^{nl}\int |\check{\varphi}(2^{l}y + \beta)|dy = \int |\check{\varphi}(y)|dy \leqslant C.$$

从而

$$\|W_l\|_{L^\infty} \leqslant 2^{-lm}\sum_{\alpha,\beta}\|a_{m,k}^{\alpha,\beta}\|_{L^\infty}\|\tilde{v}\circ S_k\tilde{\chi}\|_{L^\infty}\cdot\|f\|_{L^1}$$

$$\leqslant C_m 2^{-lm}2^{k(m-\rho)_+}\|\tilde{v}\|_{L^\infty} \leqslant C_m 2^{-lm}2^{k(m-\rho)_+}\|v\|_{L^\infty}.$$

此即 (3.10) 式，于是定理的结论 (1) 成立．证毕

现在考虑结论 (2)，此时 l, l' 满足 $-1 \leqslant l' \leqslant l \leqslant j - N - 1$，将 $\sum_{p=l'}^{l}(\psi(v\circ S_k\tilde{\chi}))_p$ 如上面那样也表示成一个积分，且记为 $V_l(y)$．易知 $V_l(y)$ 有上面 $W_l(y)$ 类似的形式，只不过 $W_l(y)$ 的表示式 (3.15) 中的 $\varphi(2^{-l}\eta)$ 要用 $\varphi_2(\eta) = \sum_{p=l'}^{l}\varphi(2^{-p}\eta)$ 代替，因此可用完全一样的方法对 $V_l(y)$ 进行估计，并只需注意到由条件 $-1 \leqslant l' \leqslant l \leqslant j - N - 1$ 可知 $(2^{-j}\eta, 2^{-j}\xi)$ 属于某紧集，故相应的 $a_{m,k}(y', \eta', \xi')$ 应有如下的 Fourier 级数展开．

$$a_{m,k}(y', \eta, \xi) = 2^{-jm}\sum_{\alpha,\beta} a_{m,k}^{\alpha,\beta}(y') e^{2^{-j}i\alpha\xi} e^{2^{-j}i\beta\eta}.$$

从而可用与上面同样的方法得到 (3.12) 及 (3.13) 式．证毕．

引理 3.2 设 $u(x)$ 及变换 χ 如定义 3.1 之前所述，若 $u \in C^\sigma$ (或 H^s)，且 $\sigma + \rho > 0$ (或 $s + \rho > 0$)，则由

$$Ru = \sum_k [\psi(u_k\circ S_k\tilde{\chi})]_k - \sum_k \psi(u_k\circ S_k\tilde{\chi}) \qquad (3.18)$$

所确定的算子是一个 ρ 正则算子．

证明 改写

$$Ru = \sum_l \left\{ \left(\sum_{|k-l|\leqslant N} - \sum_k \right) (\psi(u_k \circ S_k \tilde{\chi}))_l \right\}$$

$$= -\sum_l \sum_{k\leqslant l-N-1} (\psi(u_k \circ S_k \tilde{\chi}))_l - \sum_l \sum_{k\geqslant l+N+1} (\psi(u_k \circ S_k \tilde{\chi}))_l.$$

记 $\mathrm{I}_l = \sum_{k\leqslant l-N-1} (\psi(u_k \circ S_k \tilde{\chi}))_l$, $\mathrm{II}_l = \sum_{k\geqslant l+N+1} (\psi(u_k \circ S_k \tilde{\chi}))_l$,

则 $Ru = -\sum_l (\mathrm{I}_l + \mathrm{II}_l)$.

为确定起见，下面仅对 $u \in C^\sigma$ 给出证明，而当 $u \in H^s$ 时的推理是类似的.

在引理 3.1 之 (3.10) 式中，取 $m > \rho + \sigma$, 便知对 I_l 中的一般项有如下估计

$$\|(\psi(u_k \circ S_k \tilde{\chi}))_l\|_{L^\infty} \leqslant C_m 2^{-lm} 2^{k(m-\rho)} \|u_k\|_{L^\infty}$$
$$\leqslant C'_m 2^{-lm} 2^{k(m-\rho-\sigma)} \|u\|_{C^\sigma}.$$

于是

$$\|\mathrm{I}_l\|_{L^\infty} \leqslant C 2^{-lm} 2^{l(m-\rho-\sigma)} \|u\|_{C^\sigma} = C 2^{-l(\rho+\sigma)} \|u\|_{C^\sigma}.$$

又对上述的 m, 由引理 3.1 中 (3.12) 式, II_l 中的一般项有如下估计

$$\|(\psi(u_k \circ S_k \tilde{\chi}))_l\|_{L^\infty} \leqslant C_m 2^{-km} 2^{k(m-\rho)} \|u_k\|_{L^\infty}$$
$$\leqslant C 2^{-k(\rho+\sigma)} \|u\|_{C^\sigma}.$$

故

$$\|\mathrm{II}_l\|_{L^\infty} \leqslant C 2^{-l(\rho+\sigma)} \|u\|_{C^\sigma}.$$

再注意到 I_l 及 II_l 的谱均在 $\mathbf{C}_l$ 之中，因此 $Ru \in C^{\rho+\sigma}$, 此即表示 R 是 ρ 正则算子.

定理 3.2 设 χ: $\Omega_1 \to \Omega_2$ 是一个 $C^{\rho+1}$ 同胚变换, $\rho > 0$. 又设 $u \in \mathscr{E}'(\Omega_2)$, $u \in C^\sigma$, $\sigma > 1$, $\psi \in C_c^\infty(\Omega_1)$ 在 $\chi^{-1}(\mathrm{supp}\, u)$ 邻域上为 1, 则

$$u \circ \chi = \chi^* u + T_{u' \circ \chi}(\psi(\chi)) + R. \tag{3.19}$$

式中 $R \in C^{\rho+1+\varepsilon}$, $\varepsilon = \min(\sigma - 1, \rho + 1)$.

又若 χ 为 H^{r+1} 同胚变换, $r > \frac{n}{2}$, $u \in H^s$, $s > \frac{n}{2} + 1$, 则

(3.19) 式仍成立. 而 $R\in H^{r+1+\varepsilon'}$, $\varepsilon'=\min\left(s-\frac{n}{2}-1,\ r-\frac{n}{2}+1\right)$.

证明 在定理 3.1 中取 $n=N$, 并将 (3.1) 式中 F 记成 u, 而将该式中的 $(u^1,\cdots,u^N)$ 记成 χ, 则

$$u\circ\chi=T_{u'\circ\chi}\chi+\sum_{k\geqslant 0}u_k\circ(S_k\chi)+R. \qquad (3.20)$$

再注意到 u 具紧支集,而 ψ 在 $\chi^{-1}(\operatorname{supp}u)$ 上为 1, 故 $u\circ\chi$ 可以用 $u\circ(\psi\chi)$ 来代替,从而上式又可写成

$$u\circ\chi=T_{u'\circ\chi}(\psi\chi)+\sum_{k\geqslant 0}u_k\circ(S_k\psi\chi)+R.$$

再利用引理 3.2 以及 (3.8) 式,即得 (3.19).

关于 R 的光滑性的估计已在定理 3.1 中给出.

定理 3.3 设 $\chi\in C^{\rho+1}$, $\rho>0$ 为如前的坐标变换, $\operatorname{supp}u\subset K$ 且 $u(x)\in C^\sigma$ (或 H^s), $\sigma\neq 0$($s\in\mathbb{R}$).
则

$$\chi^*u\in C^\sigma\ (\text{或 } H^s). \qquad (3.21)$$

证明 由 (3.9) 式

$$\chi^*u=\sum_k[\psi(u_k\circ\chi)]_k.$$

显然 $[\psi(u_k\circ\chi)]_k$ 的谱在较大的 $\boldsymbol{C}_k$ 之内,因此只要对 $[\psi(u_k\circ\chi)]_k$ 进行 L^∞ 或 L^2 估计.

设 $u\in H^s$, 故 $u_k\in L^2$ 且 $\|u_k\|_{L^2}\leqslant c_k2^{-ks}$, $(\sum c_k^2)^{\frac{1}{2}}\leqslant C\|u\|_s$, 从而 $\psi(u_k\circ\chi)\in L^2$. 再按第一章定理 1.2 有

$$\|(\psi(u_k\cdot\chi))_l\|_0\leqslant c_l',\quad (\sum c_l'^2)^{\frac{1}{2}}\leqslant C\|\psi(u_k\circ\chi)\|_0,$$

由 χ 的同胚性和一次可微性,上述右端被 $c_l'\|u_k\|_0$ 所控制. 于是,因为 N 是一个与 k 无关的有限数,有

$$\begin{aligned}\|[\psi(u_k\circ\chi)]_k\|_0&\leqslant\sum_{l=k-N}^{k+N}\|(\psi(u_k\circ\chi))_l\|_0\leqslant\sum_{l=k-N}^{k+N}c_l'\\&\leqslant C\|\psi(u_k\circ\chi)\|_0\leqslant C\|u_k\|_0\leqslant C\cdot c_k2^{-ks}.\end{aligned}$$

$\sum c_k^2<\infty$, 这就表示 $\chi^*u\in H^s$.

同样可证当 $u\in C^\sigma,\sigma>0$ 时，$\chi^*u\in C^\sigma$. 证毕.

利用这个定理及仿积的性质，再一次来观察一下基本公式(3.19)，就可得到这样的事实：除了具较高正则性的余项以外，$u\circ\chi$ 被分成了两部分，一项是 χ^*u，它表达了 u 的光滑性，而较少受 χ 的光滑性的影响，一项是 $T_{u'\circ\chi}\tilde{\chi}$，它表达了 χ 的光滑性，而较少受 u 的光滑性的影响. 这种分解恰与第三章中将乘积 au 表示成 T_au，T_ua 与余项之和相类似.

下面三个定理表明，在相差一个 ρ 正则算子下，由(3.9)所定义的仿复合算子不依赖于 $\psi(y)$ 及 $\{C_k\},\{C_k\}$ 的具体选取.

定理 3.4 设 $u\in C^\sigma$（或 H^s），$\operatorname{supp}u\subset K$ 紧集，χ 为如前的 $C^{\rho+1}$ 变换，$\rho>0$，又设 $\psi,\psi'\in C_c^\infty(\Omega_1)$，它们在 $\chi^{-1}(K)$ 邻域中为 1. 则

$$\chi^*u-\chi'^*u=\sum_k[(\psi-\psi')(u_k\circ\chi)]_k$$

是一个无穷正则算子.

证明 取 $\varphi_1,\varphi_2\in C_c^\infty(\Omega_2)$，使得在 K 的邻域中 $\varphi_2=1$，在 $\operatorname{supp}\varphi_2$ 的邻域中 $\varphi_1=0$，且在 $\operatorname{supp}(\psi-\psi')$ 上，$\varphi_1\circ\chi=1$. 于是

$$\begin{aligned}\chi^*u-\chi'^*u&=\sum_k[(\psi-\psi')(u_k\circ\chi)]_k\\&=\sum_k[(\psi-\psi')(\varphi_1(\varphi_2u)_k\circ\chi)]_k.\qquad(3.22)\end{aligned}$$

按环形分解定义

$$\varphi_1(\varphi_2u)_k(x)=\int e^{i(x-z)\xi}\varphi_1(x)\varphi_2(z)\varphi(2^{-k}\xi)u(z)dzd\xi,$$

其中 $\varphi(\xi)$ 由第一章定理 1.1 中所示. 注意到此积分中 $x-z\neq0$，于是用稳定位相方法，对任意 $l\in\mathbf{N}$，有

$$\begin{aligned}\varphi_1(\varphi_2u)_k(x)=2^{-kl}\int e^{i(x-z)\xi}[i(x-z)]^{-l}\varphi_1(x)\varphi_2(z)\\\times\varphi^{(l)}(2^{-k}\xi)u(z)dzd\xi.\end{aligned}$$

现取 l 适当大，使得上述积分中关于 z 的积分收敛. 而上述积分中关于 ξ 的积分仅在 $\operatorname{supp}\varphi(2^{-k}\xi)$ 上进行. 所以上述积分收敛，

且有

$$\|\varphi_1(\varphi_2 u)_k\|_{L^\infty} \leqslant C_l 2^{-k(l-m)}.$$

于是，由 l 的任意性及定理 3.3 知 $\chi^* u - \chi'^* u \in C^\infty$，即 $\chi^* - \chi'^*$ 是一个无穷正则算子.

定理 3.5 取定 ψ 及 $u(x)$ 的环形分解与环体序列 $\{C_k\}$，相应地作出两个环体序列 $\{\tilde{C}_k\}$ 及 $\{\tilde{C}'_k\}$，设对应于它们常数为 $\tilde{\kappa}$ 及 $\tilde{\kappa}'$. 按 (3.7) 可作出 $\chi^* u$ 及 $\chi'^* u$，则 $\chi^* - \chi'^*$ 是一个 ρ 正则算子

证明 由 (3.8) 式，我们只要证明如下确定的算子 R:

$$Ru = \sum_k \{[\psi(u_k \circ S_k \tilde{\chi})]_k - [\psi(u_k \circ S_k \tilde{\chi})]'_k\} \qquad (3.23)$$

是一个 ρ 正则算子，且不妨设 $[\cdot]_k$ 及 $[\cdot]'_k$ 分别相应于环体序列 $\{C_k\}$ 及 $\{\tilde{C}'_k\}$ 所取，记

$$r_k = [\psi(u_k \circ S_k \tilde{\chi})]_k - [\psi(u_k \circ S_k \tilde{\chi})]'_k.$$

它的谱包含在一个更大的环体 $\tilde{C}''_k$ 之内（$\tilde{C}''_k$ 可以通过增加 (1.1) 式中的常数 κ 而得到），于是

$$\begin{aligned}
r_k &= \sum_{k-N \leqslant l \leqslant k+N} (\psi(u_k \circ S_k \tilde{\chi}))_l - \sum_{k-N' \leqslant l \leqslant k+N'} (\psi(u_k \circ S_k \tilde{\chi}))_l \\
&= \Big(\sum_l - \sum_{k-N' \leqslant l \leqslant k+N'}\Big)(\psi(u_k \circ S_k \tilde{\chi}))_l \\
&\quad - \Big(\sum_l - \sum_{k-N \leqslant l \leqslant k+N}\Big)(\psi(u_k \circ S_k \tilde{\chi}))_l \\
&= \sum_{l \geqslant k+N'+1} (\psi(u_k \circ S_k \tilde{\chi}))_l - \sum_{l \geqslant k+N+1} (\psi(u_k \circ S_k \tilde{\chi}))_l \\
&\quad + \sum_{l \leqslant k-N'-1} (\psi(u_k \circ S_k \tilde{\chi}))_l - \sum_{l \leqslant k-N-1} (\psi(u_k \circ S_k \tilde{\chi}))_l \\
&= \mathrm{I} - \mathrm{II} + \mathrm{III} - \mathrm{IV}.
\end{aligned}$$

设 $u \in C^\sigma$. 对 I 中的一般项 $(\psi(u_k \circ S_k \tilde{\chi}))_l$，可用引理 3.1 的 (3.10) 式，且取 $m > \rho$, $m > \rho + \sigma$，得

$$\begin{aligned}
\|(\psi(u_k \circ S_k \tilde{\chi}))_l\|_{L^\infty} &\leqslant C_m 2^{-lm} 2^{k(m-\rho)+} \|u_k\|_{L^\infty} \\
&\leqslant C_m 2^{-lm} 2^{k(m-\rho-\sigma)} \|u\|_{C^\sigma},
\end{aligned}$$

从而

$$\|\mathrm{I}\|_{L^\infty} \leqslant C'_m 2^{-km} 2^{k(m-\rho-\sigma)} \|u\|_{C^\sigma} = C'_m 2^{-k(\rho+\sigma)} \|u\|_{C^\sigma},$$

同样有

$$\|\text{II}\|_{L^\infty}=C_m 2^{-k(\rho+\sigma)}\|u\|_{C^\sigma}.$$

对 III, IV 可用引理 3.1 中 (3.12) 式得:

$$\|\text{III}\|_{L^\infty}\leqslant C'_m 2^{-km}2^{k(m-\rho)}\|u_k\|_{L^\infty}\leqslant C_m 2^{-k(\rho+\sigma)}\|u\|_{C^\sigma}$$

及

$$\|\text{IV}\|_{L^\infty}\leqslant C_m 2^{-k(\rho+\sigma)}\|u\|_{C^\sigma}.$$

综上估计，就有 $\|r_k\|_{L^\infty}\leqslant C2^{-k(\rho+\sigma)}\|u\|_{C^\sigma}$，因此 $\chi^*u-\chi'^*u=\sum\limits_k r_k\in C^{\rho+\sigma}$.

类似地,当 $u\in H^s$ 时，用引理 3.1 中 (3.11) 及 (3.13) 式可知 $\chi^*u-\chi'^*u\in H^{s+\rho}$.

因此 $\chi^*-\chi'^*$ 是一个 ρ 正则算子. 证毕.

定理 3.6 设 $\sum\limits_k u'_k$ 及 $\sum\limits_k u''_k$ 是 $u(x)$ 的两个不同的环形分解. 相应的环体序列为 $\{\boldsymbol{C}'_k\}$ 及 $\{\boldsymbol{C}''_k\}$. 又设 $\{\boldsymbol{C}_k\}$ 为另一环体序列,使得 u'_k 与 u''_k 的谱包含在 $\boldsymbol{C}_k$ 之内.按 $\{\boldsymbol{C}_k\}$ 作出相应的 $\{\boldsymbol{C}_k\}$. 再对应于 $\{\boldsymbol{C}'_k,\boldsymbol{C}_k\}$ 与 $\{\boldsymbol{C}''_k,\boldsymbol{C}_k\}$ 按 (3.7) 式作

$$\chi'^*u=\sum_k[\psi(u'_k\circ\chi)]_k,\qquad \chi''^*u=\sum_k[\psi(u''_k\circ\chi)]_k.$$

则 $\chi'^*-\chi''^*$ 是一个 ρ 正则算子.

证明 首先注意,给定了 $\{\boldsymbol{C}'_k\}$ 及 $\{\boldsymbol{C}''_k\}$, 定理中的 $\{\boldsymbol{C}_k\}$ 是容易构造的.

设 $u\in C^\sigma$, 并记 $v_k=u'_k-u''_k$, 则 $\sum\limits_k v_k=0$, 且

$$\begin{aligned}\chi'^*u-\chi''^*u&=\sum_k[\psi(v_k\circ\chi)]_k=\sum_k\Big(\sum_{|k-l|\leqslant N}((\psi(v_k\circ\chi))_l)\Big)\\&=\sum_k\Big(\sum_{|k-l|\leqslant N}-\sum_l\Big)(\psi(v_k\circ\chi))_l\\&=-\sum_{\substack{|k-l|\geqslant N+1\\k,l}}(\psi(v_k\circ\chi))_l\\&=-\sum_l\Big(\psi\Big(\Big(\sum_{|k-l|\geqslant N+1}v_k\Big)\circ\chi\Big)\Big)_l\end{aligned}$$

$$= -\sum_l \left(\psi\left(\sum_{k\leqslant l-N-1} v_k\right)\circ\chi\right)_l$$

$$-\sum_l \left(\psi\left(\sum_{k\geqslant l+N+1} v_k\right)\circ\chi\right)_l.$$

记

$$r = \sum_{k\leqslant l-N-1} v_k, \qquad t = \sum_{k\geqslant l+N+1} v_k.$$

所以

$$\chi'^* u - \chi''^* u = -\sum_l (\psi(r\circ\chi))_l - \sum_l (\psi(t\circ\chi))_l. \quad (3.24)$$

注意到 $r = \sum_{k\leqslant l-N-1} v_k$ 及 $r = \sum_{k\leqslant l-N-1} v_k - \sum_k v_k = -\sum_{k\geqslant l-N} v_k$，从而

$$\operatorname{supp} \hat{r} \subset \{\xi; |\xi| \leqslant \kappa 2^{l-N}\} \cap \{\xi; \kappa^{-1}2^{l-N} \leqslant |\xi|\}$$
$$\subset \{\xi; \kappa^{-1}2^{l-N} \leqslant |\xi| \leqslant \kappa 2^{l-N}\}.$$

同样可知 $\operatorname{supp} \hat{t} \subset \{\xi;\ \kappa^{-1}2^{l+N+1} \leqslant |\xi| \leqslant \kappa 2^{l+N+1}\}$. 又写

$$\psi(r\circ\chi) = \psi(r\circ S_l\tilde{\chi}) + \psi\{(r\circ\tilde{\chi}) - (r\circ S_l\tilde{\chi})\},$$

所以对 $(\psi(r\circ S_l\tilde{\chi}))_l$ 可用引理 3.1 中 (3.10) 估计，且取 $m > \rho$, $m > \rho + \sigma$，有

$$\|(\psi(r\circ S_l\tilde{\chi}))_l\|_{L^\infty} \leqslant C 2^{-lm} 2^{l(m-\rho)} \|r\|_{L^\infty} \leqslant C 2^{-l(\rho+\sigma)} \|u\|_{C^\sigma}.$$

而

$$\|(\psi\{(r\circ\tilde{\chi}) - (r\circ S_l\tilde{\chi})\})_l\|_{L^\infty} \leqslant C\|\psi(r\circ\tilde{\chi}) - (r\circ S_l\tilde{\chi})\}\|_{L^\infty}$$
$$\leqslant \sum_{k\leqslant l-N-1} C\|\psi\{(v_k\circ\tilde{\chi}) - (v_k\circ S_l\tilde{\chi})\}\|_{L^\infty}$$
$$\leqslant C \sum_{k\leqslant l-N-1} \|v_k\|_{L^\infty}\|\tilde{\chi} - S_l\tilde{\chi}\|_{L^\infty}$$
$$\leqslant C_l 2^{l(1-\sigma)} 2^{-l(\rho+1)} \|u\|_{C^\sigma}$$
$$\leqslant C_l 2^{-l(\rho+\sigma)} \|u\|_{C^\sigma}.$$

所以

$$\|(\psi(r\circ\chi))_l\|_{L^\infty} \leqslant C 2^{-l(\rho+\sigma)} \|u\|_{C^\sigma}.$$

对于 $\|(\psi(t\circ\chi))_l\|_{L^\infty}$ 也有同样的估计式，于是

$$\chi'^* u - \chi''^* u \in C^{\rho+\sigma}.$$

同样，当 $u\in H^s$ 时，可得 $\chi'^* u - \chi''^* u \in H^{\rho+s}$，因此 $\chi'^* - \chi''^*$ 是一个 ρ 正则算子. 证毕.

3.3 $\mathscr{D}'(\Omega)$ 上的仿复合算子

利用上面在 $\mathscr{E}'(\Omega_2)$ 上定义的仿复合算子，可以推广到在 $\mathscr{D}'(\Omega_2)$ 上.

定义 3.2 设 $u\in\mathscr{D}'(\Omega_2)$，$\{U_j\}_{j\in J}$ 是 Ω_2 上的一个局部有限的开覆盖，$\{\varphi_j\}_{j\in J}$ 是依从于此开覆盖的一个 C^∞ 单位分解，又在 Ω_1 上取一个局部有限的函数族 $\{\psi_j\}_{j\in J}$，$\psi_j\in C_c^\infty(\chi^{-1}(U_j))$ 且在 $\operatorname{supp}(\varphi_j\circ\chi)$ 邻近为 1，作

$$\chi^*u=\sum_{j\in J}\psi_j\chi^*_{(j)}(\varphi_ju). \tag{3.25}$$

则称 χ^* 为定义在 $\mathscr{D}'(\Omega_2)$ 上的一个仿复合算子.

注 因为 $\varphi_ju\in\mathscr{E}'(\Omega_2)$，故 $\chi^*_{(j)}(\varphi_ju)$ 可按定义 3.1 中 (3.7) 式定义. 又因 $\{\psi_j\}_{j\in J}$ 局部有限，故 (3.25) 中和式有意义.

下面定理表明，在相差一个局部的 ρ 正则算子下，上述定义不依赖于 $\{U_j\}$，$\{\varphi_j\}$，$\{\psi_j\}$ 及 $\{\chi^*_{(j)}\}$ 的具体选取.

定理 3.7 设有两组 $\{U_j,\ \varphi_j,\ \psi_j,\ \chi^*_{(j)}\}_{j\in J}$ 及 $\{U'_l,\ \varphi'_l,\ \psi'_l,\ \chi'^*_{(l)}\}_{l\in L}$. 按上述 (3.25) 定义了两个 χ^* 及 χ'^*，则 $\chi^*-\chi'^*$ 是一个局部的 ρ 正则算子，即当 $u\in H^s_{loc}$ (或 C^σ_{loc}) 时，$\chi^*u-\chi'^*u\in H^{s+\rho}_{loc}$ (或 $C^{\sigma+\rho}_{loc}$).

证明 取单调增长的紧子集列 $\{K_i\}_{i\in\mathbb{N}}$，使 $\bigcup_{i\in\mathbb{N}}K_i=\Omega_2$，于是按 (3.7) 式可在 $\mathscr{E}'(K_i)$ 上定义一个 χ_i^*. 又对任意 j，存在 i 使 $\operatorname{supp}\varphi_j\subset K_i$，于是由定理 3.4—定理 3.6，在相差一个 ρ 正则算子下，可用 χ_i^* 代替 $\chi^*_{(j)}$，对 $\chi'^*_{(l)}$ 也有同样的结论.

因为 $\chi^*u,\chi'^*u\in\mathscr{D}'(\Omega_1)$，故对 Ω_1 中任意紧集 M 及 $v\in C_c^\infty(M)$，χ^*u、χ'^*u 作为分布作用于 v 的对偶积 $\langle\chi^*u,\ v\rangle$ 及 $\langle\chi'^*u,\ v\rangle$，仅分别与族 J 及 L 中一个有限族 $J(M)$ 及 $L(M)$ 有关，即对 $j\in J(M)$，必有 $U_j\cap\chi(M)\neq\varnothing$；对 $l\in L(M)$，必有 $U'_l\cap\chi(M)\neq\varnothing$. 这样可在 $\{K_i\}_{i\in\mathbb{N}}$ 中取到一个 K_i，使得 $K_i\supset\bigcup_{j\in J(M)}\operatorname{supp}\varphi_j$ 及 $K_i\supset\bigcup_{l\in L(M)}\operatorname{supp}\varphi'_l$，从而在相差一个 ρ 正则算子下，可

作出 χ_i^*，使得 χ_i^* 同时代替 $\{\chi_{(j)}^*\}_{j\in J}$ 及 $\{\chi'^*_{(l)}\}_{l\in L(M)}$。
再作

$$\tilde{\chi}^* u = \sum_{i,l} \psi_i \psi_i' \chi_i^* \varphi_i \varphi_i' u \in \mathscr{D}'(\Omega_1). \tag{3.26}$$

对上述任意紧子集M及 $v \in C_c^\infty(M)$，考虑如下的对偶积

$$\langle (\chi^* - \chi'^*) u, v\rangle = \langle \chi^* u - \tilde{\chi}^* u, v\rangle + \langle \tilde{\chi}^* u - \chi'^* u, v\rangle.$$

且记 $g = \chi^* u - \tilde{\chi}^* u$，$g' = \tilde{\chi}^* u - \chi'^* u$. 这样问题就归结为证明当 $u \in C_{loc}^\sigma(\Omega_2)$ 或 $H_{loc}^s(\Omega_2)$ 时，$g, g' \in C_{loc}^{\sigma+\rho}(\Omega_1)$ 或 $H_{loc}^{s+\rho}(\Omega_1)$.

为此，先设 $u \in C_{loc}^\sigma(\Omega_2)$，有

$$\langle \chi^* u, v\rangle = \left\langle \sum_{j\in J(K)} \psi_j \chi^* \varphi_j u, v\right\rangle + \langle g_1, v\rangle, \tag{3.27}$$

从本定理证明时的说明知道，$g_1 \in C_{loc}^{\sigma+\rho}(\Omega_1)$.

又因 $\psi_i \psi_i'$ 与 ψ_i 在 $(\varphi_i \varphi_i') \circ \chi$ 之邻域中均为 1，由定理 3.4，在 (3.26) 中用 ψ_i 代替 $\psi_i \psi_i'$ 后仅差一个 C_{loc}^∞ 算子，即

$$\langle \tilde{\chi}^* u, v\rangle = \left\langle \sum_{j\in J(M)} \psi_j \chi_j^* \varphi_j \varphi_j' u \cdot v\right\rangle + \langle g_2, v\rangle,\ g_2 \in C_{loc}^\infty(\Omega_1).$$

同理，在差一个 C_{loc}^∞ 算子下，上述 $\varphi_j \varphi_j'$ 可用 φ_j 代替，即

$$\langle \tilde{\chi}^* u, v\rangle = \left\langle \sum_{j\in J(M)} \psi_j \chi_j^* \varphi_j u, v\right\rangle + \langle g_3, v\rangle,\ g_3 \in C_{loc}^\infty(\Omega_1). \tag{3.28}$$

比较 (3.27) 与 (3.28) 两式，得

$$\langle \chi^* u - \tilde{\chi}^* u, v\rangle = \langle g_1 - g_3, v\rangle,$$

其中 $g_1 - g_3 \in C_{loc}^{\sigma+\rho}(\Omega_1)$，即 $g \in C_{loc}^{\sigma+\rho}(\Omega_1)$.

同样可证 $g' \in C_{loc}^{\sigma+\rho}(\Omega_1)$.

又当 $u \in H_{loc}^s(\Omega_2)$ 时，用和上面同样的推理可知 $g, g' \in H_{loc}^{s+\rho}(\Omega_1)$. 因此 $\chi^* - \chi'^*$ 是一个局部 ρ 正则算子. 证毕.

在本节最后，我们还要指出，对于上述定义在 $\mathscr{D}'(\Omega_2)$ 上的仿复合算子，仍成立定理 3.2 及定理 3.3.

事实上，直接由定义式 (3.25) 可知

$$\begin{aligned} \chi^* : C_{loc}^\sigma(\Omega_2) &\to C_{loc}^\sigma(\Omega_1), \\ H_{loc}^s(\Omega_2) &\to H_{loc}^s(\Omega_1). \end{aligned} \tag{3.29}$$

为得 (3.19) 类型的等式，取定定义 3.2 中的一组 $\{U_j, \varphi_j, \psi_j\}_{j\in J}$，则由 (3.19) 式有

$$(\varphi_j u)\circ\chi = \chi^*_{(j)}\varphi_j u + T_{(\varphi_j u)'\circ\chi}(\psi_j\chi) + R_j,$$

其中 $R_j \in C^{\rho+1+\varepsilon}$ (或 $H^{r+1+\varepsilon'}$)，于是

$$u\circ\chi = \sum_j \psi_j((\varphi_j u)\circ\chi) = \sum_j \psi_j\chi^*_{(j)}\varphi_j u + \sum_j \psi_j T_{(\varphi_j u)'\circ\chi}\psi_j\chi + \sum_j \psi_j R_j,$$

由 (3.25) 式及第四章定义 2.2 中的注 2，上式即是

$$u\circ\chi = \chi^* u + T_{u'\circ\chi}\chi + R, \tag{3.30}$$

其中 $R\in C^{\rho+1+\varepsilon}_{loc}$ (或 $H^{r+1+\varepsilon'}_{loc}$)。

§4. 仿复合算子的运算

仿复合算子的最基本性质已在上节定理 3.3 及 (3.29) 给出，即它保持所作用函数的正则性质。而它和复合算子之间的关系由 (3.19) 及 (3.30) 表出。在本节中我们要给出三个关于仿复合算子与其他算子的复合运算规则，即两个复合算子的复合运算，仿复合算子与仿微分算子的复合运算以及仿复合算子与 C^∞ 非线性函数的复合运算，这些运算规则在我们应用仿复合算子时是必需的.

为着叙述方便，对前两个复合运算在 $\mathscr{E}'(\Omega_2)$ 上证明，然后再用上节最后一段所叙述的方法推广到 $\mathscr{D}'(\Omega_2)$ 上.

定理 4.1 设 $\chi_1: \Omega_1\to\Omega_2$ 及 $\chi_2: \Omega_2\to\Omega_3$ 是两个 $C^{\rho+1}$ 类的同胚变换，$\rho>0$，$u\in\mathscr{E}'(\Omega_3)$，$\operatorname{supp} u\subset K$ 紧集，且 $u\in C^\sigma$ (或 H^s)，$\psi\in C_c^\infty(\Omega_2)$，且在 $\chi_2^{-1}(K)$ 的邻域 U 上为 1，则

$$\chi_1^*\psi\chi_2^* u = (\chi_2\chi_1)^* u + Ru, \tag{4.1}$$

其中 R 是 ρ 正则算子.

证明 先设 $u\in H^s$，取 Ω_3 上 u 的环形分解 $\sum_{k=-1}^{\infty} u_k$，相应的环体序列是 $\{C_k^{(3)}\}$，于是由 K 及 χ_2 用上节所述方法可构造出 Ω_2 上的环体序列 $\{C_k^2\}$，且由此可从 (3.7) 式构造仿复合算子 χ_2^* 如下:

$$\chi_2^* u = \sum_k [\psi_2(u_k \circ \chi_2)]_k, \tag{4.2}$$

此处取 $\psi_2 \in C_c^\infty(\Omega_2)$ 在 $\chi_2^{-1}(K)$ 邻近为 1，且 $\mathrm{supp}\ \psi_2 \subset U$.

由上节知道，$[\psi_2(u_k \circ \chi_2)]_k$ 的谱包含在更大的环体 $\{C_k^{(2)}\}$ 之内，且由定理 3.3 的证明中的估计，按第一章定理 1.3 知 (4.2) 式的右端实际上就可视为函数 $\chi_2^* u$ 相应于环体序列 $\{C_k^{(2)}\}$ 的环形分解。于是由 $\{C_k^{(2)}\}$，紧集 $\chi_2^{-1}(K)$ 及变换 χ_1，又可用上节方法构造 Ω_1 上的环体序列 $\{C_k^{(1)}\}$，且按 (3.7) 式对 $\phi\chi_2^* u$ 可定义 χ_1^* 如下

$$\chi_1^* \phi \chi_2^* u = \sum_k [\psi_1([\psi_2(u_k \circ \chi_2)]_k \circ \chi_1)]_k, \tag{4.3}$$

此处 $\psi_1 \in C_c^\infty(\Omega_1)$，且在 $\chi_1^{-1}(\mathrm{supp}\ \phi)$ 邻近为 1. 上述式子中 ϕ 的作用在于使 $\phi\ \chi_2^* u$ 有紧支集，从而可按 (3.7) 定义 χ_1^*.

改写上式如下

$$\chi_1^* \phi \chi_2^* u = \sum_k [\psi_1(\psi_2(u_k \circ \chi_2)) \circ \chi_1]_k + \sum_k [\psi_1(R_k \circ \chi_1)]_k. \tag{4.4}$$

而

$$R_k = \mathrm{I}_k + \mathrm{II}_k + \mathrm{III}_k,$$

其中

$$\begin{aligned}
\mathrm{I}_k &= [\psi_2(u_k \circ \chi_2)]_k - [\psi_2(u_k \circ S_k \tilde{\chi}_2)]_k, \\
\mathrm{II}_k &= [\psi_2(u_k \circ S_k \tilde{\chi}_2)]_k - \psi_2(u_k \circ S_k \tilde{\chi}_2), \\
\mathrm{III}_k &= \psi_2(u_k \circ S_k \tilde{\chi}_2) - \psi_2(u_k \circ \tilde{\chi}_2).
\end{aligned}$$

由于 $\psi_1((\psi_2(u_k \circ \chi_2)) \circ \chi_1) = \psi_1(\psi_2 \circ \chi_1)(u_k \circ \chi_2 \chi_1)$，其中 $\psi_1(\psi_2 \circ \chi) \in C_c^\infty(\Omega_1)$，且在 $(\chi_2\chi_1)^{-1}(K)$ 的邻近为 1，因此按 (3.7) 式，(4.4) 式右端第一个和式就是 $(\chi_2\chi_1)^* u$，且记 $Ru = \sum_k [\psi_1(R_k \circ \chi_1)]_k$ 后，(4.4) 就是 (4.1) 式. 为证 $Ru \in H^{s+\rho}$，归结为证明 $\|R_k\|_0 \leqslant c_k 2^{-k(s+\rho)}$，$\sum c_k^2 < \infty$. 或对 $\mathrm{I}_k, \mathrm{II}_k$ 和 III_k 有同样的估计.

因为当 k 适当大时 $\tilde{\chi}_2$ 及 $S_k \tilde{\chi}_2$ 均为同胚，故

$$\|\mathrm{III}_k\|_{L^2(\Omega_2)} \leqslant C \|u_k'\|_{L^2(\Omega_2)} \|S_k \tilde{\chi}_2 - \tilde{\chi}_2\|_{L^\infty(\Omega_2)}$$

$$\leqslant C' \|u_k'\|_{L^2(\Omega_3)} \cdot 2^{-k(\rho+1)}$$
$$\leqslant c_k 2^{k(1-s)} 2^{-k(\rho+1)} \|u\|_{H^s}$$
$$= c_k 2^{-k(s+\rho)} \|u\|_{H^s}, \quad \sum c_k^2 < \infty,$$

$$\|\mathrm{I}_k\|_{L^2(\Omega_2)} \leqslant C \|\mathrm{III}_k\|_{L^2(\Omega_2)} \leqslant c_k' 2^{-k(s+\rho)} \|u\|_{H^s}, \quad \sum c_k'^2 < \infty.$$

又注意到 II_k 在形式上和定理 3.2 中级数 (3.18) 内的一般项是同样的。因此，完全类似于该定理之证明，就有

$$\|\mathrm{II}_k\|_{L^2} \leqslant c_k 2^{-k(s+\rho)} \|u\|_{H^s}, \quad \sum c_k^2 < \infty.$$

类似地，当 $u \in C^\sigma$ 时可证得 $Ru \in C^{\sigma+\rho}$，从而 R 是 ρ 正则算子。证毕。

在讨论一个带有复合算子的非线性偏微分方程时，若将其中非线性方程仿线性化，且对复合算子用 (3.19) 式后，必然会出现仿复合算子与仿微分算子的复合运算。我们现在就来导出这一运算规则。它正相当于拟微分算子理论中熟知的拟微分算子在坐标变换下的运算规则。

定理 4.2 设 $\chi: \Omega_1 \to \Omega_2$ 是 $C^{\rho+1}$ 同胚变换，$\rho > 0$，$u \in C^\sigma$ 或 H^s，$\operatorname{supp} u \subset K (\subset \Omega_2)$，$\phi \in C_c^\infty(\Omega_2)$，且在 K 的邻近为 1。又设象征 $l(x, \xi) \in \sum_\alpha^m(\Omega_2)$，且它关于 χ 有紧支集，相应的仿微分算子为 T_l，则存在 $T_{\tilde{l}}$，使得

$$\chi^* \phi T_l u = T_{\tilde{l}} \chi^* u + Ru, \tag{4.5}$$

其中 $\tilde{l}(y, \eta) \in \sum_\varepsilon^m(\Omega_1)$，$\varepsilon = \min(\alpha, \rho)$，$R$ 是 $\varepsilon - m$ 正则算子。

这个定理的证明较长，为了帮助理解此定理证明的基本思想，我们先回顾一下关于拟微分算子在 C^∞ 变量代换下象征运算规则与定理证明的主要步骤(参见第二章定理 2.10 与定理 2.3)。

若给定 L 是以 $l(x,\xi)$ 为象征的拟微分算子

$$(Lu)(w) = \int e^{i(w-x)\xi} l(w, \xi) u(x)\, dx\, đ\xi$$

作变量代换 $x = \chi(z)$，则 $(\chi \circ Lu)(y)$ 可写成

$$(Au)(y) = \int e^{i(\chi(y)-\chi(z))\xi} l(\chi(y), \eta) u(\chi(z)) |\chi'(z)|\, dz\, đ\xi.$$

记 $g(y,z)=\int_0^1 \chi'(ty+(1-t)z)dt, \xi={}^tg^{-1}\eta$，则

$$(Au)(y)=\int e^{i(y-z)\eta}c(y,z,\eta)u(\chi(z))dzđ\eta,$$

其中 $c(y,z,\eta)=l(\chi(y),{}^tg^{-1}\eta)|{}^tg^{-1}|\cdot|\chi'|$. 对 $c(y,z,\eta)$ 作 Taylor 展开，有

$$c(y,z,\eta)=c^0(y,y,\eta)+c'(y,\eta)(z-y)+\cdots$$
$$+c^h(y,\eta)(z-y)^h+r^{h+1}(y,z,\eta),$$

从而分别计算各项对于 $(Au)(y)$ 的贡献即可. 显然，$c^j(y,\eta)(z-y)^j$ 的贡献是

$$C^ju=\int e^{i(y-z)\eta}c^j(y,\eta)(z-y)^ju(\chi(z))dzđ\eta$$

$$=\int e^{i(y-z)\eta}d^j(y,\eta)(u\circ\chi)(z)dzđ\eta,$$

其中

$$d^j(y,\eta)=(-D_\eta)^jc^j(y,\eta).$$

又通过对 $\int e^{i(y-z)\eta}r^{h+1}(y,z,\eta)(u\circ\chi)(z)dzđ\eta$ 的估计可知，这一项为一个拟微分算子对$(u\circ\chi)$的作用，而且随着 $h\to+\infty$，算子的阶趋于 $-\infty$. 写出算子 c^j 象征的具体表示，即得算子 A 的象征的渐近展开.

定理 4.2 的证明的基本步骤也是这样. 但是由于 $l(x,\xi)$ 与 $\chi(z)$ 都不再是 C^∞ 的，就需要更细致的处理. 我们的作法是，从 (4.5) 右边出发，不断分离出光滑性较高的项(但不一定无穷光滑)归入 Ru 中，最后将 (4.5) 右边化到 $T_{\tilde{l}}\chi^*u$ 的形式，同时得到 $\tilde{l}$ 的表示式. 为了不使本定理的证明过于冗长，我们将其中某些步骤提出来放在随后的引理 4.2 中.

定理 4.2 的证明 先设 $l(x,\xi)$ 关于 ξ 为正齐 m 次，$(S_kl)(x,\xi)$ 表示 $l(x,\xi)$ 关于 x 的环形分解的前 k 项之和，于是按上一章 (1.11) 式有

$$T_l u = \sum_k (S_{k-N_0} l)(x, D) u_k.$$

$(S_{k-N_0} l)(x, D) u_k$ 的谱包含在某个环体序列 $\{C'_l\}$ 的第 k 个环体 C'_k 之内，故由定理 3.6，在相差一个 ρ 正则算子下，有

$$\chi^* \psi T_l u = \sum_k [\psi_1 \{((S_{k-N_0} l)(x, D) u_k) \circ \chi\}]_k, \qquad (4.6)$$

其中 $\psi_1 \in C_c^\infty(\Omega_1)$ 且在 $\chi^{-1}(\text{supp}\psi)$ 某邻域中为 1.

(1) 记

$$A_k u(y) = \psi_1(y) \{((S_{k-N_0} l)(x, D) u_k) \circ \chi\}$$
$$= \int e^{i\langle \chi(y) - x, \xi\rangle} \psi_1(y) \tilde{\varphi}(2^{-k}\xi)$$
$$\cdot S_{k-N_0} l(\chi(y), \xi) \cdot u_k(x)\, dx d\xi, \qquad (4.7)$$

其中 $\tilde{\varphi}(\xi) \in C_c^\infty$，且在 supp φ 附近为 1 而 φ 为第一章定理 1.1 中所给出的函数. 取 $\psi_2(x) \in C_c^\infty(\Omega_2)$ 使得在 supp ψ_1 的某邻域中有 $\psi_2(x) = 1$. 然后将因子 $1 = \psi_2(x) + (1 - \psi_2(x))$ 插入 (4.7) 的被积函数之中，$A_k u(y)$ 即可分解为两个积分之和：$B_k u(y) + B'_k u(y)$，此处

$$B_k u(y) = \int e^{i\langle \chi(y) - x\rangle \xi} \tilde{\varphi}(2^{-k}\xi) S_{k-N_0} l(\chi(y), \xi)$$
$$\cdot \psi_1(y) \psi_2(x) u_k(x) dx d\xi, \qquad (4.8)$$

而 $B'_k u(y)$ 为上式中 $\psi_2(x)$ 换以 $1 - \psi_2(x)$ 的结果.

由 ψ_1 及 ψ_2 的作法，在 $B'_k u(y)$ 中 $\chi(y) - x \neq 0$，于是可用稳定位相法，如象定理 3.4 中证明那样，有

$$\|B'_k u(y)\|_{L^\infty} \leqslant C_k 2^{-k(l-n)}, \quad \forall l \in \mathbb{N}.$$

从而 $\sum_k [B'_k u(y)]_k \in C^\infty$，这表示 $B'_k u(y)$ 在 (4.6) 中的作用仅是一个 C^∞ 函数，从而可将它并入 (4.5) 的余项 Ru 之中，这样，在下面的讨论中均可用 $B_k u(y)$ 代替 $A_k u(y)$.

(2) 如象拟微分算子中那样作变量代换 $x = \chi(z)$.

记

$$\chi(y) - \chi(z) = g(y, z) \cdot (y - z),$$

$$g(y, z) = \int_0^1 \chi'(ty + (1-t)z)\,dt.$$

则 $g(y, z)$ 也是可逆的，故再在 (4.8) 中作变换 $\xi = {}^t g^{-1}\eta$ 后有

$$B_k u(y) = \int e^{i(y-z)\eta} b_k(y, z, \eta)\phi_1(y)\phi_2(\chi(z))u_k(\chi(z))\,dz\,d\eta, \tag{4.9}$$

其中

$$b_k(y, z, \eta) = \tilde{\varphi}(2^{-k}({}^t g^{-1}\eta))\,S_{k-N_0}l(\chi(y), {}^t g^{-1}\eta) \cdot |\det\chi'(y)| \cdot |\det g|^{-1}. \tag{4.10}$$

在 (4.10) 中，用 $S_k\tilde{\chi}$ 代替 x，得

$$c_k(y, z, \eta) = \tilde{\varphi}(2^{-k}({}^t g_k^{-1}\eta))\,S_{k-N_0}l(S_k\tilde{\chi}(y), {}^t g_k^{-1}\eta) \cdot |\det S_k\tilde{\chi}'(y)| \cdot |\det g_k|^{-1}, \tag{4.11}$$

其中 $g_k(y, z) = \int_0^1 (S_k\tilde{\chi}')(ty + (1-t)z)\,dt$. 相应地，记

$$C_k u(y) = \int e^{i(y-z)\eta} c_k(y, z, \eta)\phi_1(y)\phi_2(\chi(z)) \cdot u_k(\chi(z))\,dz\,d\eta. \tag{4.12}$$

由下面即将证明的引理 4.2 中结论 (1) 知

$$B_k u(y) - C_k u(y) \in C^{\sigma+\rho-m} \text{ 或 } H^{s+\rho-m}. \tag{4.13}$$

因此，将对应的余项并入 (4.5) 的 Ru 中后，又可用 $c_k u(y)$ 代替 $B_k u(y)$.

(3) 由于 $C_k(y, z, \eta)$ 中的函数 $S_k\tilde{\chi}(y) \in C^\infty$，因此对由 (4.12) 所示的 $c_k u(y)$ 可用在拟微分算子中处理 C^∞ 变换那样讨论，即对 $c_k(y, z, \eta)$ 关于 z 进行 Taylor 展开，但此处我们仅展开到 $h = [\rho]$ 阶，得

$$c_k(y, z, \eta) = c_k(y, y, \eta) + c_k'(y, \eta)(z-y) + \cdots + c_k^h(y, \eta)\cdot(z-y)^h + r_k^{h+1}(y, z, \eta), \tag{4.14}$$

其中

$$r_k^{h+1}(y, z, \eta) = C\left[\int_0^1 c_k^{h+1}(y, tz + (1-t)y, \eta)\,dt\right](z-y)^{h+1}. \tag{4.15}$$

相应地，记

$$R_k^{h+1}u(y)=\int e^{i(y-z)\eta}r_k^{h+1}(y,z,\eta)\psi_1(y)\psi_2(\chi(z))u_k(\chi(z))\,dzd\eta. \tag{4.16}$$

由下面引理 4.2 中结论 (2) 知

$$\begin{aligned}&\|R_k^{h+1}u\|_0\leqslant C2^{-k(\rho-m)}\|u_k\|_0,\\&\|R_k^{h+1}u\|_{L^\infty}\leqslant C2^{-k(\rho-m)}\|u_k\|_{L^\infty}.\end{aligned} \tag{4.17}$$

因而 $\sum\limits_k[R_k^{h+1}u]_k$ 可并入 (4.5) 的余项之中。

(4) 对应于 (4.14) 中一般项 $C_k^j(y,\eta)\cdot(z-y)^j$，作

$$C_k^ju=\int e^{i(y-z)\eta}c_k^j(y,\eta)\cdot(z-y)^j\psi_1(y)\psi_2(\chi(z))u_k(\chi(z))\,dzd\eta. \tag{4.18}$$

对 (4.18) 式关于 η 进行 j 次分部积分，可将它写成

$$C_k^ju=\int e^{i(y-z)\eta}d_k^j(y,\eta)\psi_1(y)\psi_2(\chi(z))u_k(\chi(z))\,dzd\eta,$$

其中 $d_k^j(y,\eta)=i^{|j|}\cdot\partial_\eta^j c_k^j$.

现在在上式中用 $[\psi_1((\psi_2u_k)\circ\chi)]_k$ 代替 $\psi_1(\psi_2u_k)\circ\chi$，并记

$$D_k^ju=\int e^{i(y-z)\eta}d_k^j(y,\eta)[\psi_1\{(\psi_2u_k)\circ\chi\}]_k\,dzd\eta. \tag{4.19}$$

则由下面引理 4.2 中结论 (3) 可知

$$\begin{aligned}&\|C_k^ju-D_k^ju\|_0\leqslant C2^{-k(\rho+j-m)}\|u_k\|_0.\\&\|C_k^ju-D_k^ju\|_{L^\infty}\leqslant C2^{-k(\rho+j-m)}\|u_k\|_{L^\infty}.\end{aligned} \tag{4.20}$$

这表示在证明(4.5)式时用 D_k^j 代替 C_k^j 后，仅差一个 $\rho+j-m$ 正则算子，$0\leqslant j\leqslant[\rho]$，也就是说 $\sum\limits_k[C_k^ju-D_k^ju]_k$ 可并入(4.5)的余项之中。

(5) 由于 $\tilde\varphi(\xi)\in C_c^\infty$ 是在 $\operatorname{supp}\varphi$ 邻近为 1 的任意函数，因而在变换 $\xi={}^tg_k^{-1}\eta$ 下，可在 (4.19) 中取定一个 $\tilde\varphi$，使 $\tilde\varphi(2^{-k}({}^tg_k^{-1}\eta))$ 在 $[\psi_1\{(\psi_2u_k)\circ\chi\}]_k$ 的谱 $\boldsymbol{C}_k^*$ $(\boldsymbol{C}_k^*\supset\boldsymbol{C}_k)$ 上为 1，从而它关

于 η 的各阶导数在此 C_k^* 上为零. 又因 $d_k^j(y,\eta)=i^{|j|}\partial_\eta^j c_k^j$, 故根据 (4.11) 式可知 $d_k^j(y,\eta)$ 的表示式中实际上仅出现因子 $S_{k-N_0}l\times(S_k\tilde{\chi}(y),{}^tg_k^{-1}\eta)$关于 η 的求导. 再注意到在此 $S_{k-N_0}l$ 之中已用 C^∞ 坐标变换 $S_k\tilde{\chi}$ 代替了原来的非 C^∞ 变换 $\tilde{\chi}$, 故对由 (4.12) 所示的 C_ku, 若设想 (4.11) 中 $\tilde{\varphi}=1$, 且 $S_{k-N_0}l$ 换为 l, 则 C_k 正是拟微分算子 $l(x,D)$ 经坐标变换 $S_k\tilde{\chi}$ 后所得出的新拟微分算子. 于是由第二章中象征变换公式可知, $l(x,D)$ 的象征应相应地变为

$$l'(y,\eta)\sim\sum_j l'_{m-j}(y,\eta),$$

其中 $l'_{m-j}(y,\eta)=\sum_{|\beta|=j}\frac{1}{\beta!}\partial_\eta^\beta D_z^\beta\{S_{k-N_0}l(S_k\tilde{\chi}(y)\cdot{}^tg_k^{-1}\eta)\cdot|\det S_k\tilde{\chi}'(y)|\cdot|\det g_k|^{-1}\}_{z=y}$. 注意到 (4.19) 中 $\tilde{\varphi}=1$, 故 $l'_{m-j}(y,\eta)$恰为 $d_k^j(y,\eta)$.

(6) 现将 $S_k\tilde{\chi}$ 用 χ 代替,写出

$$\sum_j \tilde{l}_{m-j}(y,\eta)=\sum_j\sum_{|\beta|=j}\frac{1}{\beta!}\partial_\eta^\beta D_z^\beta\{l(\chi(y),{}^tg^{-1}\eta)\times|\det\chi'(y)||\det g|^{-1}\}_{z=y}.$$

在上式和式中仅取$\sigma\leqslant j\leqslant[\rho]$,因为此时由 $\chi\in C^{\rho+1}$ 知 $\tilde{l}_{m-j}(y,\eta)$ 有意义,且关于 η 为 $m-j$ 次齐次,关于 y 属于 $C^{\min(\alpha,\rho-j)}$.

可以想象,若我们作算子

$$H_k^ju=\int e^{i(y-z)\eta}S_{k-N_0}\tilde{l}_{m-j}(y,\eta)[\psi_1\{(\psi_2u_k)\circ\chi\}]_k\,dz\,d\eta,\tag{4.21}$$

则 H_k^ju 与 d_k^ju 相近. 事实上, 由下面引理 4.2 中结论 (4) 可知,当 $0\leqslant j\leqslant[\rho]$ 时, $H_k^j-d_k^j$ 正是一个 $\varepsilon+j-m$ 正则算子, 于是 $\sum_k[H_k^ju-d_k^ju]_k$ 可并入 (4.5) 的 Ru 之中. 从而我们有

$$\chi^*\psi T_lu=\sum_k\left[\sum_{j=0}^{[\rho]}H_k^ju\right]_k+Ru.\tag{4.22}$$

由前面的作法知道,H_k^ju 的谱在一个较大的环体 $\tilde{C}'_k$ 之内, 于是,适当选择定义 χ^* 的 (3.7) 中的环体序列,可使

$$[H_k^ju]_k=(S_{k-N_0}\tilde{l}_{m-j})(y,D)[\psi_1\{(\psi_2u_k)\circ\chi\}]_k,$$

将它代入 (4.22) 式中得

$$\chi^*\psi T_l u = \sum_{j=0}^{[\rho]} \sum_k (S_{k-N_0}\tilde{l}_{m-j})(y, D)[\psi_1\{(\psi_2 u_k)\cdot\chi\}]_k + Ru$$

$$= \sum_{j=0}^{[\rho]} T_{l_{m-j}}\chi^* u + Ru, \tag{4.23}$$

记 $\sum_{j=0}^{[\rho]} T_{l_{m-j}} = T$ 或 $\tilde{l} = \sum_{j=0}^{[\rho]} \tilde{l}_{m-j}$, 即得 (4.5) 式.

这样我们就对 l 是 ξ 的正齐 m 次的情形证明了本定理.

一般地,若 $l(x, \xi) \in \sum_\alpha^m(\Omega_2)$ 且关于 x 有紧支集,则

$$l(x, \xi) = l_m(x, \xi) + l_{m-1}(x, \xi) + \cdots + l_{m-[\alpha]}(x, \xi), \tag{4.24}$$

其中 $l_{m-j}(x,\xi)$ 关于 ξ 为正齐 $m-j$ 次,关于 x 属于 $C^{\alpha-j}$, 且对 x 有紧支集.

对 (4.24) 中每一项应用上面结果,然后相加,得

$$\chi^*\psi T_l u = T_{\tilde{l}}\chi^* u + Ru, \tag{4.25}$$

其中 $R = \sum_{k=0}^{[\alpha]} R_k$, R_k 为 ε_k 正则算子, $\varepsilon_k = \min(\alpha - k, \rho) - m - k \geqslant \varepsilon - m$, 从而 R 为 $\varepsilon - m$ 正则算子.

$$\tilde{l}(y, \eta) = \sum_{k=0}^{[\alpha]} \tilde{l}_{m-k} = \sum_{k=0}^{[\alpha]} \sum_{j=0}^{[\rho]} (\tilde{l}_{m-k})_{m-k-j}, \tag{4.26}$$

其中 $(\tilde{l}_{m-k})_{m-k-j}$ 关于 η 为正齐 $m-k-j$ 次,关于 y 属于 $C^{\varepsilon_{kj}}$, $\varepsilon_{kj} = \min(\alpha - k, \rho - j)$. 注意到 $\varepsilon_{kj} \geqslant \min(\alpha - k - j, \rho - k - j) = \varepsilon - k - j$,则将 (4.26) 按关于 η 的幂次重新排列后,即具有 (4.5) 中对 $\tilde{l}$ 所要求的形式. 定理 4.2 证毕.

在给出下面的引理 4.2 之前, 先证引理 4.1, 它是引理 4.2 的基础.

引理 4.1 考虑如下拟微分算子

$$Au(x) = \int e^{i(x-y)\xi} a(x, y, 2^{-k}\xi) u(y) dy d\xi. \tag{4.27}$$

设此算子的振幅 $a(x, y, \eta)$ 关于 η 为 C^∞ 且有紧支集 K, 并且

$a(x,y,\eta)$ 关于 η 的各阶导数有界.

则存在 $p\geqslant 0$, 使得有如下估计

$$\|Au\|_0\leqslant CM_p\|u\|_0,\qquad \|Au\|_{L^\infty}\leqslant CM_p\|u\|_{L^\infty},\qquad (4.28)$$

其中 $M_p=\sup\limits_{|\beta|\leqslant p}|\partial_\eta^\beta a(x,y,\eta)|$.

证明 本引理的证明与引理 3.1 证明中的有关部分相仿. 由于 $a(x,y,\eta)$ 关于 η 有紧支集 K, 故有如下 Fourier 级数展开

$$a(x,y,\eta)=\psi(\eta)\sum_\beta a^\beta(x,y)e^{i\beta\eta},\qquad (4.29)$$

此处 $\psi(\eta)\in C_c^\infty$ 且在 K 的附近为 1. 又由于 $a(x,y,\eta)$ 关于 η 的各阶导数存在且有界 (根据假设, 它们的上界与紧集 K 无关). 易证存在 $p\geqslant 0$, 使得

$$\sum_\beta\|a^\beta(x,y)\|_{L^\infty}\leqslant CM_p,$$

这里 $M_p=\sup\limits_{|\beta|\leqslant p}|\partial_\eta^\beta a(x,y,\eta)|$. 于是

$$Au(x)=\sum_\beta\int e^{i(x-y)\xi}a^\beta(x,y)e^{2^{-k}i\beta\xi}\psi(2^{-k}\xi)u(y)dyd\xi$$

$$=\sum_\beta\int a^\beta(x,y)\psi_k(x-y)u(y)dy,$$

其中

$$\psi_k(z)=\int e^{i(z,\xi)}\psi(2^{-k}\xi)\,e^{2^{-k}i\beta\xi}d\xi$$

$$=2^{kn}\int e^{i2^k(z,\eta)}\psi(\eta)e^{i\beta\eta}d\eta$$

$$=2^{kn}\check{\psi}(2^kz+\beta).$$

故有

$$\|\psi_k\|_{L^1}=2^{kn}\int|\check{\psi}(2^kz+\beta)|\,dz=\int|\check{\psi}(t)|dt\leqslant C.$$

于是

$$\|Au\|_{L^\infty}\leqslant\Big(\sum_\beta\|a^\beta\|_{L^\infty}\Big)(\|\psi_k\|_{L^1})\,\|u\|_{L^\infty}\leqslant CM_p\|u\|_{L^\infty},$$

同样

$$\|Au\|_0 \leqslant \left(\sum_{\beta} \|a^\beta\|_{L^\infty}\right) \cdot \|\phi_k\|_{L^1} \cdot \|u\|_0 \leqslant CM_p \|u\|_0.$$

证毕.

引理 4.2 在定理 4.2 及其证明的条件及符号下，下列结论成立.

(1) 对于由 (4.9) 及 (4.12) 所定义的算子 B_k 及 C_k, 估计 (4.13) 成立. 即

$$\|B_k u - C_k u\|_0 \leqslant C 2^{-k(\rho-m)} \|u_k\|_0,$$
$$\|B_k u - C_k u\|_{L^\infty} \leqslant C 2^{-k(\rho-m)} \|u_k\|_{L^\infty}. \tag{4.30}$$

(2) 对于由 (4.16) 定义的算子 R_k^{h+1} 成立估计式 (4.17).

(3) 对于由 (4.18) 及 (4.19) 定义的算子 C_k^j 及 D_k^j, 估计式 (4.20) 成立.

(4) 对于由 (4.21) 定义的算子 H_k^j 及上述 D_k^j, 有估计式

$$\|H_k^j u - D_k^j u\|_{L^\infty} \leqslant C 2^{-k(\varepsilon+j-m)} \|u_k\|_{L^\infty},$$
$$\|H_k^j u - D_k^j u\|_0 \leqslant C 2^{-k(\varepsilon+j-m)} \|u_k\|_0. \tag{4.31}$$

证明 (1) 由 (4.10) 及 (4.11) 按 $l(x,\xi)$ 关于 ξ 的 m 次齐次性, 故 $b_k(y,z,\eta)$ 及 $c_k(y,z,\eta)$ 中忽略了因子 $\tilde{\varphi}(2^{-k}{}^t g_k^{-1}\eta)$ 后记为 b'_k, c'_k, 则它关于 η 也是 m 次齐次的. 于是

$$b'_k(y,z,\eta) - c'_k(y,z,\eta)$$
$$= 2^{km}[b'_k(y,z,2^{-k}\eta) - c'_k(y,z,2^{-k}\eta)].$$

令 $2^{-k}\eta = \eta'$, $b_k(y,z,\eta') - c_k(y,z,\eta') = \tilde{\varphi}({}^t g_k^{-1}\eta')(b'_k(y,z,\eta') - c'_k(y,z,\eta')) = a(y,z,\eta')$ 满足引理 4.1 中 a 所假设的条件, 于是存在 $p \geqslant 0$, 使得

$$\|B_k u - C_k u\|_0 \leqslant C' M_p 2^{km} \|\phi_1((\tilde{\varphi} u_k)\circ\chi)\|_0$$
$$\leqslant CM_p 2^{km} \|u_k\|_0.$$

同样

$$\|B_k u - C_k u\|_{L^\infty} \leqslant CM_p 2^{km} \|u_k\|_{L^\infty},$$

其中

$$M_p = \sup_{|\beta|\leqslant p} |\partial_{\eta'}^\beta [b_k(y,z,\eta') - c_k(y,z,\eta')]|.$$

再由 (4.10) 及 (4.11) 两式知 $M_p \leqslant C 2^{-k\rho}$, 因此 (4.30) 式成立, 即结论 (1) 成立.

(2) 现对 (4.16) 式中关于 η 进行 $h+1$ 次分部积分，且注意到 (4.15) 式，有

$$R_k^{h+1}u(y)=\int e^{i(y-z,\eta)}\tilde{r}_k^{h+1}(y,z,\eta)\phi_1(y)\tilde{\jmath}(\chi(z))u_k(\chi(z))\,dz\,d\eta.$$

此中

$$\tilde{r}_k^{h+1}(y,z,\eta)=\sum_{|\gamma_1|,|\gamma_2|=h+1}C_{\gamma_1\gamma_2}$$
$$\times\int_0^1\partial_z^{\gamma_1}\partial_\eta^{\gamma_2}c_k(y,tz+(1-t)y,\eta)dt.$$

仍改写 (4.11) 式为

$$c_k(y,z,\eta)=\tilde{\varphi}(2^{-k}({}^tg_k^{-1}\eta))c_k'(y,z,\eta),$$

则

$$\partial_z^{\gamma_1}\partial_\eta^{\gamma_2}c_k=\sum_{\substack{\beta_1+\beta_2=\gamma_1\\ \delta_1+\delta_2=\gamma_2}}c_{\beta_1\beta_2\delta_1\delta_2}(\partial_z^{\beta_1}\partial_\eta^{\delta_1}\tilde{\varphi})(\partial_z^{\beta_2}\partial_\eta^{\delta_2}c_k'),$$
$$|\gamma_1|,|\gamma_2|=h+1.$$

$\partial_z^{\beta_2}\partial_\eta^{\delta_2}c_k'$ 关于 η 为 $m-|\delta_2|$ 次齐次，而 $|\partial_z^{\beta_1}\partial_\eta^{\delta_1}\tilde{\varphi}|\leqslant C2^{-k|\delta_1|}$. 故若令 $2^{-k}\eta=\eta'$ 后，$\partial_z^{\beta_1}\partial_\eta^{\delta_1}\tilde{\varphi}({}^tg_k^{-1}\eta')c_k'(y,z,\eta')$ 满足引理 4.1 中关于 a 之要求，且

$$\|\partial_z^{\beta_1}\partial_\eta^{\delta_1'}\tilde{\varphi}({}^tg_k^{-1}\eta')\partial_z^{\beta_2}\partial_\eta^{\delta_2'}c_k(y,z,\eta')\|_{L^\infty}\leqslant C_p2^{k(|\beta_1|+|\beta_2|-p)},$$
$$\delta_1'+\delta_2'=\gamma_2+\delta_2'',\qquad|\delta_2''|\leqslant p.$$

由引理 4.1 可知，对应于上述和式中一般项，相应的 $(R_k^{h+1})_{\beta_1\beta_2\delta_1\delta_2}u$ 有

$$\|(R_k^{h+1})_{\beta_1\beta_2\delta_1\delta_2}u\|_0\leqslant CM_p2^{k(m-|\delta_2|)}2^{-k|\delta_1|}\|\phi_1\{(\phi_2u_k)\circ\chi\}\|_0$$
$$\leqslant C2^{k(m-|\delta_1|-|\delta_2|)}2^{k(|\delta_1|+|\beta_2|-p)}\|u_k\|_0$$
$$\leqslant C2^{-k(p-m)}\|u\|_0.$$

从而有 $\|R_k^{h+1}u\|_0\leqslant C2^{-k(p-m)}\|u\|_0$. 同样有

$$\|R_k^{h+1}u\|_{L^\infty}\leqslant C2^{-k(p-m)}\|u\|_{L^\infty}.$$

故结论 (2) 成立.

(3) 注意到 (4.19) 式中的 $d_k^i(y,\eta)$ 是由 (4.18) 关于 η 进行 i 次分部积分而得，且 (4.18) 中 $c_k'(y,\eta)$ 由 (4.14) 式而来，因此 $d_k^i(y,\eta)=\sum\limits_{|\gamma_1|,|\gamma_2|=i}C_{\gamma_1\gamma_2}\partial_y^{\gamma_1}\partial_\eta^{\gamma_2}c_k(y,z,\eta)$，它关于 η 是

$m-j$ 次齐次的，且

$$\|\partial_y^{\gamma_1}\partial_\eta^{\gamma_2}c_k\|_{L^\infty}\leqslant C_p 2^{k(j-\rho)}\leqslant C,\quad |\gamma_1|=j,\ |\gamma_2|=j+p,$$
$$j\leqslant[\rho].$$

因此类似于上面结论 (2) 的证明，由引理 4.1 有

$$\|C_k^j u-D_k^j u\|_{L^\infty}\leqslant C2^{k(m-j)}\|\phi_1((\tilde\Phi u_k)\circ\chi)-[\phi_1((\tilde\Phi u_k)\circ\chi)]_k\|_{L^\infty},$$
$$\|C_k^j u-D_k^j u\|_0\leqslant C2^{k(m-j)}\|\phi_1((\tilde\Phi u_k)\circ\chi)-[\phi_1((\tilde\Phi u_k)\circ\chi)]_k\|_0.$$

在本质上，$\phi_1((\tilde\Phi u_k)\circ\chi)-[\phi_1((\tilde\Phi u_k)\circ\chi)]_k$ 和定理 4.1 中 (4.4) 内的 R_k 是一样的，因而，完全相同于定理 4.1 中对 R_k 的处理，得

$$\|\phi_1((\tilde\Phi u_k)\circ\chi)-[\phi_1((\tilde\Phi u_k)\circ\chi)]_k\|_{L^\infty}\leqslant C2^{-kp}\|u_k\|_{L^\infty},$$
$$\|\phi_1((\tilde\Phi u_k)\circ\chi)-[\phi_1((\tilde\Phi u_k)\circ\chi)]_k\|_0\leqslant C2^{-kp}\|u_k\|_0.$$

将它们代入上面估计之中，就是 (4.20) 式。结论 (3) 成立。

(4) 注意到 $d_k^j(y,\eta)$ 和 (4.21) 中的 $S_{p-N_0}\tilde l_{m-j}(y,\eta)$ 关于 η 均为 $m-j$ 次齐次，于是令 $\eta'=2^{-k}\eta$ 后，仍由引理 4.1，有

$$\|H_k^j u-D_k^j u\|_{L^\infty}\leqslant CM_p2^{k(m-j)}\|[\phi_1((\tilde\Phi u_k)\circ\chi)]_k\|_{L^\infty}$$
$$\leqslant CM_p2^{k(m-j)}\|u_k\|_{L^\infty},$$
$$\|H_k^j u-D_k^j u\|_0\leqslant CM_p2^{k(m-j)}\|u_k\|_0.$$

其中 $M_p=\sup\limits_{\substack{|\beta|\leqslant p\\ y\in\text{某紧集},\\ \eta\in\text{紧集}}}|\partial_{\eta'}^{\beta}(d_k^j-S_{k-N_0}\tilde l_{m-j})(y,\eta')|$.

按 $\tilde l_{m-j}$ 之作法，$S_{k-N_0}\tilde l_{m-j}$ 是算子 $S_{k-N_0}l(x,D)$ 在变换 χ 下，形式地视 χ 为 C^∞ 变换时按拟微分算子坐标变换公式所得新象征的渐近展式中第 $m-j$ 项，它恰和作出 d_k^j 之程序一致，只不过 d_k^j 是由 $S_{k-N_0}l(x,D)$ 在变换 $S_k\tilde\chi$ 下作出。因此，由第一章定理 4.2，将那里的 $u\circ\chi$ 对应于 $\partial_{\eta'}^{\beta}\tilde l_{m-j}$（这种对应是合理的，因为 y,η' 均在某紧集之中），则 $\partial_{\eta'}^{\beta}d_k^j$ 对应于 $(S_{k-N_0}u)\circ(S_k\tilde\chi)$. 从而当 $\varepsilon_j=\min\{\alpha,\rho-j\}$，$0\leqslant j\leqslant[\rho]$ 时，有 $M_p\leqslant C2^{-k\varepsilon_j}$. 将此估计式代入上式且注意到 $0\leqslant j\leqslant[\rho]$，即得到 (4.31). 证毕.

上述定理 4.1 及定理 4.2 是对定义在 $\mathscr{E}'(\Omega_2)$ 上的仿复合算子阐述及证明的，它们很容易推广到 $\mathscr{D}'(\Omega_2)$ 上的仿复合算子的情形.

事实上，按 $\mathscr{D}'(\Omega_2)$ 上仿复合算子 χ^* 的定义 (3.25) 式，立即

可以得知定理 4.1 中 (4.1) 式对定义在 $\mathscr{D}'$ 上的仿复合算子 χ_1^*, χ_2^* 是成立的。

为推广定理 4.2，我们取 $\{U_j\}_{j\in J}$ 是 Ω_2 上局部有限覆盖，$\{\varphi_j\}_{j\in J}$ 是依从于此覆盖的单位分解。又设 $l(x,\xi)\in\sum_\alpha^m(\Omega_2)$. 按上章定义 3.2 的注 2，可作出相应于象征为 $l(x,\xi)$ 的仿微分算子 $L\in \mathrm{Op}(\sum_\alpha^m)$ 为

$$Lu=\sum_{j\in J}\tilde{\varphi}_j T_{\tilde{\varphi}_j l}\tilde{\varphi}' u, \tag{4.32}$$

其中 $\tilde{\varphi}_j\in C_c^\infty(U_j)$ 且在 $\mathrm{supp}\varphi_j$ 邻域为 1.

取 $\psi_j\in C_c^\infty(\chi^{-1}(U_j))$ 使在 $\mathrm{supp}(\tilde{\varphi}_j\circ\chi)$ 邻近为 1. 则由定义 3.2 中 (3.25) 式及定理 4.2 中 (4.5) 式，有

$$\begin{aligned}\chi^*Lu&=\sum_{j\in J}\psi_j\chi_{(j)}^*(\tilde{\varphi}_j T_{\tilde{\varphi}_j l}\varphi_j u)\\&=\sum_{j\in J}\psi_j T_{(\tilde{\varphi}_j\circ\chi)\tilde{l}}\chi_{(j)}^*\varphi_j u+\sum_{j\in J}R_j\varphi_j u,\end{aligned} \tag{4.33}$$

注意此处 $\tilde{l}$ 不依赖于 j, R_j 为 $\varepsilon-m$ 正则算子。

又取 $\tilde{\psi}_j\in C_c^\infty$ 使之在 $\mathrm{supp}(\varphi_j\circ\chi)$ 邻近为 1，且使 $\tilde{\varphi}_j\circ\chi$ 在 $\mathrm{supp}\tilde{\psi}_j$ 邻近为 1，于是

$$\sum_{j\in J}\psi_j T_{(\tilde{\varphi}_j\circ\chi)\tilde{l}}\chi_{(j)}^*\varphi_j u=\sum_{j\in J}\psi_j T_{(\tilde{\varphi}_j\circ\chi)\tilde{l}}\tilde{\psi}_j\chi_{(j)}^*\varphi_j u+R'u,$$

其中 R' 为局部无穷正则算子，将它代入 (4.33)

$$\chi^*Lu=\sum_{j\in J}\psi_j T_{\psi_j\tilde{l}}\tilde{\psi}_j\chi_{(j)}^*\varphi_j u+R'u+R''u.$$

按定义 (3.25) 式，$\sum\limits_{j\in J}\tilde{\psi}_j\chi_{(j)}^*\varphi_j u=\chi^*u$, 再由 (4.32)，故上式右端第一个和式就是 $\tilde{L}\chi^*u$, $\tilde{L}$ 是以 $\tilde{l}(y,\eta)$ 为象征的仿微分算子，于是

$$\chi^*Lu=\tilde{L}\chi^*u+Ru, \tag{4.34}$$

此处 R 为局部 $\varepsilon-m$ 正则算子.

(4.34) 式就是定理 4.2 对定义在 $\mathscr{D}'(\Omega_2)$ 上的仿复合算子及 $\mathrm{Op}(\sum_\alpha^m)$ 中一般的仿微分算子情形的推广.

最后，我们研究仿复合算子与 C^∞ 非线性函数的复合运算. 即

一个仿复合算子作用在一个 C^∞ 非线性函数上的运算规则，我们有

定理 4.3 设 $\chi: \Omega_1 \to \Omega_2$ 是一个 $C^{\rho+1}$ 同胚变换，实函数 $u^j(x) \in C^\sigma_{\mathrm{loc}}(\Omega_2), \sigma > 1, j = 1, \cdots, N$，又 $F(u) = F(u^1, \cdots, u^N)$ 是 $\mathbf{R}^N$ 上的 C^∞ 函数，则

$$\chi^* F(u) = T_{F'(u \circ \chi)} \chi^* u + R, \tag{4.35}$$

式中 $R \in C^{\varepsilon_1}_{\mathrm{loc}}$，$\varepsilon_1 = \min(2\rho + 2, \rho + \sigma, 2\sigma)$.

又若 χ 是一个 H^{r+1}_{loc} 同胚变换，$r > \frac{n}{2}$，$u \in H^s_{\mathrm{loc}}$，$s > \frac{n}{2} + 1$，则 (4.35) 仍然成立，式中 $R \in H^{\varepsilon_2}_{\mathrm{loc}}$，$\varepsilon_2 = \min\left(2r - \frac{n}{2} + 2, r + s - \frac{n}{2}, 2s - \frac{n}{2}\right)$.

证明 易见，当 $u \in C^\sigma_{\mathrm{loc}}$ 时，$F(u) \in C^\sigma_{\mathrm{loc}}$，则由 (3.30) 可知

$$\begin{aligned} F(u) \circ \chi &= \chi^* F(u) + T_{(F(u))' \circ \chi} \chi + R_1 \\ &= \chi^* F(u) + T_{(F_{y_j}' \cdot u_j') \circ \chi} \chi + R_1, \end{aligned} \tag{4.36}$$

其中 $R_1 \in C^{\rho+1+\varepsilon}_{\mathrm{loc}}$，$\varepsilon = \min(\sigma - 1, \rho + 1)$；另一方面，

$$\begin{aligned} F(u) \circ \chi &= F(u \circ \chi) = T_{F_{y_j}'(u \circ \chi)} (u_j \circ \chi) + R_2 \\ &= T_{F_{y_j}'(u \circ \chi)} (\chi^* u_j + T_{u_j' \circ \chi} \chi + R_{3j}) + R_2, \end{aligned} \tag{4.37}$$

其中 $R_2 \in C^{2\min(\sigma, \rho+1)}_{\mathrm{loc}}$，$R_{3j} \in C^{\rho+1+\varepsilon}_{\mathrm{loc}}$. 略去下标 j 与相应的求和号，由(4.36)，(4.37) 又进一步可得

$$\begin{aligned} \chi^* F(u) = T_{F'(u \circ \chi)} \chi^* u &+ T_{F'(u \circ \chi)} T_{u \circ \chi} \chi + T_{F'(u \circ \chi)} R_3 \\ &+ R_2 - T_{(F' \cdot u) \circ \chi} \chi - R_1 \end{aligned}$$

由仿积的性质又可将此式写成

$$\chi^* F(u) = T_{F'(u \circ \chi)} \chi^* u + R_4,$$

其中 $R_4 \in C^{\varepsilon_1}_{\mathrm{loc}}$，$\varepsilon_1 = \min(\rho + 1 + \rho + 1, \rho + \sigma, 2\sigma, 2\rho + 2) = \min(2\rho + 2, 2\sigma, \rho + \sigma)$.

对于 $\chi \in H^{r+1}$，$u \in H^s$ 的情形，证明是相类似的. 证毕.

注 当 $s - 1 \leqslant r + 1 \leqslant s$ 时，简单地有 $\varepsilon_2 = r + s - \frac{n}{2}$.

如果 $\chi^* u$ 是一个余法型函数，则在已知 $\chi^* u$ 与 χ 有较高的光滑性的条件下，(4.35) 中 R 的光滑性也可提高，更精确地说，我们

有

定理 4.4 设 $\chi: \Omega_1 \to \Omega_2$ 是一个 H^{t+k} 类同胚变换，$t > \frac{n}{2}+1$，$O \in \Omega_1$，$\sum$ 为 Ω_1 中 $x_1 = 0$ 曲面，F 是 C^∞ 函数，$u(x) \in H^s_{loc}(\Omega_2)$，且 $\chi^* u \in H^{s,k}_{loc}(\sum)$，则在 $s-1 \leqslant t \leqslant s$ 时成立

$$\chi^* F(u) = T_{F'(u\circ\chi)}\chi^* u + R, \tag{4.38}$$

其中 $R \in H^{t+s-\frac{n}{2}-1,k}_{loc}(\sum)$.

证明 与定理 4.3 的证明相仿，我们可以写出 (4.36) 式，其中 $R_1 \in H_{loc}^{t+k+\min(s-\frac{n}{2}-1,\ t+k-\frac{n}{2})} = H_{loc}^{t+k+s-\frac{n}{2}-1}$，另一方面，有

$$u\circ\chi = \chi^* u + T_{u'\circ\chi} + R_2, \qquad R_2 \in H_{loc}^{t+k+s-\frac{n}{2}-1},$$

故 $R_2 \in H^{t+s-\frac{n}{2}-1,\ k}_{loc}(\sum) \subset H^{s,k}_{loc}(\sum)$，$T_{u'\cdot\chi}\chi \in H^{t+k}_{loc} \subset H^{s,k}_{loc}(\sum)$，因而由上式知 $u\circ\chi \in H^{s,k}_{loc}(\sum)$，又据定理 1.2 知 (4.37) 式成立，且其中 $R_2 \in H^{2t-\frac{n}{2},k}_{loc}(\sum) \subset H^{s+t-\frac{n}{2}-1}_{loc}(\sum)$，利用仿积的性质(参见第三章定理 3.2) 又可知 $R_4 \in H^{s+t-\frac{n}{2}-1,k}_{loc}(\sum)$，合并以上结果，即得 (4.38) 式。证毕。

第六章　在非线性偏微分方程中的应用

本章中我们介绍仿微分算子理论在非线性偏微分方程解的正则性研究中的应用. 主要是非线性椭圆型方程解的正则性以及非线性主型方程解的奇性传播定理. 此处所述的结果恰与拟微分算子应用于一般线性偏微分方程解的正则性研究中所获得的结果相呼应. 关于仿微分算子理论在非线性偏微分方程解的存在性研究中的应用以及在解的正则性研究中的进一步的应用，本书中暂不涉及.

§1. 椭圆型方程的正则性定理

设在区域 $\Omega\subset\mathbf{R}^n$ 中给定一个 m 阶偏微分方程

$$\mathscr{F}[u]\equiv F(x,u(x),\cdots,\partial^\beta u(x),\cdots)_{|\beta|\leqslant m}=0,\qquad (1.1)$$

其中 F 是其变量的 C^∞ 函数. 当 $u\in C^\rho_{\mathrm{loc}}(\Omega)$, $\rho>m$ 或者 $u\in H^s_{\mathrm{loc}}(\Omega)$, $s>\frac{n}{2}+m$ 时，$\mathscr{F}[u]$ 是定义在 Ω 上的连续函数.

定义 1.1　设 u 为实函数，$u\in C^\rho_{\mathrm{loc}}(\Omega)$，$\rho>m$，则多项式

$$p_m(x,\xi)=\sum_{|\alpha|=m}\frac{\partial F}{\partial u_\alpha}(x,u(x),\cdots)(i\xi)^\alpha\qquad (1.2)$$

称为 (1.1) 的**特征多项式**. 若 $p_m(x_0,\xi_0)=0$，则称 (x_0,ξ_0) 为**特征点**. 当 $\rho>m+2$ 时，称 p_m 的 Hamilton 向量场的过特征点的积分曲线为**次特征**(或称**次特征带**).

显然，当 $\rho>m+2$ 时，过 (x_0,ξ_0) 点存在唯一的 Hamilton 向量场的积分曲线.

值得注意的是，对非线性方程 (1.1) 而言，它的特征多项式、特征点和次特征都是与未知函数 u 有关的.

定理 1.1 设 u 是方程 (1.1) 的 $C^{\rho}_{\mathrm{loc}}(\Omega)$ 解, $\rho > m$. 则对一切非特征点 (x_0,ξ_0), $u\in C^{2\rho-m}$. 若 u 是方程 (1.1) 的 $H^s_{\mathrm{loc}}(\Omega)$ 解, $s > \frac{n}{2} + m$, 则对一切非特征点 (x_0,ξ_0), $u\in H^{2s-\frac{n}{2}-m}$.

证明 我们先对 $u\in C^{\rho}_{\mathrm{loc}}(\Omega)$, $\rho > m$的情形进行讨论. 由于方程 (1.1) 中所有 $\partial^\beta u(x)\in C^{\rho-m}$, 故可以对 (1.1) 进行仿线性化, 得到

$$\sum_{|\alpha|\leqslant m} T_{\frac{\partial F}{\partial u_\alpha}}\,\partial^\alpha u = r \tag{1.3}$$

且由第五章定理 2.1 知 $r\in C^{2(\rho-m)}_{\mathrm{loc}}(\Omega)$. (1.3) 的左边记为 Pu, 其中 P 是一个 $\widetilde{\mathrm{Op}}(\sum^m_\rho)(\Omega)$型仿微分算子, 具有象征 $\sum\limits_{|\alpha|\leqslant m}\dfrac{\partial F}{\partial u_\alpha}(i\xi)^\alpha$.

由第四章定理 2.7 知, 当 (x_0,ξ_0) 为非特征点时, 存在仿微分算子 $Q\in \widetilde{\mathrm{Op}}(\sum^{-m}_{\rho-m})(\Omega)$, 使得

$$QP = I + R', \tag{1.4}$$

其中 R' 为在 (x_0,ξ_0) 点的微局部 $\rho-m$ 正则算子. 从而由 (1.4) 可得

$$u = QPu - R'u = Qr - R'u\in C^{2\rho-m}_{(x_0,\xi_0)}. \tag{1.5}$$

又当 $u\in H^s_{\mathrm{loc}}(\Omega)$, $s > m + \frac{n}{2}$时, 可与前相仿地进行论证. 此时, (1.3) 中给出的 $r\in H^{2(s-m)-\frac{n}{2}}_{\mathrm{loc}}(\Omega)$, (1.4) 中的 $Q\in \mathrm{Op}(\sum^{-m}_{s-m-\frac{n}{2}})(\Omega)$. 于是由 (1.5) 式得到 $u\in H^{2s-\frac{n}{2}-m}_{(x_0,\xi_0)}$. 证毕.

当方程 (1.1) 的非线性程度较低时, 我们可以得到更强的结论. 下面我们给出拟线性情形下的相应结果. 对于更弱的非线性以至线性方程的情形, 均可仿照这里的方法得出相应的结果.

当 (1.1) 为拟线性方程时, 它取形式

$$\sum_{|\alpha|=m} A_\alpha(x,u(x),\cdots,\partial^\beta u(x),\cdots)_{|\beta|<m}\,\partial^\alpha u + A_0(x,u(x),\cdots,\partial^\beta u(x),\cdots)_{|\beta|<m} = 0. \tag{1.6}$$

对此我们有正则性定理:

定理 1.2 设 u 是方程 (1.6) 的 $C^{\rho}_{\mathrm{loc}}(\Omega)$ 解，$\rho > m - \frac{1}{2}$，则对一切非特征点 (x_0, ξ_0)，$u \in C^{2\rho-m+1}$. 又若 u 是方程 (1.6) 的 $H^{s}_{\mathrm{loc}}(\Omega)$ 解，$s > m + \frac{n}{2} - \frac{1}{2}$，则对一切非特征点 (x_0, ξ_0)，均有 $u \in H^{2s-\frac{n}{2}-m+1}$.

证明 当 $\rho > m$ 时，$\partial^{\alpha} u \in C^{\rho-m}_{\mathrm{loc}}(\Omega)$，故 (1.6) 式中的非线性函数有意义. 而且利用第三章的定理 1.4 与第五章的定理 2.2，可对 (1.6) 进行仿线性化得到

$$\sum_{|\alpha|=m} (T_{A_\alpha} \partial^{\alpha} u + T_{\partial^{\alpha} u} A_\alpha) + \sum_{|\beta| \leqslant m-1} T_{\frac{\partial A_0}{\partial u_\beta}} \partial^{\beta} u = r_1,$$

其中 $r_1 \in C^{2(\rho-m)+1}_{\mathrm{loc}}$. 再利用第五章定理 2.2 可得

$$\sum_{|\alpha|=m} T_{A_\alpha} \partial^{\alpha} u + \sum_{\substack{|\alpha|=m \\ |\beta| \leqslant m-1}} T_{\partial^{\alpha} u} T_{\frac{\partial A_\alpha}{\partial u_\beta}} \partial^{\beta} u$$
$$+ \sum_{|\beta| \leqslant m-1} T_{\frac{\partial A_0}{\partial u_\beta}} \partial^{\beta} u = r_1 + r_2$$

或

$$Pu = r_1 + r_2 + r_3, \tag{1.7}$$

其中 P 是以

$$\sum_{|\alpha|=m} T_{A_\alpha} (i\xi)^{\alpha} + \sum_{\substack{|\alpha|=m \\ |\beta| \leqslant m-1}} T_{\partial^{\alpha} u \cdot \frac{\partial A_\alpha}{\partial u_\beta}} (i\xi)^{\beta} + \sum_{|\beta| \leqslant m-1} T_{\frac{\partial A_0}{\partial u_\beta}} (i\xi)^{\beta}$$

为象征的 $\widetilde{\mathrm{Op}}(\sum^{m}_{\rho-m+1})(\Omega)$型仿微分算子. $r_2, r_3 \in C^{2(\rho-m)+1}_{\mathrm{loc}}(\Omega)$. 然后，类似于定理 1.1 的论证，构造在 (x_0, ξ_0)点的拟逆仿微分算子 Q，即可得到 $u \in C^{2\rho-m+1}_{(x_0,\xi_0)}$. 又当 $u \in H^{s}_{\mathrm{loc}}(\Omega)$ 时，可以相仿地证明所需的结论. 证毕.

注 Y Meyer 举例说明了上述微局部正则性结果本质上是最好的(参见 [Mey2]).

回忆定理 1.1 与定理 1.2 的证明过程，可见其中包含了两个主要步骤. 第一步是把非线性问题进行仿线性化，并对仿线性化过程中出现的误差一一加以估计. 第二步是对所得到的仿微分方程

进行讨论． 这一步与线性问题中对拟微分方程的讨论十分相似，在拟微分算子理论中一些卓有成效的方法可在这里得到应用．本书中，当我们利用仿微分算子讨论其他问题时，大体上也按这样的步骤进行，同时针对不同问题的需要对于仿微分算子理论和技巧作相应的补充与发展．

§2. 非线性方程解的低正则性传播定理

本节中所讨论的非线性方程仍为(1.1)的形式，但不再要求它是椭圆型的．我们的主要结果是

定理 2.1 设 u 是方程 (1.1) 的实解，$u\in H^s_{\rm loc}(\Omega)$，$s>\frac{n}{2}+m+2$，$(x_0,\xi_0)$为特征点，$\gamma$ 为过(x_0,ξ_0)的次特征且 $u\in H^t_{(x_0,\xi_0)}$，其中 $t\leqslant 2s-\frac{n}{2}-m-1$，则 $u\in H^t_\gamma$．

这一定理是 J. M. Bony 首先证明的，它与 L. Hòrmander 关于一阶线性偏微分方程的奇性传播定理的叙述形式相仿（参见[Ho1]）．但有两点重要的区别：一点是在本定理的条件中，事先就要求 u 有一定的光滑性，它将保证 $u\in C^2$，从而过 (x_0,ξ_0) 有唯一的次特征，否则就无法陈述定理的结论；另一点是定理 2.1 中所得到的解的正则性传播结果只是对较低的正则性而言的，此定理中若不计 m,n 等常数，在 γ 上解 u 的正则性指数 t 只是约为 s 的两倍，这也是非线性方程正则性传播中的一个特征．

这个定理的证明较长．为了便于阅读和理解，我们先作一些准备工作与简化处理，然后介绍一些引理，最后在本节末尾加以总结，得到定理的结论．

象定理 1.1 中一样地对方程(1.1)进行仿线性化，得到

$$Pu=r,\tag{2.1}$$

其中仿微分算子 $P\in{\rm Op}(\Sigma^m_{s-m-\frac{n}{2}})(\Omega)$，其主象征 $p_m(x,\xi)=\sum_{|\alpha|=m}\frac{\partial F}{\partial u_\alpha}(i\xi)^\alpha$ 是 C^2 函数，$r\in H^{2s-\frac{n}{2}-2m}_{\rm loc}$．于是，若取 $t\leqslant 2s-\frac{n}{2}$

$-m-1$，则 $r\in H_{\rm loc}^{t-m+1}$. 故定理 2.1 可以由下面的定理 2.2 推出.

定理 2.2 设 $P\in {\rm Op}(\sum_\sigma^m)(\Omega)$，$\sigma>2$ 不是整数，主象征 p_m 是 C^2 实函数. 又设 $u\in H_{\rm loc}^s(\Omega)$，$Pu\in H_{\rm loc}^{t-m+1}(\Omega)$ 且 $u\in H_{(x_0,\xi_0)}^t$，此处 s，t 如定理 2.1 所述. 则 u 在过 (x_0,ξ_0) 的次特征 γ 上均属于 H^t.

通过对 P 乘以一个 $1-m$ 阶的椭圆型拟微分算子，可以将问题归结为 $m=1$ 的情形. 又不妨设 γ 上的切线方向不平行于锥轴 $\sum\xi_i\partial_{\xi_i}$，因为否则所论的定理是平凡的.

证明的基本方法是沿着次特征建立一个微局部的估计式. 为此，我们对 $T^*(\Omega)$ 中任一开锥集 U，引进空间 $H^s(U)$，其中元素 $u\in\mathscr{D}'(\Omega)$ 且对 U 中一切点 (x,ξ)，$u\in H_{(x,\xi)}^s$. 取半模

$$|u|_{s,U}=\|Mu\|_s, \tag{2.2}$$

其中 M 为零阶拟微分算子，其象征在 U 内一紧锥之外为零. 当 M 遍历这类拟微分算子时，就得到 $H^s(U)$ 的拓扑.

取 γ 上含 (x_0,ξ_0) 的一段，并仍记为 γ. 设 V 是 (x_0,ξ_0) 的锥邻域，U 是 γ 的锥邻域. 设法找 k_δ 是 ξ 的正齐零次 C^∞ 函数，它在 γ 上恒正，而支集在 U 中. 令 K_δ 是以 k_δ 为象征的拟微分算子，我们希望在适当的 V，U，K_δ 的选取下，对于所有的 $u\in C_c^\infty(F)$，$F\subset\subset\Omega$，能建立微局部估计式

$$\|K_\delta u\|_\tau\leqslant\delta\|K_\delta Pu\|_\tau+M(\delta)\{|u|_{\tau,V}+|Pu|_{\tau-1,U}+|u|_{\tau-\tau_1,U}+\|u\|_{\tau-1}\}, \tag{2.3}$$

其中 $M(\delta)$ 为适当的常数. 这一估计式可导致这样的结论：若分布 u 使 (2.3) 右端所有项都有限，则 $\|K_\delta u\|_\tau$ 也有限，由此可得 $u\in H^\tau(U)$. 这样，u 的微局部正则性就可以提高一阶，从而可用归纳法完成定理的证明. 因此，为证定理 2.2，我们需要完成以下三点：(1) 指出有这样的算子 K_δ 存在，且为使 (2.3) 式成立，同时必要求它满足一些别的附加条件；(2) 证明 (2.3) 式；(3) 由 (2.3) 出发证明定理 2.2. 现在就来逐一进行之.

引理 2.1 设 Γ 是 $T^*\Omega$ 中 C^1 向量场 H 的积分曲线，$H=$

$\sum_{i=1}^{n}(h_i\partial_{x_i}+h_{n+i}\partial_{\xi_i})$，其中 $h_i, h_{n+i}(i=1,\cdots,n)$ 分别为正齐零次与正齐一次函数，V 是 (x_0,ξ_0) 的一个锥邻域，W 是 Γ 的一个锥邻域. 则存在 Γ 的另一个锥邻域 $U\subset W$ 以及 ξ 的正齐零次函数 $\varphi\in C_c^\infty(U)$，使在 $U\backslash V$ 上成立 $H\varphi\geqslant 0$.

证明 将 (x_0,ξ_0), H,Γ,V 和 W 均投影到余球丛上. 由 H 不平行于 λ 的假设知 H 在余球丛上不退化，故我们只需在余球丛上构造 U 与 φ,然后作关于 ξ 的正齐零次延拓就行了. 将余球丛上的开集同胚对应于 $\mathbb{R}^{2n-1}$ 中的开集，就可以把问题归结为：设 $W\subset\mathbb{R}^{2n-1}$，$H$ 是 W 中 C^1 向量场，Γ 是 H 的积分曲线，含于 W 中，Γ 由 A_0 出发到 A_1，$V\subset W$ 为 A_1 的邻域，则存在 Γ 的邻域 $U\subset W$ 以及 $\varphi\in C_c^\infty(U)$，使得在 $U\backslash V$ 上有 $H\varphi\geqslant 0$.

当 H 为一常向量场时，Γ 为一条直线，不妨设它为 y_{2n-1} 轴上 A_0 到 A_1 的一段，且可设 $A_0=(0,\cdots,0,0)$，$A_1=(0,\cdots,0,1)$. 作 Σ 为 A_0 在 $(y_1,\cdots,y_{2n-2})$ 空间的充分小邻域，并取 $\delta>0$ 充分小，使 $\Sigma\times(-\delta,1+\delta)\subset W$，$\Sigma\times(1-\delta,1+\delta)\subset V$. 再取 φ 为 $\theta(y_1,\cdots,y_{2n-2})\zeta(y_{2n-1})$ 的形式，其中 $\theta\in C_c^\infty(\Sigma)$，$\theta(0)>0$ 而 $\zeta(y_{2n-1})=J_{\delta/2}(y_{2n-1}\chi_{[0,1]})$，此处 $\chi_{[0,1]}$ 表示 $[0,1]$ 的特征函数而 $J_{\delta/2}$ 为磨光算子，那末 φ 就满足前面所列的条件. 事实上，$H\varphi=\theta\cdot\zeta'(y_{2n-1})$. 当 $(y_1,\cdots,y_{2n-2})\notin\Sigma$ 时，$H\varphi=0$，而当 $(y_1,\cdots,y_{2n-2})\in\Sigma$ 且 $y_{2n-1}\notin(1-\delta,1+\delta)$ 时，$\zeta'(y_{2n-1})\geqslant 0$.

对一般的 C^1 向量场 H，可以在 Γ 的邻域作一个 C^1 同胚变换 τ，将 H 的积分曲线拉直，即将 H 变成 $\partial_{y_{2n-1}}$，Γ 变为 y_{2n-1} 轴上的一段 $\tilde{\Gamma}$，开集 V，W 变为 $\tilde{V}$，$\tilde{W}$. 作 $\tilde{V}_1\subset\subset\tilde{V}$，并按上段所述的方法作出 $\tilde{U}$ 与 φ，使 $\tilde{\Gamma}\subset\tilde{U}\subset\tilde{W}$，$\varphi\in C_c^\infty(\tilde{U})$，于是在 $\tilde{U}\backslash\tilde{V}_1$ 上有 $\partial_{y_{2n-1}}\varphi\geqslant 0$. 记 $\tilde{U}$ 的原象为 U，则 $\tau^*\varphi$ 就满足条件在 $U\backslash V_1$ 上有 $H\varphi\geqslant 0$ 且 $\operatorname{supp}\tau^*\varphi\subset U$. 但是由于变换 τ 仅具有 C^1 光滑性，故只有 $\tau^*\varphi\in C^1$.

再作 $\varphi_\varepsilon=J_\varepsilon(\tau^*\varphi)$，其中 J_ε 为 $\mathbb{R}^{2n-1}$ 中的磨光算子，其核 $j_\varepsilon(x')\in C_c^\infty(|x'|<\varepsilon)$ 且 $j_\varepsilon(x')\geqslant 0$. 于是，当 ε 充分小时，$\varphi_\varepsilon\in$

$C_c^\infty(U)$. 又由

$$H\varphi_\varepsilon = \int H(\tau^*\varphi)(x-x')j_\varepsilon(x')dx'$$

以及在 $U\backslash V_1$ 上有 $H(\tau^*\varphi)\geqslant 0$，可知当 ε 充分小时，在 $U\backslash V_1$ 上有 $H\varphi_\varepsilon\geqslant 0$. 这样，只要再将 φ_ε 于 $T^*\Omega$ 中作正齐零次延拓，所得的函数即为所求. 证毕.

引理 2.2 在引理 2.1 的条件下，记 U 为该引理中给出的开集，则对 $\delta>0$，可以构造 C^∞ 函数 k_δ，使之为 ξ 的正齐零次函数，在 Γ 上为正，$\mathrm{supp}k_\delta\subset U$，且在 V 外成立

$$Hk_\delta \geqslant \frac{2}{\delta}k_\delta. \tag{2.4}$$

证明 象对引理 2.1 一样，我们可以仅在余球丛上构造 k_δ. 先在 Γ 的邻域 U 中作 C^∞ 函数 ψ，使 $H\psi\geqslant 2$. 具体作法如下：在过 Γ 的起点 A_0 处作一个与 Γ 横截的平面 π，在 π 上取零初始条件，并令 ψ_1 为常微分方程初值问题

$$H\psi_1 = 3,\quad \psi_1|_\pi = 0 \tag{2.5}$$

的解. 由于 H 为 C^1 向量场，故 (2.5) 是可解的. 再作 $\psi = J_\varepsilon\psi_1$，则当 ε 充分小时，ψ 有意义且 $H\psi\geqslant 2$.

然后，取 φ 为引理 2.1 中所给出的函数，并令

$$k_\delta = \varphi e^{\psi/\delta}, \tag{2.6}$$

则 k_δ 就满足本引理中的所有条件. 事实上，

$$\begin{aligned} Hk_\delta &= (H\varphi)e^{\psi/\delta} + \frac{1}{\delta}\varphi e^{\psi/\delta}H\psi \\ &\geqslant \frac{1}{\delta}k_\delta\cdot H\psi \geqslant \frac{2}{\delta}k_\delta, \end{aligned}$$

$k_\delta\in C_c^\infty(U)$. 再将 k_δ 在 $T^*\Omega$ 上作正齐零次延拓即得所求. 证毕.

记 K_δ 为以 k_δ 为象征的拟微分算子. 以下来证明 (2.3) 式成立. 为此，我们先证明一个类似的不等式，它相当于 (2.3) 式中 $s=0$ 的情形，但右边还要少掉两项.

引理 2.3 存在 $\tau_1>0$ 和函数 $M(\delta)$，它在 $\delta\to 0$ 时趋于零，

使得对一切 $\delta>0$，一切紧集 $F\subset\Omega$ 和所有 $u\in C_c^\infty(F)$，都有

$$\|K_\delta u\|_0\leqslant\delta\|K_\delta Pu\|_0+M(\delta)\{|u|_{0,V}+\|u\|_{-\tau_1}\}. \tag{2.7}$$

证明 作内积 $(K_\delta Pu,K_\delta u)$，我们有

$$\begin{aligned}&\mathrm{Im}(K_\delta Pu,K_\delta u)-\mathrm{Im}(PK_\delta u,K_\delta u)\\&\quad=\mathrm{Re}(iK_\delta^*[P,K_\delta]u,u).\end{aligned} \tag{2.8}$$

易见

$$|\mathrm{Im}(K_\delta Pu,K_\delta u)|\leqslant\|K_\delta Pu\|_0\|K_\delta u\|_0. \tag{2.9}$$

因为 $P\in\mathrm{Op}(\sum_\sigma^1)$ 且 P 的主象征是实的，故 $P-P^*\in\mathrm{Op}(\sum_{\sigma-1}^0)$. 从而

$$\begin{aligned}|\mathrm{Im}(PK_\delta u,K_\delta u)|&=\frac{1}{2}|((P-P^*)K_\delta u,K_\delta u)|\\&\leqslant C\|K_\delta u\|_0^2,\end{aligned} \tag{2.10}$$

其中 C 与 δ 无关. 又注意 $[P,K_\delta]$ 也是一个 $\mathrm{Op}(\sum_{\sigma-1}^0)$ 型仿微分算子，它的主象征是 $\frac{1}{i}Hk_\delta$，因而，$iK_\delta^*[P,K_\delta]$ 的主象征为 $\bar{k}_\delta Hk_\delta$. 由引理 2.2 知在 V 外，这个主象征不小于 $\frac{2}{\delta}|k_\delta|^2$，所以算子 $iK_\delta^*[P,K_\delta]-\frac{2}{\delta}K_\delta^*K_\delta$ 的主象征在 V 外 $\geqslant0$. 从而我们可以将 $iK_\delta^*[P,K_\delta]$ 写成

$$iK_\delta^*[P,K_\delta]=\frac{2}{\delta}K_\delta^*K_\delta+S_1+S_2, \tag{2.11}$$

其中 S_1 与 S_2 均属于 $\mathrm{Op}(\sum_{\sigma-1}^0)(\Omega)$，且 S_1 的主象征非负而 S_2 的象征 $\sigma(S_2)$ 在 V 外为零. 于是，取 $l\in S^0$，使它在 $\mathrm{supp}\,\sigma(S_2)$ 上为 1，在 V 外也为零. 又令 L 是以 l 为象征的拟微分算子，则 L^* 可以表示为一个象征在 V 外为零的拟微分算子 L' 与光滑算子之和. 于是，若以 R_1 记在仿微分算子运算中导出的低阶算子，以 R_2 表示光滑算子，则对 $\tau_1<\frac{1}{2}$ 有

$$\begin{aligned}|(S_2u,u)|&\leqslant|(LS_2u,u)|+|(R_1u,u)|\\&=|(S_2u,L^*u)|+|(R_1u,u)|\end{aligned}$$

$$\leqslant |(S_2u, L'u)| + |(S_2u, R_2u)| + |(R_1u, u)|$$
$$\leqslant M(\delta)(|u|_{0,V}^2 + \|u\|_{-\tau_1}^2).$$

据第四章定理 3.3′,

$$\mathrm{Re}(S_1u, u) \geqslant -M(\delta)\|u\|_{-\tau_1}^2.$$

所以

$$\mathrm{Re}(iK_\delta^*[P, K_\delta]u, u) \geqslant \frac{2}{\delta}\|K_\delta u\|_0^2 - M\|u\|_{-\tau_1}^2 - M|u|_{0,V}^2. \tag{2.12}$$

取 $\delta < \frac{1}{C}$, 将(2.9), (2.10)和(2.12)代入(2.8)式, 即可得(2.7)式. 证毕.

引理 2.4 存在 $\varepsilon > 0$, 使得对一切 $\tau \in \mathbb{R}$ 与紧集 $F \subset \Omega$, 均有(2.3)式成立.

证明 取 E 是一个 τ 阶恰当支的拟微分算子, 其象征在 U 的某紧锥邻域外为 0, 且在 supp k_δ 的某邻域中为 $\langle\xi\rangle^\tau$. 于是按拟微分算子运算规则有

$$\begin{aligned}\|K_\delta u\|_s &= \|\Lambda^\tau K_\delta u\|_0 \\ &\leqslant \|EK_\delta u\|_0 + \|(\Lambda^\tau - E)K_\delta u\|_0 \\ &\leqslant \|K_\delta Eu\|_0 + \|[E, K_\delta]u\|_0 + \|(\Lambda^\tau - E)K_\delta u\|_0 \\ &\leqslant \|K_\delta Eu\|_0 + C|u|_{\tau-1,U} + C\|u\|_{-N}.\end{aligned} \tag{2.13}$$

这里,由于 supp sym$(\Lambda^\tau - E) \cap$ supp $k_\delta = \varnothing$,故$(\Lambda^\tau - E)K_\delta$ 是一光滑算子. 从而对任意 N, 有常数 C, 使

$$\|(\Lambda^\tau - E)K_\delta u\|_0 \leqslant C\|u\|_N.$$

由 (2.7) 可得

$$\begin{aligned}\|K_\delta Eu\|_0 &\leqslant \delta\|K_\delta PEu\|_0 + M(\delta)(|Eu|_{0,V} + \|Eu\|_{-\tau_1}) \\ &\leqslant \delta\|K_\delta PEu\|_0 + M(\delta)(|u|_{\tau,V} \\ &\quad + \|u\|_{-N} + |u|_{\tau-\tau_1,U}).\end{aligned} \tag{2.14}$$

今将 $K_\delta PE$ 写成 $EK_\delta P + [K_\delta, E]P + [K_\delta, [P, E]] + [P, E]K_\delta$. 易知

$$\|EK_\delta Pu\|_0 \leqslant C\|K_\delta Pu\|_\tau,$$
$$\|[K_\delta, E]Pu\|_0 \leqslant M(\delta)|Pu|_{\tau-1,U},$$

注意到 $[E,P]\in OP(\sum^{\tau}_{\sigma-1})$，又有

$$\|[P,E]K_\delta u\|_0\leqslant C\|K_\delta u\|_\tau.$$

当将 $[K_\delta,[P,E]]=K_\delta[P,E]-[P,E]K_\delta$ 视为 $Op(\sum^{\tau}_{\sigma-1})$ 算子时，它的主象征为零. 从而可将它分为两部分：第一部分是主象征为零的 $Op(\sum^{\tau}_{\sigma-1})$ 算子，第二部分是 $Op(\sum^{\tau-1}_{\sigma-1})$ 算子. 分别利用第四章定理 2.4 与定理 1.1，可得

$$\|[K_\delta,[P,E]]u\|_0\leqslant M(\delta)\|u\|_{\tau-1}.$$

从而有

$$\|K_\delta PEu\|_0\leqslant C(\|K_\delta Pu\|_\tau+\|K_\delta u\|_\tau)+M(\delta)(|Pu|_{\tau-1,U}+|u|_{\tau-\tau_1,U}+\|u\|_{\tau-1}). \quad (2.15)$$

再代入 (2.13) 式并取 δ 使 $C\delta<\frac{1}{2}$，然后将 $\frac{\delta}{2}$ 视为新的 δ，即得 (2.3) 式. 证毕.

定理 2.2 的证明 由于正则性是局部性质，故可设 u 在 Ω 中具有紧支集. 以 J_η 记磨光算子，则当 η 充分小时，$J^2_\eta u\in C^\infty_c(\Omega)$. 于是，据 (2.3) 有

$$\|K_\delta J^2_\eta u\|_\tau\leqslant\delta\|K_\delta PJ^2_\eta u\|_\tau+M(\delta)\{|J^2_\eta u|_{\tau,V}+|PJ^2_\eta u|_{\tau-1,U}+|J^2_\eta u|_{\tau-\tau_1,U}+\|J^2_\eta u\|_{\tau-1}\}, \quad (2.16)$$

再由第二章定理 3.8 知，当 $u\in H^{\tau-1}$，在 V 中微局部地属于 H^τ 且在 U 中微局部地属于 $H^{\tau-\tau_1}$ 时，令 $\eta\to 0$，则有

$$|J^2_\eta u|_{\tau-\tau_1,U}\to|u|_{\tau-\tau_1,U},\quad |J^2_\eta u|_{\tau,V}\to|u|_{\tau,V},$$
$$\|J^2_\eta u\|_{\tau-1}\to\|u\|_{\tau-1}.$$

另一方面，由第四章 §3 知，当 $P\in Op(\sum^1_\sigma)$ 时，$[P,J^2_\eta]$ 为$L^2\to L^2$ 的有界算子，且其算子模关于 η 一致有界，故

$$|PJ^2_\eta u|_{\tau-1,U}\leqslant|Pu|_{\tau-1,U}+C|u|_{\tau-1,U},$$

$$\begin{aligned}\|K_\delta PJ^2_\eta u\|_\tau&\leqslant\|K_\delta J^2_\eta Pu\|_\tau+\|[K_\delta,[J^2_\eta,P]]u\|_\tau\\&\quad+\|[J^2_\eta,P]K_\delta u\|_\tau\\&\leqslant\|K_\delta J^2_\eta Pu\|_\tau+\|[K_\delta,[J^2_\eta,P]]u\|_\tau\\&\quad+\|[J_\eta[J_\eta,P]]K_\delta u\|_\tau+2\|[J_\eta,P]J_\eta K_\delta u\|_\tau.\end{aligned}$$

利用第四章定理 3.1 及其注可知

$$
\begin{aligned}
\|K_\delta PJ_\eta^2u\|_\tau \leqslant\ & C(\|Pu\|_\tau + \|u\|_{\tau-1}) \\
& + 2\|[J_\eta,P][J_\eta,K_\delta]u\|_\tau + 2\|[J_\eta,P]K_\delta J_\eta u\|_\tau \\
\leqslant\ & C(\|Pu\|_\tau + \|u\|_{\tau-1} + \|[J_\eta,P]K_\delta J_\eta u\|_\tau) \\
\leqslant\ & C(\|Pu\|_\tau + \|u\|_{\tau-1} + \|K_\delta J_\eta u\|_\tau).
\end{aligned}
$$

又由于 η 充分小时，$J_\eta - I$ 视为 $H^\tau \to H^\tau$ 的算子，其模充分小，所以将 $\|Pu\|_\tau$，$\|u\|_{\tau-1}$，$|u|_{\tau,V}$，$|u|_{\tau-\tau_1 U}$ 都用控制常数代替，即得

$$
\begin{aligned}
\|K_\delta J_\eta u\|_\tau \leqslant\ & \|K_\delta J_\eta^2 u\|_\tau + \|K_\delta(J_\eta - I)J_\eta u\|_\tau \\
\leqslant\ & \|K_\delta J_\eta^2 u\|_\tau + \|[K_\delta, J_\eta - I]J_\eta u\|_\tau \\
& + \|(J_\eta - I)K_\delta J_\eta u\|_\tau \\
\leqslant\ & C_1\delta\|K_\delta J_\eta u\|_\tau + \frac{1}{2}\|K_\delta J_\eta u\|_\tau + C_2.
\end{aligned}
$$

从而取 δ 满足 $C_1\delta < \frac{1}{4}$，即得

$$
\|K_\delta J_\eta u\|_\tau \leqslant C_3. \tag{2.17}
$$

由此可见，$\{K_\delta J_\eta u\}$ 为弱列紧集. 由于当 $\eta \to 0$ 时 $J_\eta u \to u$（在 $H^{\tau-1}$ 中)，所以在 $H^{\tau-1}$ 中有

$$
K_\delta J_\eta u \to K_\delta u, \qquad \text{当 } \eta \to 0 \text{ 时}.
$$

从而由 Banach-Saks 定理及 (2.17) 知 $K_\delta u \in H^\tau$. 而由于 k_δ 在 γ 上恒正，故知 u 在 γ 上微局部属于 H^τ.

以上的论证过程说明，只要 $\tau \leqslant t$，就可以从 $u \in H_\gamma^{\tau-1}$ 推得 $u \in H_\gamma^\tau$. 于是从 $u \in H^s$ 出发经过有限次递推即可得到 $u \in H_\gamma^t$. 定理 2.2 证毕.

注 1 定理 2.2 之证明的基本思想来源于对线性方程奇性传播定理的证明(参见 [Ni1]). 但这里的证明要复杂得多，其主要原因有二：首先是因为仿微分算子的象征及主象征关于 x 只属于 H^σ，而关于 ξ 却要求属于 C^∞，两方面相差悬殊，而正则性传播定理的证明是在余切丛上进行的，若按 [Ni1] 中的作法，利用原仿微分算子的主象征所构造的函数关于 ξ 也只能是有限光滑的，所以在论证中必须作些附加的处理(如加上引理 2.1 与引理 2.2)，以保证新构造的算子 K_δ 的象征关于 ξ 仍是 C^∞ 的. 此外，在仿微分算

子运算的过程中，要比拟微分算子的运算产生较多的余项，其光滑性也较差，从而需要更加细致的分析和处理.

注2 当非线性方程 (1.1) 的非线性程度较低时，定理 2.1 的结论也随之可以改善. 例如，当 (1.1) 为拟线性方程 (1.6) 时，由于仿线性化所得到的方程 (2.1) 右端 r 的光滑性可提高一阶，故定理 2.1 的结论中对 t 的要求可放宽为 $t \leqslant 2s - \frac{n}{2} - m$. 又当 (1.1) 为半线性方程

$$P_m(x,D)u + F(x,u(x),\cdots,\partial^\beta u(x),\cdots)_{|\beta|\leqslant m-1} = 0 \quad (2.17)$$

时，特征点与次特征带的决定均不依赖于 u，故定理 2.1 中对 s 的要求可降低为 $s > \frac{n}{2} + m - 1$，且由于仿线性化方程 (2.1) 的右端 $r \in H_{\mathrm{loc}}^{2s-\frac{n}{2}-2(m-1)}$，故关于 t 的要求可放宽为 $t \leqslant 2s - \frac{n}{2} - m + 1$.

注3 定理 2.1 及定理 2.2 还可以推广到主对角形方程组的情形. 例如对方程组

$$\begin{pmatrix} P_m(x,D) & & 0 \\ & \ddots & \\ 0 & & P_m(x,D) \end{pmatrix} \begin{pmatrix} u_1 \\ \vdots \\ u_N \end{pmatrix} + B \begin{pmatrix} u_1 \\ \vdots \\ u_N \end{pmatrix} = \begin{pmatrix} F_1(x,\cdots,\partial^\beta u_j,\cdots) \\ \vdots \\ F_N(x,\cdots,\partial^\beta u_j,\cdots) \end{pmatrix}_{|\beta|\leqslant m-1}, \quad (2.18)$$

其中 B 为 $m-1$ 阶拟微分算子的 $N \times N$ 矩阵，$F_1,\cdots,F_N$ 为其变元的 C^∞ 函数，我们也有类似于定理 2.1 的结论成立，其中关于 s，t 的要求改为 $s > \frac{n}{2} + m - 1$，$t \leqslant 2s - \frac{n}{2} - m + 1$.

§3. 非线性方程解的高正则性传播定理

上节定理 2.1 讨论了一般非线性方程解的低正则性的传播问题，即在解 $u \in H^s$ (s 大于某一给定常数)的假定下，粗略地为 $2s$ 阶的正则性可以沿着次特征带传播. 人们自然要问，对于更强的正则性是否有类似的正则性传播性质？如果仍用微局部 Sobolev 空

间来描述正则性，对于某些特殊的非线性方程，例如半线性波动方程，结论可以改进，即粗略地为 $3s$ 阶的正则性可以沿着次特征带传播，甚至还可推广到更广的一类方程(参见 [Be1]，[Che2])．但是，这一结论再也不能改进为 $(3+\delta)s$ 阶的正则性传播定理了，其中 $\delta>0$ (参见 [Be1])．而对一般的高阶非线性方程，即使是 $(2+\delta)s$ 阶的正则性沿着次特征传播的结论也不一定成立（参见 [Ch2])．所以，为了刻划非线性方程解的更高的正则性的传播，采用其他的描述方法是必要的．本书第一章中介绍的余法型函数空间就是一种较为恰当的工具．

若在区域 Ω 中 u 是某非线性方程的解，Σ 为 Ω 中一个 C^∞ 超曲面，$u\in H^{s,k}_{loc}(\Sigma)$（参见第一章定义 3.3)，则称 u 为该方程的**余法型行波解**，超曲面 Σ 就是**行波的波阵面**．以下为记号简单起见，我们将 H^s_{loc}，$H^{s,k}_{cloc}$ 等简记为 H^s，$H^{s,k}$．

本节中，我们先介绍 J. M. Bony 关于半线性方程余法型行波解的传播定理（参见 [Bo2]），然后介绍 S. Alinhac 关于完全非线性方程余法型行波解的传播定理(参见 [Al2])．限于篇幅，我们不准备涉及两个或多个行波奇性干扰的情形．

设 Ω 为 $\mathbb{R}^n$ 中一区域，它与平面 $x_n=0$ 相交．记 $\Omega_+=\Omega\cap\mathbb{R}^n_+$，$\Omega_-=\Omega\cap\mathbb{R}^n_-$．在 Ω 中给出方程

$$P(x,D)u(x)=F(x,u(x),\cdots,\partial^\beta u(x),\cdots)_{|\beta|\geqslant m-1},\quad(3.1)$$

其中 P 为具 C^∞ 系数的 m 阶线性偏微分算子，F 是其变元的 C^∞ 非线性函数．又设对任一 $(x_0,\xi_0)\in\Omega\times\mathbb{R}^n$，过该点的两个半次特征之一在离开 $\Omega\times\mathbb{R}^n$ 以前必先进入 $\Omega_-\times\mathbb{R}^n$．于是我们有

定理 3.1 设 Σ 为 P 的特征曲面，它与平面 $x_n=\text{const}$ 横截，u 是 (3.1) 的 H^s_Ω 解，$s>\dfrac{n}{2}+m$．又设对某个正整数 k，u 在 Ω_- 中属于 $H^{s,k}(\Sigma)$，则 u 在整个 Ω 中属于 $H^{s,k}(\Sigma)$．

证明 由于 Σ 为 C^∞ 超曲面，故通过 C^∞ 同胚变换，可以将 Σ 变成超平面 $x_1=0$．于是，由 P 以 Σ 为特征的条件知，P 具有形式

$$Pu = A_1x_1D_1u + A_2D_2u + \cdots + A_nD_nu + A_0u, \qquad (3.2)$$

其中所有 A_j 均为 $m-1$ 阶线性偏微分算子. 记 $V_1 = x_1\partial_{x_1}$, $V_2 = \partial_{x_2}, \cdots$, $V_n = \partial_{x_n}$, 则 $V_1, \cdots, V_n$ 构成Σ的完全切向量场(即由 $V_1, \cdots, V_n$ 可以生成切于Σ的所有 C^∞ 向量场). 根据(3.2)即可知

$$[P, V_i] = \sum_{j=1}^{n} B_{ij}V_j + B_{i0}, \qquad (3.3)$$

其中 $B_{ij}(1 \leqslant i \leqslant n,\ 0 \leqslant j \leqslant n)$ 为 $m-1$ 阶线性偏微分算子. 将 V_i 作用于(3.1)的两边,可得

$$PV_iu = [P, V_i]u + V_iF.$$

从而

$$PV_iu - \sum_{j=0}^{r} B_{ij}V_ju = G_i, \quad 0 \leqslant i \leqslant n, \qquad (3.4)$$

其中 $V_0 = I, G_i = G_i(x, V_0u, \cdots, V_nu, \cdots, \partial^\beta(V_ju), \cdots)_{|\beta| \leqslant m-1}$. 记 $U = (u, V_1u, \cdots, V_nu)$, 则(3.4)具有(2.18)的形式,从而可以应用定理 2.1 及注 3. 今由定理 3.1 的条件知 U 在一切特征点 (x_0, ξ_0) 为微局部 H^s 的, 又由定理 1.1 知 U 在一切非特征点也是微局部 H^s 的,从而 $U \in H^s_\Omega$, 即 $u \in H^{s,1}(\Sigma)$.

当 $k > 1$ 时可利用归纳法.设定理的结论在 $l < k$ 时成立,则如上法导出 $V_1^{\alpha_1}\cdots V_n^{\alpha_n}u$ ($|\alpha| \leqslant k$) 满足与(3.4)相仿的具有相同主部的方程组,并可用同样的论证说明$V_1^{\alpha_1}\cdots V_n^{\alpha_n}u \in H^s_\Omega$ ($|\alpha| \leqslant k$), 所以 $u \in H^{s,k}(\Sigma)$. 证毕.

现在转向讨论完全非线性方程的余法型行波解. 这里的困难在于,由于特征曲面与解 u 有关, 它一般来说不是 C^∞ 光滑的, 即行波的波阵面不是 C^∞ 光滑的. 但另一方面,在第一章中定义余法型奇性而选定的基准曲面均是 C^∞ 光滑的. 这样, 我们就不能直接将行波的波阵面取为基准曲面. S. Alinhac 正是为了克服这一困难而引入了仿复合算子的概念. 他先作一个有限阶光滑的同胚变换将行波的波阵面展平. 显然, 关于展平后的超曲面可以定义余法型函数,从而原来的行波解可视为这类余法型函数的后拉. 在

第五章中已经详细介绍了仿复合算子的概念及其主要性质，现在就将它应用于讨论非线性方程余法型行波解的传播.

在 $\Omega\subset\mathbb{R}^n$ 中讨论非线性方程

$$F(x,u(x),\cdots,\partial^\beta u(x),\cdots)_{|\beta|\leqslant m}=0. \tag{3.5}$$

设 $u\in H^{s+m}\left(s>\frac{n}{2}\right)$ 是 (3.5) 的解. 记 $u^{(\beta)}=\partial^\beta u(x)$, 作F关于 u 的线性化算子 P 如下

$$P=\sum_{|\beta|\leqslant m}\frac{\partial F}{\partial u^{(\beta)}}(x,u(x),\cdots)\partial_x^\beta, \tag{3.6}$$

设它关于 $x_n=\text{const}$ 是严格双曲型的. 记 $\Omega_+=\Omega\cap\{x_n>0\}$, $\Omega_-=\Omega\cap\{x_n<0\}$, 我们要求 Ω_+ 位于 Ω_- 的决定区域之中.

定理 3.2 设区域 Ω 与方程 $F=0$ 如前所述, $s>\frac{n}{2}+\frac{7}{2}$, $\sigma>\frac{n}{2}+\frac{3}{2}$. 又设 $u\in H_\Omega^{s+m}$ 是方程 (3.5) 的解, Σ 是 H^σ 光滑的特征曲面. 若在 $x_n<0$ 时, $\Sigma\in C^\infty$, $u\in H^{s+m,\infty}(\Sigma)$, 则在整个 Ω 中 Σ 为 C^∞ 的, 且 $u\in H^{s+m,\infty}(\Sigma)$.

这个定理的证明也比较长，它主要包括两步，第一步是将非线性问题仿线性化，且必须同时将特征曲面方程与原来的非线性偏微分方程仿线性化，这里的仿线性化是结合将特征曲面展平的仿复合来进行的. 第二步是对所得到的仿微分方程讨论其解的正则性传播，这一过程与定理 3.1 的证明有些类似.

为方便起见，我们不妨设 $0\in\Omega$, 记 x_n 为 t, $(x_2,\cdots,x_{n-1})$ 为 x', 相应地记 ξ_n 为 τ, $(\xi_2,\cdots,\xi_{n-1})$ 为 ξ', 并在涉及到诸函数空间时省略 loc 的记号. 记曲面 Σ 的方程为 $x_1=\varphi(x',t)$, 满足 $\varphi(0,0)=0$, $\varphi\in H^\sigma$, 其中 $\sigma>\frac{n}{2}+\frac{3}{2}$. 由于算子 P 在 x_n 方向是严格双曲的，故以 p_m 记其主象征时，方程 $p_m(x,\xi_1,\xi',\tau)=0$ 有 m 个相异实根: $\tau=\lambda_j(x,u^{(\beta)},\xi_1,\xi')$ $(j=1,\cdots,m)$, 其中 λ_j 为其变元的 C^∞ 实函数，且关于 ξ_1, ξ' 为齐一次的. 今简单地记 $\lambda(x,u^{(\beta)},\xi_1,\xi')$ 为对应于特征曲面 Σ 的那一个根，则表示曲面

Σ 的方程 $x_1=\varphi(x',t)$ 的函数 φ 应满足

$$\varphi_t=\lambda(\varphi,x',t,u^{(\beta)}(\varphi,x',t),-1,\varphi_{x'}). \tag{3.7}$$

引入 H^σ 同胚变换 $\chi:(x_1,x',t)\to(\bar{x}_1,\bar{x}',\bar{t})$，其表达式为

$$\bar{x}_1=x_1+\varphi(x',t),\quad \bar{x}'=x',\quad \bar{t}=t. \tag{3.8}$$

于是，对于给定的函数 $v(\bar{x})$，函数 $v(\varphi(x',t),x',t)$ 可以视为 $v_0\chi$ 在 $x_1=0$ 时的取值，超曲面 Σ 可以写成 $\chi(x_1=0)$.

引理 3.1 若 $S>\frac{n}{2}+\frac{7}{2}$，$\sigma>\frac{n}{2}+\frac{3}{2}$，$u\in H^{s+m}$，$\varphi$ 满足 (3.7)，则 $\varphi\in H^{s-\frac{1}{2}}$.

证明 证明的步骤是先作出 (3.7) 的仿线性化方程，分析其余项，再利用第二节中证得的正则性传播定理来得到 φ 的较高的正则性. 由于仿乘法运算中产生的余项之正则性与参加运算的诸函数的正则性有关，所以下面的证明是逐步提高 φ 的正则性的一个递推过程.

不妨设 $\sigma<s-\frac{1}{2}$，否则就无需论证了. 由于 χ 是 H^σ 变换，故 $u^{(\beta)}\circ\chi\in C^{\sigma-\frac{n}{2}}$，$(\partial_{x_1}u^{(\beta)})\circ\chi\in C^{\sigma(s)}$，其中 $\sigma(s)=\min\left\{s-\frac{n}{2}-1,\ \sigma-\frac{n}{2}\right\}$，下同. 为了得到更高的正则性，利用第五章中仿复合公式知，对于任一函数 $v\in H^{s'}\left(S'>\frac{n}{2}+1\right)$ 有

$$v\circ\chi=\chi^*v+T_{v'\circ\chi}\chi+R,\quad R\in H^{\sigma+\sigma(s')}. \tag{3.9}$$

从而

$$\begin{aligned}u^{(\beta)}(\varphi,\chi',t)&=u^{(\beta)}\circ\chi|_{x_1=0}\\&=\chi^*u^{(\beta)}|_{x_1=0}+[T_{(\partial_{x_1}u^{(\beta)})\circ\chi}\chi]_{x_1=0}+R_1|\chi_{x_1=0}\\&=\chi^*u^{(\beta)}|_{x_1=0}+T_{(\partial_{x_1}u^{(\beta)})(\varphi,\chi',t)}\varphi\\&\qquad+R_1|_{x_1=0}+Q_1\varphi,\end{aligned} \tag{3.10}$$

其中 $Q_1\varphi$ 为第三章定理 2.5 中引出的余项，Q_1 为 $\sigma(s)$ 正则算子，$R_1|_{x_1=0}\in H^{\sigma+\sigma(s)-\frac{1}{2}}$. 所以有

$$u^{(\beta)}(\varphi,\chi',t)\in H^\sigma. \tag{3.11}$$

同样地，

$$(\partial_{x_1}u^{(\beta)})(\varphi,x',t)=(\chi^*\partial_{x_1}u^{(\beta)})|_{x_1=0}+T_{(\partial^2_{x_1}u^{(\beta)})(\varphi,x',t)}\varphi$$

$$+R_2|_{x_1=0}+Q_2\varphi, \tag{3.12}$$

其中 $R_2|_{x_1=0}\in H^{\sigma+\sigma(s-1)-\frac{1}{2}}$, Q_2 为 $\sigma(s-1)$ 正则算子. 又 $(\chi^*\partial_{x_1}u^{(\beta)})|_{x_1=0}\in H^{s-\frac{3}{2}}$，从而

$$(\partial_{x_1}u^{(\beta)})(\varphi,x',t)\in H^{\varepsilon}\subset H^{\sigma-1}, \tag{3.13}$$

其中 $\varepsilon=\min\left\{s-\frac{3}{2},\ \sigma\right\}$.

现在将方程 (3.7) 仿线性化，首先有

$$\lambda(\varphi,x',t,u^{(\beta)},-1,\varphi_{x'})=T_{\frac{\partial\lambda}{\partial\varphi}}\varphi+\sum T_{\frac{\partial\lambda}{\partial u^{(\beta)}}}u^{(\beta)}(\varphi,x',t)$$

$$+T_{\frac{\partial\lambda}{\partial\xi'}}\varphi_{x'}+R_3, \tag{3.14}$$

其中 $R_3\in H^{2(\sigma-1)-\frac{n-1}{2}}$. 另一方面，据 (3.10) 有

$$T_{\frac{\partial\lambda}{\partial u^{(\beta)}}}u^{(\beta)}=T_{\frac{\partial\lambda}{\partial u^{(\beta)}}}T_{\partial_{x_1}u^{(\beta)}}\varphi+T_{\frac{\partial\lambda}{\partial u^{(\beta)}}}(\chi^*u^{(\beta)}|_{x_1=0}$$

$$+R_1|_{x_1=0}+Q_1\varphi)$$

$$=T_{\frac{\partial\lambda}{\partial u^{(\beta)}}\cdot\partial_{x_1}u^{(\beta)}}\varphi+R_4+R_5, \tag{3.15}$$

其中

$$R_4=T_{\frac{\partial\lambda}{\partial u^{(\beta)}}}(\chi^*u^{(\beta)}|_{x_1=0}+R_1|_{x_1=0}+Q_1\varphi)\in H^{\varepsilon'}$$

且 $\varepsilon'=\min\left\{s-\frac{1}{2},\ \sigma+\sigma(s)-\frac{1}{2}\right\}=\min\left\{s-\frac{1}{2},\ 2\sigma-\frac{n}{2}-\frac{1}{2}\right\}$. 而 (3.15) 中由仿乘法算子复合导出的余项

$$R_5\in H^{\sigma+\left(\sigma-1-\frac{n-1}{2}\right)}=H^{2\sigma-\frac{n}{2}-\frac{1}{2}},$$

所以，关于 φ 的方程可以写成

$$\varphi_t=T_{\frac{\partial\lambda}{\partial\xi'}}\varphi_{x'}+T_A\varphi+R_6, \tag{3.16}$$

其中 $\frac{\partial\lambda}{\partial\xi'}$, $A\in H^{\sigma-1}$, $R_6=R_3+R_4+R_5$. 若记 $R_6\in H^{\theta}$，则

$$\theta = \min\left\{2(\sigma-1)-\frac{n-1}{2}, s-\frac{1}{2}, 2\sigma-\frac{n}{2}-\frac{1}{2}\right\}$$

$$= \min\left\{2\sigma-\frac{n}{2}-\frac{3}{2}, s-\frac{1}{2}\right\}.$$

由定理假设知 $\sigma > \frac{n}{2}+\frac{3}{2}$，即 $\sigma - 1 - \frac{n-1}{2} > 1$. 从而由定理 2.2 知 φ 的 H^θ 正则性可以沿次特征带传播.于是，象定理 3.1 的证明一样地可证，φ 在 $t>0$ 时是属于 H^θ 的 $(\theta>\sigma)$。今若 $\theta = s-\frac{1}{2}$,则定理已得证. 若 $\theta = 2\sigma-\frac{n}{2}-\frac{3}{2} < s-\frac{1}{2}$, 则以 θ 代替 σ, 可重复上述证明过程,进一步改进 φ 的光滑性. 经有限次重复后即可得到 $\varphi \in H^{s-\frac{1}{2}}$. 证毕.

引理 3.2 在引理 3.1 的条件下,又设 $\chi^* u \in H^{s+m,k}$, 则 $\varphi \in H^{s+k-\frac{1}{2}}$.

证明 易见，引理 3.1 相当于本引理中 $k=0$ 的情形. 由引理 3.1，我们可以设 $\sigma = s-\frac{1}{2}$. 今利用归纳法，设 $\varphi \in H^{s+k-\frac{1}{2}}$, $\chi^* u \in H^{s+m,k+1}$, 以下来证明 $\varphi \in H^{s+k+\frac{1}{2}}$.

证明的步骤与引理 3.1 一样. 由于 χ 是 $H^{\sigma+k}$ 变换，故 (3.9) 式中 $R \in H^{\sigma+k+\theta}$, $\theta = \min\left\{\sigma+k-\frac{n}{2}, s'-\frac{n}{2}-1\right\}$. (3.10) 式中 $R_1|_{x_1=0} + Q_1\varphi \in H^{\sigma+k+(s-\frac{n}{2}-1)-\frac{1}{2}} \subset H^{s+k+\frac{3}{2}}$. 同理在(3.12)式中 $R_2|_{x_1=0} + Q_2\varphi \in H^{\sigma+k+(s-\frac{n}{2}-2)-\frac{1}{2}} \subset H^{s+k+\frac{1}{2}}$. 注意到在 (3.10) 式与 (3.12) 式中分别出现 $\chi^* u^{(\beta)}|_{x_1=0}$ 与 $\chi^*\partial_{x_1} u^{(\beta)}|_{x_1=0}$, 我们需利用归纳法假设 $\chi^* u \in H^{s+m,k+1}$ 来指出其光滑性. 利用仿复合与仿微分运算的结合定理(第五章定理 4.2) 有

$$\chi^* u^{(\beta)} = T_{\partial_*^\beta}\chi^* u + R_\beta u, \tag{3.17}$$

其中 $\partial_*^\beta \in \sum_{\sigma+k-\frac{n}{2}-1}^{|\beta|}$, R_β 是 $\sigma+k-\frac{n}{2}-1-|\beta|$ 正则算子.

第四章定理 2.3 指出, $T_{\partial_*^\beta}\chi^* u \in H^{s+m-|\beta|,k+1}$, $R_\beta u \in H^{s+m+\sigma+k-\frac{n}{2}-1-|\beta|}$ $\subset H^{s+m-|\beta|,k+1}$, 所以 $\chi^* u^{(\beta)} \in H^{s+m-|\beta|,k+1}$. 从而当 $|\beta| \leqslant m$ 时,

$\chi^* u^{(\beta)} \in H^{s,k+1}$, $\chi^* \partial_{x_1} u^{(\beta)} \in H^{s-1,k+1}$. 由此得 $\chi^* u^{(\beta)}|_{x_1=0} \in H^{s+k+\frac{1}{2}}$, $(\chi^* \partial_{x_1} u^{(\beta)})|_{x_1=0} \in H^{s+k-\frac{1}{2}}$. 代入 (3.10) 与 (3.12), 得到

$$u^{(\beta)}(\varphi, x', t) \in H^{s+k+\frac{1}{2}}, \quad \partial_{x_1} u^{(\beta)}(\varphi, x', t) \in H^{s+k-\frac{1}{2}}. \tag{3.18}$$

仍如引理 3.1 证明中那样写出 (3.14) — (3.16) 式, 我们有 $R_3 \in H^{2(\sigma+k-1)-\frac{n-1}{2}}$, $R_4 \in H^{s+k+\frac{1}{2}}$, $R_5 \in H^{\sigma+k+(s+k+\frac{1}{2}-\frac{n}{2})}$. 所以, 由 $\sigma = s - \dfrac{1}{2} > \dfrac{n}{2} + 3$ 可知 $R_6 = R_3 + R_4 + R_5 \in H^{s+k-\frac{1}{2}}$. 从而利用定理 2.2 得 $\varphi \in H^{s+k+\frac{1}{2}}$, 故由归纳法知引理成立. 证毕.

引理 3.2 告诉我们,为提高 φ 的正则性,应当考察 $\chi^* u$ 的正则性. 为此, 我们通过对 (3.5) 的仿线性化作出 $\chi^* u$ 所满足的仿微分方程,并将利用它与方程(3.16)交替地提高 $\chi^* u$ 与 φ 的光滑性.

引理 3.3 设 $s > \dfrac{n}{2} + \dfrac{7}{2}$, $\sigma = s - \dfrac{1}{2}$, $\varphi \in H^{s+k+\frac{1}{2}}$, $u \in H^{s+m}$, $\chi^* u \in H^{s+m,k}$, 则 $\chi^* u$ 满足仿微分方程

$$T_{p^*} \chi^* u = R, \tag{3.19}$$

其中 $p^* = p_m^* + p_{m-1}^*$, p_{m-j}^* 是 $m-j$ 阶齐次微分算子的象征,系数为 $C^{\sigma-\frac{n}{2}-1-j,k}$ $(j = 0, 1)$, 而 $R \in H^{s+1,k+1}$.

证明 如引理 3.2 证明中所指出的,当 $\chi^* u \in H^{s+m,k}$ 时,$\chi^* u^{(\beta)} \in H^{s+m-|\beta|,k} \subset H^{s,k}$ $(|\beta| \leqslant m)$, 从而利用第五章定理 4.3 有

$$\begin{aligned} 0 &= \chi^*(F(x, u, \cdots, u^{(\beta)}, \cdots)) \\ &= \sum_{\beta} T_{\frac{\partial F}{\partial u^{(\beta)}}(x, \cdots, u^{(\beta)} \circ \chi, \cdots)} \chi^* u^{(\beta)} + R_1, \end{aligned} \tag{3.20}$$

其中 $R_1 \in H^{(s-\frac{1}{2})+(s-\frac{n}{2}-1),k} \subset H^{s+1,k+1}$.

由于 $\dfrac{\partial F}{\partial u^{(\beta)}}$ 的变元 $u^{(\beta)} \circ \chi = \chi^* u^{(\beta)} + T_{\nabla(u^{(\beta)}) \circ \chi} \chi + R' \in H^{s-\frac{1}{2},k}$, 故 $\dfrac{\partial F}{\partial u^{(\beta)}} \in C^{s-\frac{n}{2}-\frac{1}{2},k}$. 由仿积的性质知, 在 (3.20) 中, $T_{\frac{\partial F}{\partial u^{(\beta)}}} \chi^* u^{(\beta)} \in H^{s+m-|\beta|,k}$,且当 $|\beta| \leqslant m-2$ 时,它属于 $H^{s+1,k+1}$. 于是,我们在 (3.20) 右端和式中只需保留 $|\beta| = m-1$ 与 $|\beta| = m$ 的项,而把低阶项都归入到余项中去,此余项属于 $H^{s+1,k+1}$.

对于 $|\beta|=m-1, m$ 的 $\chi^*u^{(\beta)}$，如 (3.17) 所示，又可写成 $T_{\partial_*^\beta}\chi^*u+R_\beta u$，其中 $\partial_*^\beta\in\sum^{|\beta|}_{\sigma+k-\frac{n}{2}-1}$，$R_\beta$ 是 $\sigma+k-\frac{n}{2}-1-|\beta|$ 正则算子且 $\sigma=s+k-\frac{1}{2}$. 由 $u\in H^{s+m}$，知 $R_\beta u\in H^{s+1,k+1}$. 又在 ∂_*^β 中低于 $m-2$ 阶的项属于 $\sum^{m-2}_{\sigma+k-\frac{n}{2}-1-(|\beta|-(m-2))}$，因为此处下标大于 k，故知

$$T_{\partial_*^\beta}\chi^*u-T_{(\partial_*^\beta)_m}\chi^*u-T_{(\partial_*^\beta)_{m-1}}\chi^*u\in H^{s+m,k}\subset H^{s+1,k+1},$$

它又可归入到余项中去. 这样，(3.20) 就可以写成

$$\sum_{|\beta|=m}T_{\frac{\partial F}{\partial u^{(\beta)}}}T_{(\partial_*^\beta)_m}\chi^*u+\sum_{|\beta|=m}T_{\frac{\partial F}{\partial u^{(\beta)}}}T_{(\partial_*^\beta)_{m-1}}\chi^*u$$
$$+\sum_{|\beta|=m-1}T_{\frac{\partial F}{\partial u^{(\beta)}}}T_{(\partial_*^\beta)_{m-1}}\chi^*u=R_1', \tag{3.21}$$

且 $R_1'\in H^{s+1,k+1}$. 注意到 $(\partial_*^\beta)_m$ 的系数属于 $C^{s+k-\frac{n}{2}-\frac{3}{2}}$，$(\partial_*^\beta)_{m-1}$ 的系数属于 $C^{s+k-\frac{n}{2}-\frac{5}{2}}$，而 $\dfrac{\partial F}{\partial u^{(\beta)}}\in C^{s-\frac{n}{2}-\frac{1}{2},k}$，故由第三章中所示的仿乘法运算性质知

$$T_{\frac{\partial F}{\partial u^{(\beta)}}}T_{(\partial_*^\beta)_m}\chi^*u=T_{\frac{\partial F}{\partial u^{(\beta)}}(\partial_*^\beta)_m}\chi^*u+R_2,$$

$$T_{\frac{\partial F}{\partial u^{(\beta)}}}T_{(\partial_*^\beta)_{m-1}}\chi^*u=T_{\frac{\partial F}{\partial u^{(\beta)}}(\partial_*^\beta)_{m-1}}\chi^*u+R_3,$$

其中 $R_2\in H^{2s-\frac{n}{2}-\frac{3}{2},k}\subset H^{s+1,k+1}$，$R_3\in H^{2s+1-\frac{n}{2}-\frac{3}{2},k}\subset H^{s+1,k+1}$. 将这些结果代入 (3.21)，即得 (3.19). 证毕.

注 由上面的证明知，T_{p^*} 的主象征 p_m^* 等于 $\sum\limits_{|\beta|=m}\dfrac{\partial F}{\partial u^{(\beta)}}(\cdots, u^{(\beta)}\circ\chi,\cdots)(\partial_*^\beta)_m$，它就是按第五章定理 4.2 中所述的运算规则由象征 $p_m=\sum\limits_{|\beta|=m}\dfrac{\partial F}{\partial u^{(\beta)}}\partial^\beta$ 关于 χ 所作出的转置.

为了能沿用定理 3.1 的证明思路来证明定理 3.2，我们要把仿微分方程 (3.19) 写成 (3.2) 的形式，然后研究交换子，最后得 (3.4) 的形式. 以下仍以 $V_1, V_2, \cdots, V_n$ 分别表示 $x_1\partial_1, \partial_2, \cdots,$

∂_n. 于是我们有

引理 3.4 在引理 3.3 的条件下，

$$T_{p^*} = \sum_{j=1}^{n} T_{B_j} V_j + T_A + Q, \tag{3.22}$$

其中 B_j 与A是 $m-1$ 阶齐次多项式，关于 χ 分别属于 $C^{s-\frac{n}{2}-\frac{5}{2},k+1}$ 类与 $C^{s-\frac{n}{2}-\frac{7}{2},k+1}$ 类，余项 Q 是由 $H^{s'+m,k'}$ 到 $H^{s'+s-\frac{n}{2}-\frac{5}{2},k'}$ 的映射。这里 $k' \leqslant k+1$ 而 s' 为任意实数.

证明 由于 $\{x_1 = 0\}$ 是 p_m^* 的特征[1)]，所以

$$p_m^* = a x_1 \xi_1^m + \sum b_{k,\alpha,l} \xi_1^k \xi'^{\alpha} \tau^l, \tag{3.23}$$

其中和式是对 $k < m$, $k + |\alpha| + l = m$ 求和，(3.23) 右端之 $b_{\cdot\alpha,l}$ 与 $a x_1$ 均属于 $C^{s-\frac{n}{2}-\frac{3}{2},k}$. 因此又有 $a \in C^{s-\frac{n}{2}-\frac{5}{2},k+1}$，于是

$$\begin{aligned} T_{p_m^*} &= T_{a x_1} D_1^m + \sum T_{b_{k,\alpha,l}} D_1^k D_{x'}^{\alpha} D_t^l \\ &= T_a (x_1 D_1^m) + \sum T_{b_{k,\alpha,l}} D_1^k D_{x'}^{\alpha} D_t^l + (T_{a x_1} - T_a x_1) D_1^m. \end{aligned}$$

由于 $T_{a x_1} - T_a x_1$ 是从 $H^{s',k'}$ 到 $H^{s'+s-\frac{n}{2}-\frac{5}{2},k'}$ 的连续映射，故可得 (3.22) 式. 证毕.

引理 3.5 设 $B_i (i = 1, \cdots, m)$, A 都是 $m-1$ 阶齐次微分算子的象征，作为 ξ 的多项式其系数分别为 x 的 $C^{\rho+1,k'}$ 与 $C^{\rho,k'}$ 函数 ($\rho > 0$). $P = \sum_{i=1}^{n} T_{B_i} V_i + T_A$. 则对满足 $1 \leqslant |I| \leqslant k \leqslant k'$ 的正整数 k 与重指标 I，成立

$$[V^I, P] = \sum_{\substack{J \subset I \\ |J| < |I|}} T_{B_{J,i}} V_i V^J + R_I, \tag{3.24}$$

其中 $B_{J,i}$ 是 ξ 的 $m-1$ 次齐次多项式，其系数关于 x 属于 $C^{\rho+1,k'-|I|+|J|}$，R_I 是 H^{s+m,l_1} 到 $H^{s+1,l_1-|I|+1}$ 的连续映射，其中 $k-1 \leqslant l_1 \leqslant k'-1$.

证明 对 k 使用归纳法. 先考虑 $k = 1$ 的情形. 记 $A = \sum a_\alpha \partial_x^\alpha$, $T_A = \sum T_{a_\alpha} \partial_x^\alpha$，则由第三章引理 3.1 知

---

1) 若齐次象征 p_m 在一超曲面 S 的余法丛上为零，则称 S 为象征 p_m 的特征. 此时，若微分算子 P 以 p_m 为主象征，则 S 就是微分算子 P 的特征曲面.

$$[V_l, T_A] = \sum[V_l, T_{a_\gamma}]\partial_x^\alpha + \sum T_{a_\alpha}[V_l, \partial_x^\alpha]$$
$$= \sum(T_{V_l a_\alpha} + R_{l,\alpha})\partial_x^\alpha + \sum T_{a_\alpha} H_{l,\alpha},$$
其中 $R_{l,\alpha}$ 是从 H^{s+1,l_1} 到 $H^{s+1+\rho,l_1}$ 的连续映射，只要 $l_1 \leqslant k'$ 成立，而 $H_{l,\alpha}$ 是具常系数的 $m-1$ 阶微分算子. 故 $[V_l, T_A]$ 可以用 (3.24) 右端 $R_I(|I|=1)$ 表示. 又

$$\begin{aligned}[V_l, T_{B_j}V_j] &= [V_l, T_{B_j}]V_j + T_{B_j}[V_l, V_j] \\ &= [V_l, T_{B_j}]V_j \\ &= \sum(T_{V_l b_{j,\alpha}} + R_{l,j,\alpha})\partial_x^\alpha V_j \\ &\quad + \sum T_{b_{j,\alpha}} H_{l,j,\alpha} V_j \\ &= \sum(T_{V_l b_{j,\alpha}}\partial_x^\alpha + T_{b_{j,\alpha}} H_{l,j,\alpha})V_j \\ &\quad + \sum R_{l,j,\alpha}\partial_x^\alpha V_j.\end{aligned}$$

注意到 B_j 的系数为 x 的 $C^{\rho+1,k'}$ 函数，故在 $l_1 \leqslant k'-1$ 时，$R_{l,j,\alpha}$ 为 H^{s+1,l_1-1} 到 H^{s+1,l_1} 的映射，所以 $\sum R_{l,j,\alpha}\partial_x^\alpha V_j$ 为从 H^{s+m,l_1} 到 H^{s+1,l_1} 的连续映射. 以 $B_{0,j}$ 记 $\sum\limits_l [(V_l b_{j,\alpha})\xi^\alpha + b_{j,\alpha}h_{l,j,\alpha}]$，它们关于 x 属于 $C^{\rho+1,k'+1}$. 由此可见，(3.24) 在 $k=1$ 时成立.

今设命题对 $k<k'$ 成立. 取 $|I|=k$,

$$\begin{aligned}[V_l V^I, P] &= V_l[V^I, P] + [V_l, P]V^I \\ &= V_l\Big(\sum_{\substack{J\subset I\\ |J|<|I|}} T_{B_{J,i}} V_i V^J + R_I\Big) + \big(\sum T_{B_{0,j}} V_j + R_l\big)V^I \\ &= \sum_{\substack{J\subset I\\ |J|<|I|}} \big([V_l, T_{B_{J,j}} V_j]V^J + T_{B_{J,j}} V_j V_l V^J + V_l R_I \\ &\qquad + \big(\sum T_{B_{0,j}} V_j + R_l\big)V^I \\ &= \sum_{\substack{J\subset I\\ |J|<|I|}} \Big(\sum_j B_{0,J,j} V_j V^J + \sum_{l,\alpha} R_{l,J,j,\alpha}\partial_x^\alpha V_j\, V^J \\ &\qquad + \sum_i T_{B_{J,j}} V_j V_l V^J\Big) + V_l R_I + \big(\sum T_{B_{0,j}} V_j + R_l\big)V^I,\end{aligned} \tag{3.25}$$

其中 $\sum\limits_{\substack{J\subset I\\ |J|<|I|}}\Big(\sum\limits_i B_{0,J,j} V_j V^J + \sum\limits_i T_{B_{J,j}} V_j V_l V^J\Big)$ 相当于 $|I| = k +$

1时 (3.24) 右端的第一项. 事实上, $(l, J)\subset(l, I)$, $|J|+1<|I|+1$, $B_{0,J,j}$ 为 ξ 的 $m-1$ 次多项式,它关于 x 的切向可微性要比 $B_{J,j}$ 低一阶, 即关于 x 属于 $C^{\rho+1,k'-|I|+|J|-1}$, 这正是 (3.24) 右端在将 $|I|$ 代之以 $|I|+1$ 时所要求的.

考察 (3.25) 右端的余项. 对 $R_{I,J,j,\alpha}\partial_x^\alpha V_j V^J$ 来说, $\partial_x^\alpha V_j V^J$ 将 H^{s+m,l_1} 线性连续地映射到 $H^{s+1,l_1-|J|-1}\subset H^{s+1,l_1-|I|}$. 由于 $B_{J,j}\in C^{\rho+1,k'-|I|+|J|}$, 故据 $k=1$ 时的讨论知,只要 $l_1-|I|\leqslant k'-|I|+|J|-1$, $R_{I,J,j,\alpha}$ 就将 $H^{s+1,l_1-|I|}$ 连续映射到 $H^{s+1,l_1-|I|+1}$. 但 $l_1-|I|\leqslant k'-|I|+|J|-1$ 是 $l_1\leqslant k'-1$ 的简单推论, 故知 $R_{I,J,j,\alpha}\partial_x^\alpha V_j V^J$ 是 H^{s+m,l_1} 到 $H^{s+1,l_1-|I|+1}$ 的连续映射,所以它可并入到 (3.24) 的余项中. 至于对 (3.25) 右端的其余几项,则更容易分析,它们均可并入到 (3.24) 的余项中. 这样, 我们就用归纳法完成了引理 3.5 的证明. 证毕.

定理 3.2 的证明 我们将指出,如果引理 3.3 的条件成立, 则 $\chi^*u\in H^{s+m,k+1}$. 事实上,对任一重指标 I,若 $|I|=k+1$,则将 V^I 作用于 (3.19) 两端,利用引理 3.5 可得

$$T_{p^*}V^I\chi^*u+[V^I,T_{p^*}]\chi^*u=V^IR,$$

$$T_{p^*}V^I\chi^*u+\sum_{|J|=k}T_{B_{J,j}}V_jV^J\chi^*u$$

$$=V^IR-\sum_{|J|\leqslant k-1}T_{B_{J,j}}V_jV^J\chi^*u-R_I\chi^*u. \qquad (3.26)$$

此时在引理 3.5 中 k' 取为 $k+1$, ρ 取为 $s-\frac{n}{2}-\frac{7}{2}$, 由引理 3.3 知 $R\in H^{s+1,k+1}$,所以 $V^IR\in H^{s+1}$. 由引理 3.4 知 R_I 是 $H^{s+m,k}$ 到 $H^{s+1,0}$ 的连续映射 (取 $l_1=k$), 故 $R_I\chi^*u\in H^{s+1}$, 而 $\sum_{|J|\leqslant k-1}T_{B_{J,j}}V_jV^J\chi^*u$ 也显然属于 H^{s+1}, 故 (3.26) 右端为 H^{s+1} 函数. 今将(3.26)视为 $V^I\chi^*u(|I|\leqslant k+1)$的仿微分方程组,它是一个具有相同主部 T_{p^*} 的方程组,从而可以应用正则性传播定理 2.2 (参见定理 2.2 的注 3). 于是,与定理 3.1 的证明一样,可以由 $t<0$ 时 $V^I\chi^*u\in H^{s+m}$ 推知 $t>0$ 时 $V^I\chi^*u\in H^{s+m}$. 从而 $t>0$ 时有

$\chi^* u \in H^{s+m,k+1}$.

结合引理 3.2的结论，我们就可以交替地不断提高 φ 的正则性和 $\chi^* u$ 在切向的正则性，从而可以得到 $\varphi \in H^\infty$ 以及 $\chi^* u \in H^{s+m,\infty}$ $(x_1 = 0)$，于是 $\sum \in C^\infty$. 又由

$$u_0 \chi = \chi^* u + T_{u' \circ \chi} \chi + R$$

可知，在 $\chi \in H^\infty$ 时，$R \in H^\infty$，故可得 $u \in H^{s+m,\infty}(\sum)$. 定理 3.2 证毕。

关于仿微分算子在非线性方程的奇性分析中的应用，最近又有一些相当深刻的工作. 例如 [Bo3], [Al4] 中分析了非线性方程的解的奇性干扰现象. 有兴趣的读者可自行参阅.

附录 球面上 Laplace 算子的谱

在第四章引理 1.1 中我们引用了球面上 Laplace 算子的谱的一个性质. 为了便于读者阅读，我们在此附录中给出该引理的详细证明. 以下材料取自 [BGM1].

记 S^n 为欧氏空间 $\mathbf{R}^{n+1}$ 中的单位球面，S^n 上的 Laplace 算子可按一般 Riemann 流形上 Laplace 算子的定义导出. 然而，我们也可以就单位球面 S^n 的特殊情形,按以下更简洁的方式给出其上 Laplace 算子的表示.

记 $\mathbf{R}^{n+1}$ 的坐标为 $x_1, \cdots, x_{n+1}$ 并引入球坐标$(r, \theta_1, \cdots, \theta_n)$,

$$
\begin{aligned}
x_1 &= r \sin\theta_1, \\
x_2 &= r \cos\theta_1 \sin\theta_2, \\
&\vdots \\
x_n &= r \cos\theta_1 \cdots \cos\theta_{n-1} \sin\theta_n, \\
x_{n+1} &= r \cos\theta_1 \cdots \cos\theta_{n-1} \cos\theta_n,
\end{aligned}
$$

则由计算可知,在 $r \neq 0$, $\theta_i \neq 0 (i = 1, \cdots, n)$ 时有

$$
\sum_{i=1}^{n+1} \partial_{x_i}^2 = \partial_r^2 + \frac{n}{r}\partial_r + \frac{1}{r^2}L, \tag{A1}
$$

其中 L 为二阶切向偏微分算子. L 就称为 S^n 上的 Laplace 算子. 由于算子 $\sum_{i=1}^{n+1} \partial_{x_i}^2$ 在坐标旋转下形式不变，而 (A 1) 右端的前两项也与坐标旋转无关,从而算子 L 也是如此. 于是,我们在导出 (A1) 前所作的限制 $\theta_i \neq 0$ $(i = 1, \cdots, n)$ 可以取消. 记 Δ^{S^n} 为 S^n 上的 Laplace 算子，$\Delta^{\mathbf{R}^{n+1}}$ 为 $\mathbf{R}^{n+1}$ 上的 Laplace 算子，则由 (A1) 有

$$
\Delta^{\mathbf{R}^{n+1}} = \frac{1}{r^2}\Delta^{S^n} + \partial_r^2 + \frac{n}{r}\partial_r. \tag{A2}
$$

易见，对于 $\tilde{u}\in C^2(S^n)$，作 $\tilde{u}$ 在 $\mathbf{R}^{n+1}$ 中的齐零次延拓 u，则有

$$\Delta^{S^n}\tilde{u} = \Delta^{\mathbf{R}^{n+1}}u. \tag{A3}$$

例 1 S^1 上的 Laplace 算子为 ∂_θ^2. S^2 上的 Laplace 算子为 $\frac{1}{\sin\theta_1}\partial_{\theta_1}\left(\frac{1}{\sin\theta_1}\partial_{\theta_1}\right)+\frac{1}{\sin^2\theta_1}\partial_{\theta_2}^2$，其中 $\theta_1=0$ 点的奇性在坐标变换下可去掉.

显然，Δ^{S^n} 为 S^n 上的二阶椭圆算子，而且当 Δ^{S^n} 的定义域扩张到 $H^2(S^n)$ 时，Δ^{S^n} 为 $L^2(S^n)$ 空间中的自共轭算子. 于是由自共轭椭圆算子的性质可知，Δ^{S^n} 的特征值是离散的，在有限范围内无聚点且对应于每个特征值的特征子空间是有限维的. 我们的问题是在将特征值排成一个增长的数列后，估计此数列的增长速度.

命题 1 对任意的 $k\geqslant 0$，$\lambda_k=k(n+k-1)$ 为 Δ^{S^n} 的特征值.

证明 设 $\mathscr{H}_k$ 为 $\mathbf{R}^{n+1}$ 中齐 k 次的调和多项式，以下简记 $\mathscr{H}_k$ 为 H，则 $H=r^k\cdot H|_{S^n}$. 于是，$\partial_r H=kr^{k-1}\cdot H|_{S^n}$，$\partial_r^2 H=k(k-1)r^{k-2}\cdot H|_{S^n}$，从而由 (A 2) 可知

$$\begin{aligned}\Delta^{S^n}(H|_{S^n}) &= (\Delta^{\mathbf{R}^{n+1}}H)|_{S^n}+k(n+k-1)\cdot H|_{S^n}\\ &= k(n+k-1)\cdot H|_{S^n}\end{aligned}$$

证毕.

记对应于 λ_k 的特征子空间为 G_k（它包含 $\mathscr{H}_k$ 在 S^n 上的限制 $\widetilde{H}_k$），则对每个 $k\geqslant 0$，G_k 都是有限维的，且对不同的 k 和 k'，子空间 G_k 与 G'_k 在 $L^2(S^n)$ 中正交. 以下我们将证明在命题 1 中所示的 λ_k 包括了 Δ^{S^n} 的全部特征值.

命题 2 记 $\mathscr{P}_k$ 为 $\mathbf{R}^{n+1}$ 中齐 k 次多项式，$\mathscr{H}_k$ 为 $\mathbf{R}^{n+1}$ 中齐 k 次调和多项式，则有

$$\begin{aligned}\mathscr{P}_{2k} &= \mathscr{H}_{2k}\oplus r^2\mathscr{H}_{2k-2}\oplus\cdots\oplus r^{2k}\mathscr{H}_0,\\ \mathscr{P}_{2k+1} &= \mathscr{H}_{2k+1}\oplus r^2\mathscr{H}_{2k-1}\oplus\cdots\oplus r^{2k}\mathscr{H}_1.\end{aligned} \tag{A4}$$

证明 用归纳法. 当 $k=0$ 时，$\mathscr{P}_0=\mathscr{H}_0$ 与 $\mathscr{P}_1=\mathscr{H}_1$ 显然成立. 故只须证明当 $k>0$ 时，由 $\mathscr{P}_k=\mathscr{H}_k\oplus r^2\mathscr{P}_{k-2}$ 可导出 $\mathscr{P}_{k+2}=\mathscr{H}_{k+2}\oplus r^2\mathscr{P}_k$.

$\mathscr{H}_{k+2}+r^2\mathscr{P}_k\subset\mathscr{P}_{k+2}$ 是明显的．为说明 $\mathscr{H}_{k+2}$ 与 $r^2\mathscr{P}_k$ 的正交性，注意到它等价于 $\widetilde{\mathscr{H}}_{k+2}$ 与 $\widetilde{\mathscr{P}}_k$ 在 $L^2(S^n)$ 中的正交性，这里 $\widetilde{\mathscr{P}}_k=\mathscr{P}_k|_{S^n}$．由于 $\widetilde{\mathscr{H}}_{k+2}$ 是对应于特征值 $(k+2)(n+k+1)$ 的特征子空间，而由归纳假设，$\widetilde{\mathscr{P}}_k$ 是对应于小于 $(k+2)\cdot(k+n+1)$ 的那些特征值的诸特征子空间之和，故 $\widetilde{\mathscr{H}}_{k+2}$ 与 $\widetilde{\mathscr{P}}_k$ 正交．

以下我们指出，若 P 是 $\mathscr{P}_{k+2}$ 中与 $\mathscr{P}_k$ 正交的元素，则必有 $\Delta^{\mathbb{R}^{n+1}}P=0$．注意到 $\Delta^{\mathbb{R}^{n+1}}P\in\mathscr{P}_k$，由归纳法假设便知只须证明 $\Delta^{\mathbb{R}^{n+1}}P$ 与一切 $r^{2l}\mathscr{H}_{k-2l}$ $(0\leqslant 2l\leqslant k)$ 正交，或证明 $(\Delta^{\mathbb{R}^{n+1}}P)_{S^n}$ 与 $\widetilde{\mathscr{H}}_{k-2l}$ $(0\leqslant 2l\leqslant k)$ 正交．

为简单起见，记 $\tilde{f}=f|_{S^n}$，$\Delta f=\Delta^{\mathbb{R}^{n+1}}f$，$\Delta\tilde{f}=\Delta^{S^n}\tilde{f}$，则对 $P\in\mathscr{P}_{k+2}$，$H\in\mathscr{H}_{k-2l}$，我们有

$$\int_{S^n}\widetilde{\Delta PH}=\int_{S^n}\widetilde{\Delta P}\cdot\widetilde{H}+2\int_{S^n}\widetilde{\sum_i\partial_{x_i}(P\partial_{x_i}H)}$$
$$-\int_{S^n}\widetilde{P}\,\widetilde{\Delta H}.$$

由流形上的 Stokes 公式知

$$0=\int_{S^n}\widetilde{\Delta P}\cdot\widetilde{H}-\int_{S^n}\widetilde{P}\,\Delta\widetilde{H}$$
$$=\int_{S^n}\widetilde{\Delta P}\cdot\widetilde{H}-\int_{S^n}\widetilde{P}\cdot(k-2l)(n+k-2l-1)\widetilde{H}.$$

因前面已假设 p 与 $\mathscr{P}_k$ 正交，故 $\int_{S^n}\widetilde{P}\widetilde{H}=0$．所以

$$\int_{S^n}\widetilde{\Delta}P\cdot\widetilde{H}=0,\qquad\forall\widetilde{H}\in\widetilde{\mathscr{H}}_{k-2l}\ (0\leqslant 2l\leqslant k).$$

由此可知 $\widetilde{\Delta P}=0$ 及 $\Delta P=0$，即 $P\in\mathscr{H}_{k+2}$．从而得 $\mathscr{P}_{k+2}\subset\mathscr{H}_{k+2}\oplus r^2\mathscr{P}_k$．证毕．

命题 3 算子 Δ^{S^n} 的全部特征值为 $\lambda_k=k(n+k-1)$，$k\geqslant 0$，且对应于每个 λ_k 的特征子空间为 $\widetilde{\mathscr{H}}_k$．

证明 根据 Weierstrass 多项式逼近定理知道 $\mathscr{P}_k$ 全体在

$C^{\infty}(\mathbf{R}^{n+1})$ 中稠密，所以 $\tilde{P}_k$ 全体在 $C^{\infty}(S^n)$ 中稠密．由命题 2 知 $\oplus\tilde{\mathscr{H}}_k$ 在 $C^{\infty}(S^n)$ 中稠密． 今若有特征值 λ 与命题中所述一切 λ 均不相等，则与 λ 所对应的特征子空间 G 必定与一切 $\tilde{\mathscr{H}}_k$ 正交，从而 G 中不可能有任何非零元素，这就导致矛盾．

记 G_k 为与 λ_k 对应的特征子空间，$G_k\supset\tilde{\mathscr{H}}_k$，选取元素 $l\in G_k$ 且 l 与 $\tilde{\mathscr{H}}_k$ 正交．由于 $k\neq k'$ 时，与 λ_k 对应的特征子空间 G_k 必与 $\tilde{\mathscr{H}}_{k'}$ 正交，因此 l 与一切 $\tilde{\mathscr{H}}_k$ 正交，这又导致 l 必须为零．所以 $G_k=\tilde{\mathscr{H}}_k$. 证毕．

最后，我们来讨论算子 Δ^{S^n} 的特征值 λ_k 的重数．

命题 4 算子 Δ^{S^n} 的特征值 λ_k 的重数为 $\frac{1}{k}(n+2k-1)\cdot C_{k-1}^{n+k-2}$．

证明 λ_k 的重数即 $\tilde{\mathscr{H}}_k$ 或 $\mathscr{H}_k$ 的维数．由 (A4) 知 $\dim\mathscr{H}_k=\dim\mathscr{P}_k-\dim\mathscr{P}_{k-2}$. 由于 $\dim\mathscr{P}_k=C_k^{n+k}$，故

$$
\begin{aligned}
\dim\mathscr{H}_k &= C_k^{n+k}-C_{k-2}^{n+k-2}\\
&=(n+k)(n+k-1)\cdots(n+1)/k!\\
&\quad-(n+k-2)(n+k-3)\cdots(n+1)/(k-2)!\\
&=(n+k-2)(n+k-3)\cdots(n+1)\\
&\quad\times[(n+k)(n+k-1)-k(k-1)]/k!\\
&=C_{k-1}^{n+k-2}(n+2k-1)/k. \qquad\qquad (A5)
\end{aligned}
$$

证毕．

最后，我们来证明第四章引理 1.1.

在每个 $\tilde{\mathscr{H}}_k$ 中选取标准正交函数组 $\{g_1,\cdots,g_{n_k}\}$，其中 $n_k=\dim\tilde{\mathscr{H}}_k$，即可组成 $L^2(S^n)$ 中的一组完全标准正交系．

由命题 4 并利用 Stirling 公式易知，当 $k\to\infty$ 时，$\dim\mathscr{H}_k\sim k^n$. 对充分大的 l，由命题 3 知 Δ^{S^n} 小于 l 的特征值的个数 $\sim Cl^{\frac{1}{2}}$. 若将 m 重特征值视为 m 个特征值，则 Δ^{S^n} 小于 l 的特征值的个数 $\sim C\sum\limits_{k\leq l^{\frac{1}{2}}}k^n\sim C(l^{\frac{1}{2}})^{n+1}$. 于是，若将 Δ^{S^n} 的特征值重新按由小到大的次序排列并按其重数重复计数，则第 ν 个特征值 μ_ν 应有估计

$$\mu_v \sim C v^{-\frac{2}{n+1}}, \tag{A6}$$

此即第四章引理 1.1 所需。证毕。

参考文献

[Ad1] Adams, R. A., Sobolev spaces, Now York, Academic Press, 1975.

[Al1] Alinhac, S., Paracomposition et application aux équations non-linéaires, *Seminaire Bony-Sjöstrand-Meyer* (no:11), 1984—85.

[Al2] Alinhac, S., Paracomposition et opérateurs paradifférentiels, *Comm. in P. D. E.*, **11**(1), 87—121, 1986.

[Al3] Alinhac, S.,Evolution d'une onde simple pour des équations non-linéaires générales, *Current Topics in P. D. E.*, Kinekuniya Co., Japan; 1985.

[Al4] Alinhac, S., Evolution d'ondes simples pour des équations complètement non-linéaires, *Seminaire d'E. D. P* (no:8), 1985—86.

[BD1] Bahouri, H. & Dehmam,B., Propagation du front d'onde C^ρ pour des équations non linéaires (to appear).

[Be1] Beals, M., Self-spreading and strength of singularities for solutions to semilinear wave equations, *Ann. of Math.*, **118**, 187—214, 1983.

[Be2] Beals, M., Presence and absence of weak singularities in nonlinear waves, Dynamical Problems in Continuum Physics, Springer-Verlag, 1987.

[BGM1] Berger, M., Gauduchon, P. & Mazet, E., Le spectre d'une Variété Riemannienne, *Lecture Notes in Math.*, **194**. Springer-Verlag, Berlin, Heidelberg, 1971.

[Bo1] Bony,J. M , Calcul symbolique et propagation des singularités pour les équations aux dérivées partielles non-linéaires, *Ann. Scient. E. N. S.*, **14**, 209—246, 1981.

[Bo2] Bony, J M., Propagation des singularités pour les équations aux dérivées partiells non-linéaires. *Sem. Goulaouic-Meyer-Schwartz* (no:22), 1979—80.

[Bo3] Bony, J. M., Interaction des singularités pour les équations aux dérivées partiells non-linéaires, *Sem. Goulaouic-Meyer-Schwartz* (no:2), 1981—82.

[Bo4] Bony, J. M., Interaction des singularités pour les équations de Klein-Gordon non-linéaires. *Sem. Goulaouic-Meyer-Schwartz* (no:10), 1983—84.

[Bo5] Bony, J. M.,Second microlocalization and propagation of singularities for semi-linear hyperbolic equation. (to appear).

[Bou1] Boulkhemair, A., Opérateurs paradifférentiels et conjugaison par des opérateurs intégaison de Fourier.,Thèse de 3'ème cycle, Université Paris XI (Orsay) 1984.

[BL1] Bregh, J. & Löfstrom, J., Interpolation spaces, Springer-Verlag, 1976.

[Ch1] 陈恕行,偏微分方程概论,高等教育出版社, 1981.

[Ch2] Chen Shuxing, Regularity estimate of solution to semilinear wave equation in higher space dimension *Scientia Sinica* (Ser. A),, **27**(9), 924—935 1984.

[Ch3] Chen Shuxing, Propagation of anomalous singularities of solutions to semilinear hyperbolic equation of higher order, *Northeastern Math* J., **1**(2), 127—137, 1985.

[Ch4] Chen Shuxing, Smoothness of shock front solution for system of conservation laws, *Lecture Notes in Math.*, no. 1306, 38—60, 1987.

[Che1] Chemin, J. Y., Calcul paradifférentiel précisé et applications à des équations aux dérivées partielles non semi-linéaires (to appear).

[Che2] Chemin, J. Y., Theorems de régularité pour les solutions d'équations aux dérivées partielles non linéaires hyperboliques, Ph. D. Dissertation, l'Université de Paris-Sud, 1987.

[Chi1] Chin-Hung Ching., Pseudodifférential operators with nonregular symbols, *J. Diff. Eqs.*, **11**, 436—447, 1972.

[CM1] Coifman, R. & Meyer, Y., Audela des opérateurs pseudodifférentiels, *Asterisque*, **57**, 1—185, 1978

[Co1] Cordes, H. O., On compactness of commutators of multiplications and convolutions, and boundedness of pseudo-differential operators, *J. Func. Anal.*, **18**, 115—131, 1975.

[CF1] Cordoba, A. & Fefferman. C., Wave packet and Fourier integral operators, *Comm. P. D. E.*, **3**, 979—1005,1978.

[CP1] Chazarain, J. & Piriou, A., Introduction to the theory of partial differential equations, North-Holland Publ. Co., 1982.

[DH1] Duistermaat, J. J. & Hörmander, L., Fourier integral operators II, *Acta Math.*, **128**, 183—269, 1972.

[Ge1] Gerard, P., Solutions conormales analytiques d'équations hyperboliques nonlinéaires *Comm. P. D. E.*, **13**(3), 345—375, 1988.

[Ho1] Hörmander. L., The analysis of linear partial differential operators, Springer-Verlag, 1985.

[Ho2] Hörmander, L., Fourier integral operators I, *Acta. Math.*, **127**, 79—183, 1971.

[KN1] Kohn, J. J. & Nirenberg, L., An algebra of pseudodifferentia operators, *Comm. P. A. M.*, **18**, 269—305, 1965.

[Li1] Li Chengzhang., Remarks on the L^p-boundedness of pseudodifferential operators, *Proc. of the Changchung symposium*, 463—472, 1982.

[Li2] Li Chengzhang., The L^2-boundedness of pseudodifferential operators of type (ρ,δ) (to appear).

[MR1] Nelorse, R. & Ritter, N., Interaction of non-linear progressing waves I, *Ann. of Math.*, **121**, 187—213, 1985.

[Met1] Metivier, G., Intégrales singuliéres, Cours Univ. Rennes, 1982.

[Met2] Metivier, G., Interaction de deux chocs pour un systeme de deux lois de conservation, en dimension deux d'espace, *Trans. Amer. Math. Soc.*, **296**(2), 431—479, 1986.

[Mey1] Meyer, Y., Remarques sur un theorem de J. M. Bony *Suppl. Rend. Circ.* Mat. Palermo, **1**, 1—20, 1981.

[Mey2] Meyer, Y., Regularité des solution des équations aux dérivées partielles non linéaires., *Sem. Bourbaki*, **32**, 560, 1979—80.

[MN1] Muramatu, T. & Nagase, M., L^2-boundedness of pseudodifferential operators with non-regular symbols, *Canadian Math. Soc. Conf. Proc.*, **1**, 135—144, 1981.

[Ni1] Nirenberg, L., Lecture on linear partial differential equations, *Amer. Math. Soc. Regional Conf. in Math.*, **17**, 1—58, 1972.

[QC1] 仇庆久,陈恕行,是嘉鸿,刘景麟,蒋鲁敏,傅里叶积分算子理论及其应用,科学出版社,1985.

[Qi1] 齐民友,线性偏微分算子引论,科学出版社,1986.

[Qiu1] Qiu Qingjiu., On the Hölder boundedness of pseudodifferential operators with non-regular symbols., *J. Nanjing Univ. Math.* **1** (1) 32—40 1984.

[Qiu2] 仇庆久,仿 Fourier 积分算子,中国科学,**32** 225-235,1989.

[Qiu3] 仇庆久,仿 Fourier 积分算子的应用,中国科学,**32**,225—235,1989.

[Sa1] Sablé-Tougeron,, Régularitèmicrolocale pour des problèmes aux lim ites non linéaires, *Ann. de* l'Institut Fourier, **36**(1),39—82, 1986.

[St1] Stein, E. M., Singular integrals and differentiability properties of functions, Princeton univ. press, 1970.

[Ta1] Taylor, M., Pseudodifferential operators, Princeton univ. press, 1981.

[Tr1] T eves, F., Introduction to pseudodifferential and Fourier integral operators, Plenum press, 1980.

[Tri1] Triebel. H., Interpolation theory, function spaces, differential operators, Amsterdam, North-holland Pub. Co., 1978.

[WL1] Wang Rouhuai & Li Chengzhang, On the L^p-boundedness of pseudodifferential operators, *Chin. Ann. Math.*, **5B** (2), 193—213, 1984.

[Xu1] Xu C. J., Régularité des solutions des équations aux dérevées partielles non linéaires, Thesis, 1986.

[Xu2] Xu. C. J., Opérateurs sous-elliptiques et régul arités des solutions d'équations aux dérivées partielles non linéaires du sec ond ordre en deux variables, *Comm. P. D. E.*, **11**(12),1575—1603, 1986.

[XZ1] Xu C. J. & Zuily C, Smoothness up to the boundary for solutions of nno linear and non elliptic Dirichlet problem *Trans. Amer. Math. Soc.*, **306**(1), 1—15, 1988.

[Zu1] Zuily, C., Régularité et non régularité des solutions non st rictment convexes de l'équation de Monge-Ampère, *Sem. Bony-Sjöstrand-Meyer* (no:18), 1984—85.

《现代数学基础丛书》已出版书目

1 数理逻辑基础(上册) 1981.1 胡世华 陆钟万 著
2 数理逻辑基础(下册) 1982.8 胡世华 陆钟万 著
3 紧黎曼曲面引论 1981.3 伍鸿熙 吕以辇 陈志华 著
4 组合论(上册) 1981.10 柯 召 魏万迪 著
5 组合论(下册) 1987.12 魏万迪 著
6 数理统计引论 1981.11 陈希孺 著
7 多元统计分析引论 1982.6 张尧庭 方开泰 著
8 有限群构造(上册) 1982.11 张远达 著
9 有限群构造(下册) 1982.12 张远达 著
10 测度论基础 1983.9 朱成熹 著
11 分析概率论 1984.4 胡迪鹤 著
12 微分方程定性理论 1985.5 张芷芬 丁同仁 黄文灶 董镇喜 著
13 傅里叶积分算子理论及其应用 1985.9 仇庆久 陈恕行 是嘉鸿 刘景麟 蒋鲁敏 编
14 辛几何引论 1986.3 J.柯歇尔 邹异明 著
15 概率论基础和随机过程 1986.6 王寿仁 编著
16 算子代数 1986.6 李炳仁 著
17 线性偏微分算子引论(上册) 1986.8 齐民友 编著
18 线性偏微分算子引论(下册) 1992.1 齐民友 徐超江 编著
19 实用微分几何引论 1986.11 苏步青 华宣积 忻元龙 著
20 微分动力系统原理 1987.2 张筑生 著
21 线性代数群表示导论(上册) 1987.2 曹锡华 王建磐 著
22 模型论基础 1987.8 王世强 著
23 递归论 1987.11 莫绍揆 著
24 拟共形映射及其在黎曼曲面论中的应用 1988.1 李 忠 著
25 代数体函数与常微分方程 1988.2 何育赞 萧修治 著
26 同调代数 1988.2 周伯壎 著
27 近代调和分析方法及其应用 1988.6 韩永生 著
28 带有时滞的动力系统的稳定性 1989.10 秦元勋 刘永清 王 联 郑祖庥 著
29 代数拓扑与示性类 1989.11 [丹麦] I. 马德森 著
30 非线性发展方程 1989.12 李大潜 陈韵梅 著

31 仿微分算子引论 1990.2 陈恕行 仇庆久 李成章 编
32 公理集合论导引 1991.1 张锦文 著
33 解析数论基础 1991.2 潘承洞 潘承彪 著
34 二阶椭圆型方程与椭圆型方程组 1991.4 陈亚浙 吴兰成 著
35 黎曼曲面 1991.4 吕以辇 张学莲 著
36 复变函数逼近论 1992.3 沈燮昌 著
37 Banach 代数 1992.11 李炳仁 著
38 随机点过程及其应用 1992.12 邓永录 梁之舜 著
39 丢番图逼近引论 1993.4 朱尧辰 王连祥 著
40 线性整数规划的数学基础 1995.2 马仲蕃 著
41 单复变函数论中的几个论题 1995.8 庄圻泰 杨重骏 何育赞 闻国椿 著
42 复解析动力系统 1995.10 吕以辇 著
43 组合矩阵论(第二版) 2005.1 柳柏濂 著
44 Banach 空间中的非线性逼近理论 1997.5 徐士英 李 冲 杨文善 著
45 实分析导论 1998.2 丁传松 李秉彝 布 伦 著
46 对称性分岔理论基础 1998.3 唐 云 著
47 Gel'fond-Baker 方法在丢番图方程中的应用 1998.10 乐茂华 著
48 随机模型的密度演化方法 1999.6 史定华 著
49 非线性偏微分复方程 1999.6 闻国椿 著
50 复合算子理论 1999.8 徐宪民 著
51 离散鞅及其应用 1999.9 史及民 编著
52 惯性流形与近似惯性流形 2000.1 戴正德 郭柏灵 著
53 数学规划导论 2000.6 徐增堃 著
54 拓扑空间中的反例 2000.6 汪 林 杨富春 编著
55 序半群引论 2001.1 谢祥云 著
56 动力系统的定性与分支理论 2001.2 罗定军 张 祥 董梅芳 著
57 随机分析学基础(第二版) 2001.3 黄志远 著
58 非线性动力系统分析引论 2001.9 盛昭瀚 马军海 著
59 高斯过程的样本轨道性质 2001.11 林正炎 陆传荣 张立新 著
60 光滑映射的奇点理论 2002.1 李养成 著
61 动力系统的周期解与分支理论 2002.4 韩茂安 著
62 神经动力学模型方法和应用 2002.4 阮 炯 顾凡及 蔡志杰 编著
63 同调论——代数拓扑之一 2002.7 沈信耀 著
64 金兹堡-朗道方程 2002.8 郭柏灵 黄海洋 蒋慕容 著

65 排队论基础 2002.10 孙荣恒 李建平 著
66 算子代数上线性映射引论 2002.12 侯晋川 崔建莲 著
67 微分方法中的变分方法 2003.2 陆文端 著
68 周期小波及其应用 2003.3 彭思龙 李登峰 谌秋辉 著
69 集值分析 2003.8 李 雷 吴从炘 著
70 强偏差定理与分析方法 2003.8 刘 文 著
71 椭圆与抛物型方程引论 2003.9 伍卓群 尹景学 王春朋 著
72 有限典型群子空间轨道生成的格(第二版) 2003.10 万哲先 霍元极 著
73 调和分析及其在偏微分方程中的应用(第二版) 2004.3 苗长兴 著
74 稳定性和单纯性理论 2004.6 史念东 著
75 发展方程数值计算方法 2004.6 黄明游 编著
76 传染病动力学的数学建模与研究 2004.8 马知恩 周义仓 王稳地 靳 祯 著
77 模李超代数 2004.9 张永正 刘文德 著
78 巴拿赫空间中算子广义逆理论及其应用 2005.1 王玉文 著
79 巴拿赫空间结构和算子理想 2005.3 钟怀杰 著
80 脉冲微分系统引论 2005.3 傅希林 闫宝强 刘衍胜 著
81 代数学中的 Frobenius 结构 2005.7 汪明义 著
82 生存数据统计分析 2005.12 王启华 著
83 数理逻辑引论与归结原理(第二版) 2006.3 王国俊 著
84 数据包络分析 2006.3 魏权龄 著
85 代数群引论 2006.9 黎景辉 陈志杰 赵春来 著
86 矩阵结合方案 2006.9 王仰贤 霍元极 麻常利 著
87 椭圆曲线公钥密码导引 2006.10 祝跃飞 张亚娟 著
88 椭圆与超椭圆曲线公钥密码的理论与实现 2006.12 王学理 裴定一 著
89 散乱数据拟合的模型、方法和理论 2007.1 吴宗敏 著
90 非线性演化方程的稳定性与分歧 2007.4 马 天 汪宁宏 著
91 正规族理论及其应用 2007.4 顾永兴 庞学诚 方明亮 著
92 组合网络理论 2007.5 徐俊明 著
93 矩阵的半张量积:理论与应用 2007.5 程代展 齐洪胜 著
94 鞅与 Banach 空间几何学 2007.5 刘培德 著
95 非线性常微分方程边值问题 2007.6 葛渭高 著
96 戴维-斯特瓦尔松方程 2007.5 戴正德 蒋慕蓉 李栋龙 著
97 广义哈密顿系统理论及其应用 2007.7 李继彬 赵晓华 刘正荣 著
98 Adams 谱序列和球面稳定同伦群 2007.7 林金坤 著

99 矩阵理论及其应用 2007.8 陈公宁 编著
100 集值随机过程引论 2007.8 张文修 李寿梅 汪振鹏 高 勇 著
101 偏微分方程的调和分析方法 2008.1 苗长兴 张 波 著
102 拓扑动力系统概论 2008.1 叶向东 黄 文 邵 松 著
103 线性微分方程的非线性扰动(第二版) 2008.3 徐登洲 马如云 著
104 数组合地图论(第二版) 2008.3 刘彦佩 著
105 半群的 S-系理论(第二版) 2008.3 刘仲奎 乔虎生 著
106 巴拿赫空间引论(第二版) 2008.4 定光桂 著
107 拓扑空间论(第二版) 2008.4 高国士 著
108 非经典数理逻辑与近似推理(第二版) 2008.5 王国俊 著
109 非参数蒙特卡罗检验及其应用 2008.8 朱力行 许王莉 著
110 Camassa-Holm 方程 2008.8 郭柏灵 田立新 杨灵娥 殷朝阳 著
111 环与代数(第二版) 2009.1 刘绍学 郭晋云 朱 彬 韩 阳 著
112 泛函微分方程的相空间理论及应用 2009.4 王 克 范 猛 著
113 概率论基础(第二版) 2009.8 严士健 王隽骧 刘秀芳 著
114 自相似集的结构 2010.1 周作领 瞿成勤 朱智伟 著
115 现代统计研究基础 2010.3 王启华 史宁中 耿 直 主编
116 图的可嵌入性理论(第二版) 2010.3 刘彦佩 著
117 非线性波动方程的现代方法(第二版) 2010.4 苗长兴 著
118 算子代数与非交换 L_p 空间引论 2010.5 许全华 吐尔德别克 陈泽乾 著
119 非线性椭圆型方程 2010.7 王明新 著
120 流形拓扑学 2010.8 马 天 著
121 局部域上的调和分析与分形分析及其应用 2011.4 苏维宜 著
122 Zakharov 方程及其孤立波解 2011.6 郭柏灵 甘在会 张景军 著
123 反应扩散方程引论(第二版) 2011.9 叶其孝 李正元 王明新 吴雅萍 著
124 代数模型论引论 2011.10 史念东 著
125 拓扑动力系统——从拓扑方法到遍历理论方法 2011.12 周作领 尹建东 许绍元 著
126 Littlewood-Paley 理论及其在流体动力学方程中的应用 2012.3 苗长兴 吴家宏 章志飞 著
127 有约束条件的统计推断及其应用 2012.3 王金德 著
128 混沌、Mel′nikov 方法及新发展 2012.6 李继彬 陈凤娟 著
129 现代统计模型 2012.6 薛留根 著
130 金融数学引论 2012.7 严加安 著
131 零过多数据的统计分析及其应用 2013.1 解锋昌 韦博成 林金官 著

132　分形分析引论　2013.6　胡家信　著
133　索伯列夫空间导论　2013.8　陈国旺　编著
134　广义估计方程估计方程　2013.8　周　勇　著
135　统计质量控制图理论与方法　2013.8　王兆军　邹长亮　李忠华　著
136　有限群初步　2014.1　徐明曜　著
137　拓扑群引论(第二版)　2014.3　黎景辉　冯绪宁　著
138　现代非参数统计　2015.1　薛留根　著